农村实用技术人才培训
新型职业农民培训　系列教材

U0320924

无公害辣椒栽培新技术

◎ 杨存祥　李雪峰　余　慧　主编

中国农业科学技术出版社

图书在版编目（CIP）数据

无公害辣椒栽培新技术／杨存祥，李雪峰，余慧主编.—北京：中国农业科学技术出版社，2017.12

ISBN 978-7-5116-3436-8

Ⅰ.①无… Ⅱ.①杨…②李…③余… Ⅲ.①辣椒-蔬菜园艺-无污染技术 Ⅳ.①S641.3

中国版本图书馆 CIP 数据核字（2017）第 321131 号

责任编辑	白姗姗
责任校对	贾海霞

出 版 者	中国农业科学技术出版社
	北京市中关村南大街 12 号　邮编：100081
电　　话	（010）82106638（编辑室）　　（010）82109702（发行部）
	（010）82109709（读者服务部）
传　　真	（010）82106650
网　　址	http://www.castp.cn
经 销 者	各地新华书店
印 刷 者	廊坊佰利得印刷有限公司
开　　本	850mm×1 168mm　1/32
印　　张	11.125
字　　数	309 千字
版　　次	2017 年 12 月第 1 版　2018 年 10 月第 2 次印刷
定　　价	32.00 元

前　　言

　　辣椒是人们每天不可或缺的重要食品，营养价值很高，有丰富的蛋白质、碳水化合物、钙、磷、铁，还含有极为丰富的维生素 C。经常食用辣椒，可以为人体补充丰富的营养物质，能健脾开胃，增进食欲，帮助消化，而且还有驱寒除湿、舒血活络等药用功能，对关节炎、冻疮、青蛇咬伤、腋臭等也有一定疗效，因此被誉为"健康食品"。

　　近年来，随着农村产业结构的调整与优化，彭阳县辣椒产业的发展步入了快速的增长期，面积、产量、效益和质量稳步提高，成为西北越夏延秋淡季菜的重要生产基地，辣椒的产业优势和为农民增收的作用凸显。但是，也存在着信息不灵、科技含量不高、质量标准体系建设滞后、采后加工落后等问题，生产效益降低，仍停留在规模产量型增长方式的水平上，这些都成为制约彭阳县辣椒生产发展的重要瓶颈。

　　为了充分发挥光、热、水、气和无污染的区域资源优势，解决菜农在设施辣椒生产中存在的一系列技术难题，满足广大农技人员和椒农迫切需要日光温室和塑料大棚及露地辣椒种植技术的要求，以做大做强彭阳县辣椒产业。我们组织专业人员编写了农村实用技术人才和新型职业农民培训系列教材《无公害辣椒栽培新技术》一书。本书详细介绍了日光温室和塑料大棚搭建技术及日光温室和塑料大棚辣椒的栽培技术，内容包括辣椒的植物学特征、生长发育规律、环境要求、设施环境调控、茬口安排、品种选择、栽培技术、病虫害综合防治技术等。以便读者根据辣椒的不同品种的特性合理安排茬口，指导蔬菜生产，既满足市场需求，又增加农民收入。

本书突出了"三个结合"的特点，即栽培理论与实践相结合，重点问题与普遍性问题相结合，高新技术与常规技术相结合；文字简洁，通俗易懂，便于操作；既可作为各种培训教材，也可供广大菜农和农业技术人员参考。

由于时间仓促，水平有限，错误与疏漏之处在所难免，诚望广大同仁指正。

编　者

2017 年 10 月

目　　录

第一章 概　述

辣椒，又叫番椒、海椒、辣子、辣角、秦椒等，是一种茄科辣椒属植物。辣椒属为一年或多年生草本植物。果实通常呈圆锥形或长圆形，未成熟时呈绿色，成熟后变成鲜红色、黄色或紫色，以红色最为常见。辣椒的果实因果皮含有辣椒素而有辣味。能增进食欲。辣椒中维生素 C 的含量在蔬菜中居第一位。

辣椒原来生长在中南美洲热带地区，欧洲殖民主义到达美洲以后，辣椒 1493 年率先传入欧洲，1583—1598 年传入日本，传入中国的年代未见具体的记载，但是比较公认的中国最早关于辣椒的记载是明代高濂撰《遵生八笺》（1591 年），书中有"番椒丛生，白花，果俨似秃笔头，味辣色红，甚可观"的描述。据此记载，通常认为，辣椒即是明朝末年传入中国。

一年生或有限多年生植物，高 40~80cm。茎近无毛或微生柔毛，分枝稍之字形折曲。叶互生，枝顶端节不伸长而成双生或簇生状，矩圆状卵形、卵形或卵状披针形，长 4 ~ 13cm，宽 1.5~4cm，全缘，顶端短渐尖或急尖，基部狭楔形；叶柄长 4~7cm。花单生，俯垂；花萼杯状，不显著 5 齿；花冠白色，裂片卵形；花药灰紫色。果梗较粗壮，俯垂；果实长指状，顶端渐尖且常弯曲，未成熟时绿色，成熟后成红色、橙色或紫红色，味辣。种子扁肾形，长 3~5mm，淡黄色。

辣椒具有很高的营养价值。它除含有丰富的蛋白质、碳水化合物、钙、磷、铁外，还含有极为丰富的维生素 C。每百克辣椒中维生素 C 的含量高达 100~198mg，位居瓜菜类食物之首。其中含钙最多者每百克可达 75mg，含铁量达 3.2mg。因此，经常食用辣椒，可以为人体补充丰富的营养物质。吃辣椒一是可以开胃，辣椒具有强烈的辛辣味，因此在食欲不振时，适当吃一点，能够刺激唾液和胃液分泌，增加食欲，促进胃肠蠕动，帮助消化。二是能够驱寒，辣椒性温、辛热，它所含的辣椒素能够刺激人体，使人感到热辣辣的。辣椒是我国人民喜食的蔬菜和调味品，甚至已成为部分省（区）人民的特殊嗜好，并逐步遍及全国城乡。辣椒营养丰富，且具有较高的药用价值。据测定，辣椒果实中含有的维生素 A、维生素 B 高于黄瓜、番茄、茄子等果菜类，特别是维生素 C 的含量比以上果菜类高 4~7 倍，每百克鲜辣椒含维生素 C 170~360mg，最高可达 460mg。辣椒作为调味品，因为辣椒中含辣椒素，少量食用，能健脾开胃，增进食欲，帮助消化，而且还有驱寒除湿、舒血活络等药用功能，对关节炎、冻疮、青蛇咬伤、腋臭等也有一定疗效，因此被誉为"健康食品"。

第二章　辣椒栽培现状

辣椒是我国人们喜食的蔬菜之一，随着现代高效农业的推进，我国辣椒生产迅速发展，栽培面积迅速扩大，栽培技术不断提高，贮藏加工稳步发展。目前，辣椒种植面积仅次于白菜，居蔬菜作物第二位，其产值和效益高于白菜居蔬菜作物之首。辣椒对提高我国人们的物质生活水平和精神生活水平、保持生态环境平衡、促进农村城镇化建设、解决"三农"问题做出了突出贡献。

第一节　辣椒的地位与作用

一、辣椒是一种重要的蔬菜

我国的西北、西南、东北和湖南、湖北、江西是著名的辣椒带。湖南人嗜食辣椒，天下闻名，几乎达到无辣椒不能下饭，无辣椒而索然无味的地步；贵州、四川也是如此，中国八大名菜中，川菜和湘菜占有两席，而川菜和湘菜的主要特点是辣；全国辣椒种植面积在 2 000 万亩*，年种植面积超过 100 万亩的省有 6 个，这些充分说明辣椒是我国的一种重要蔬菜作物。

二、辣椒是一种重要的经济作物

我国现已形成了许多的辣椒生产基地，辣椒已成为当地的主

---

* 1 亩 ≈ 667m²，1hm² = 15 亩。全书同

要经济作物和重要经济来源。如贵州省的遵义县、湖南省的湘西、云南省的丘北县、江西省的永丰县、宁夏回族自治区的彭阳县等地区，辣椒已成为当地的主要支柱产业。

第二节　辣椒产业的发展前景

一、消费群体增加，消耗量增大

我国人口众多，长期以来形成了独特的消费习惯，西北、西南、东北和湖南、湖北、江西是著名的辣椒带，对辣椒的需求量非常大。目前人员流动的频繁，对食品品味要求有所变化，已没有明显的食辣与不食辣区域，食辣群体不断增加。全世界，一方面由于工作节奏加快，方便、简洁快餐迅速发展，另一方面，人类对健康食品的要求，低脂肪辛香食品的涌现，人们的饮食习惯发生改变，目前全世界有 3/4 的人吃辣椒或各种辣椒制品。辣椒实现了周年均衡供应，供应期比过去增加了 7~8 个月。

二、辣椒作为重要的工业原料

辣椒不仅是鲜食蔬菜，更是调味佳品和重要的天然色素、制药原料和其他工业原料。辣椒粉、辣椒油及其他辣椒制品是我国传统的加工产品，在国内国际市场有一定的声誉。辣椒含有维持人体正常生理机能和增强人体抗性和活动的多种化学物质，对人类多种疾病有一定的疗效，近几年辣椒素在药理研究方面的进展较快，辣椒已成为重要的制药原料。辣椒红素是重要的天然色素，色泽鲜艳，色调多样，稳定性好，没有副作用，发达国家如美国、日本等规定食品中可不受限制地使用辣椒红素，另外辣椒红素还是医药中药片糖衣、胶囊及高级化妆品的重要色素。目前用于加工的辛辣类型辣椒和干制后色泽深红辣椒的栽培面积迅速增加，大有超过菜椒之势。

三、国际贸易量的增加

辣椒自清朝就是我国农产品创汇的一大产品，新中国成立后辣椒出口有了进一步的发展，产品主要有鲜椒、辣椒干、辣椒粉、辣椒罐头等，其中辣椒干年出口量在 40 000t 左右，创汇 3 200 万~4 000万美元。加入 WTO 后，有利于传统产品的出口，辣椒干、辣椒粉和鲜辣椒的出口大幅度增加。目前韩国在我国的东北三省、山东等地大量收购红辣椒，回国加工后在本国及国外销售。

第三节　辣椒生产现状及发展趋势

一、辣椒种植面积、产量、总产值

据不完全统计，2012 年 我国辣椒种植面积 133 万 hm^2，面积仅次于白菜类蔬菜，占世界辣椒面积的 35%；辣椒总产量 2 800万 t，占世界辣椒总产量的 46%；经济总产值 700 亿元，居蔬菜之首位，占世界蔬菜总产值的 16.67 %。辣椒已成为我国许多省市县经济的主要支柱作物。

二、辣椒生产基地化、规模化

近 10 多年来，辣椒生产发生了很大变化，鲜食辣椒以城市郊区春夏栽培、南方几省冬季栽培和华东、华北等省越夏或大棚秋延栽培等栽培方式为主，生产呈现基地化、规模化生产格局。加工辣椒全国各地也非常注重品牌的建设，形成了几大产区，如湖南的湘西的羊角椒、贵州的遵义的朝天椒、陕西的线椒、河南的山鹰椒、东北的羊角椒、四川的小海椒，宁夏、甘肃的牛角椒和陇椒。辣椒基地化生产的出现，结束了计划经济下就地生产、就地销售的旧格局，形成了全国大流通的新格局。

三、辣椒实现周年供应

目前辣椒供应主要是 3 条途径：一般是春夏栽培，5—10 月供应市场。秋季基地，越夏栽培或大棚栽培，供应期 8 月至翌年 1 月，冬季基地，秋冬栽培、冬季栽培、冬春栽培，供应期 11 月至翌年 5 月。

四、品种的利用

目前我国辣椒生产基地和城市郊区种植的辣椒品种主要是杂种一代，在山东等辣椒种植基地，国外品种成为主流。部分农村农民的零星种植和加工用的辣椒品种主要是地方品种。

五、辣椒生产新趋势

辣椒种植面积基本稳定，但出现以下特点：一是鲜食辣椒面积呈下降，加工辣椒种植面积上升。二是近郊生产辣椒又有所增加，而基地种植面积出现下降。三是南方基地种植面积下降，北方基地种植面积上升。四是长江流域辣椒种植朝高山发展。

第四节　辣椒研究现状及发展趋势

一、辣椒育种研究

自 20 世纪 80 年代初期国家组织了国内十余家科研和大学研究单位开展辣椒育种科技攻关，我国椒类育种才逐渐开始杂种优势的利用，后相继育成了一批抗病性较强、产量较高椒类优良品种，其中大多数为杂交一代品种，并逐渐在生产上应用。至"八五"末期（1991—1995 年），实现了国内生产上椒类品种的更新换代，80% 以上为 F1 杂交种。育种目标：20 世纪 80 年代，主要育种目标是熟性、丰产性；现在的育种目标主要是商品性、耐贮运、丰产性、抗病性。主要类型有泡椒、大果浅绿色尖椒、线椒和南韩椒类型。选育品种：杂种优势利用以鲜食辣椒为主，加工辣椒则以常规品种为主。育种方法：杂种优势利用主要是双亲杂交或三亲杂交，目前国内主流辣椒品种都是采用该方法育成。自 20 世纪 80 年代开始，我国开展了辣椒雄性不育利用的研究工作，现在开展辣椒雄性不育利用的单位较多，并且有一些单位已选育了品种在生产中大面积使用。如核不育型（两系）：沈阳市农业科学院的沈椒系列和河北省农林科学院的冀椒系列。核质互作型（三系）：湖南蔬菜研究所。发达国家如美国、法国、荷兰等国家 20 世纪 40 年代就开始甜辣椒育种和抗病研究，同处亚洲的韩国、日本及我国台湾有关辣椒育种和抗病研究都要早于我国大陆地区。欧美国家主要注重甜椒育种，特别是设施栽培品种的选育，选育的品种耐低温弱光、持续坐果能力和商品性等方面相当突出。同时注重野生特异种质资源的开发和生物技术的应用。日本在甜椒抗病研究及应用上开展得较早，育成品种的抗病水平比较高。韩国和中国台湾亚蔬中心育成品种的耐热、耐湿等抗逆水平突出，尤其是韩国辣椒育种技术——雄性不育的利用非常先进，早在 20 世纪后期生产上应用的辣椒品种 90% 以上是利用雄性不育育成，"三系"配套品种相当普遍，部分为"两系"育成，尤其是干椒品种也占领了东南亚市场一定份额。

二、辣椒基础研究

种质资源研究：主要在收集、保存、评价方面。数量遗传研究：主要园艺性状的遗传率、相关性、主成分分析、重要农艺性状的 QTL 定位。雄性不育研究：控制雄性不育基因数量、显隐性关系；雄性不育细胞学研究、生化研究和分子研究。生物技术研究：组织培养、遗传转化体系建立、性状分子标记、遗传图谱的构建。抗逆性研究：主要集中在高温、干旱、光照、高湿对辣椒生长、发育、细胞结构变化和生理生化影响。深加工研究：辣椒素类物质和辣椒色素的提取与利用。资源创新研究：生物技术、杂交分离和航天技术。

三、辣椒研究趋势

结合我国中长期发展研究计划，以下方面将是我国一段时期内辣椒研究的重点：一是种质资源的利用与特色品种培育。品质、保护地、加工品种仍为今后的主要选育方向。二是通过分子标记、基因芯片等技术来发现和研究功能基因，将优良基因通过细胞融合、转基因等技术整合到目标亲本，再结合常规育种技术培育特色品种，如耐弱光、耐低温、高品质等，也是我国辣椒育种的热点研究内容。三是逆境条件下优质产品生产理论与技术。重点为逆境生理、发育生理、生态评价等。四是安全生产。"安全"包括生产对环境的安全、产品质量安全、产业系统安全。五是非可耕地高效利用。粮食安全是我国的重中之重，因此避免与粮食作物争夺耕地，非可耕地的利用便成为了辣椒生产重要的研究课题。主要研究沙化地带、丘陵坡地、盐碱地进行高效生产关键技术。

第五节　国内外辣椒产业发展现状及趋势

辣椒原产于南美洲的玻利维亚、巴拉圭、墨西哥等地，15—16世纪开始传播世界，现已成为世界上仅次于豆类、番茄的第三大蔬菜作物，在全球温带、热带、亚热带地区均有种植。辣椒不仅可以鲜食、加工成食品和调味品，还可作为医药、化工、军工等方面的原料，用途十分广泛，开发潜力巨大，是世界上具有良好发展前景的经济作物之一。20世纪90年代以来，世界辣椒产业发展较快，其中尤以中国发展最为迅速。目前，中国已成为世界上最大的辣椒生产国、消费国和出口国。但是，从总体上看，我国辣椒产业的开发潜力远未挖掘出来，特别是在辣椒深加工方面与其他国家相比还存在较大差距。通过对国际辣椒产业发展现状的分析，探讨未来国际辣椒产业发展趋势，以期为推动我国辣椒产业的进一步发展提供借鉴。

一、国内外辣椒产业发展的总体状况

辣椒栽培历史悠久,适应性广。长期以来,由于辣椒主要是作为调味品和蔬菜消费,并以辣椒传统种植地区和低温潮湿地区的人群为主要消费对象,辣椒产业发展较为缓慢。但是,自20世纪90年代以来,随着世界经济一体化步伐的加快,人们的社会联系、经济往来和文化交流日益频繁,世界各地的饮食文化和饮食习惯在人们频繁的交往中互相传播、渗透和交融,食辣地域和人群不断扩大,加之科技的不断进步、人们对辣椒开发价值认识的不断加深、育种和栽培技术的不断突破、产业化经营水平的不断提高,辣椒产品用途日益拓展,除作为传统的鲜食蔬菜和调味佳品外,已成为重要的天然色素、制药原料和其他工业原料,国际辣椒市场需求保持着旺盛的增长势头,从而有力地推动了全球辣椒产业的发展。据资料显示,20世纪90年代以来,全球辣椒种植面积和总产分别以年均2.23%和4.65%的速度递增。2003年全球辣椒种植面积比1991年增加了近90万 hm^2,其中亚洲辣椒种植面积年均增长率2.7%。据分析测算,目前全球辣椒种植面积超过370万 hm^2,干、鲜辣椒产量在6 100万t以上。

在辣椒产业发展中,全球种植辣椒的国家约有2/3,但由于自然、气候、生产、消费等因素的影响,辣椒生产主要集中在亚洲、欧洲和北美地区。目前,世界上著名的辣椒产地有中国、印度、西班牙、墨西哥、智利、摩洛哥、津巴布韦等,而且地球上辣椒分布最多的地区明显连成了一片,成为一条又长又粗的辣椒带:东起亚洲朝鲜,经过我国中南部。向南经泰国到印尼,向西经缅甸、孟加拉、印度、西亚诸国、非洲北部国家到大西洋东岸诸国。在这条辣椒带上,各国居民大多喜食辣椒,是世界有名的"辣椒食用带"。目前,全球食辣人群已超过20%。在全球6 000多万t干、鲜辣椒总产量中,国外干、鲜辣椒总产量所占比重约54%,略高于中国辣椒产量所占46%的份额。

在辣椒生产不断发展、辣椒用途日益拓展的推动下。辣椒加工业发展取得了明显进展，产品也朝着多样化方向发展。目前，全球辣椒和辣椒制品多达 1 000 余种，其贸易量超过了咖啡与茶叶，交易额近 300 亿美元。其中以油辣椒、辣椒酱、辣椒油等辣椒调味品为主的辣椒加工制品，全球年产量超过百万吨。在辣椒深加工方面，由于开发力度不够，产品供不应求，例如，辣椒红色素、辣椒碱等的生产量与市场的实际需要量相比，存在很大缺口。

二、中国辣椒产业

我国辣椒种植已有 400 多年的历史，不少地区均有种植，备受消费者青睐。进入 20 世纪 90 年代以后，在辣椒及其加工制品市场需求不断增长的推动下，我国辣椒产业快速发展，并呈现出基地化、规模化、区域化等特点。据统计，1991—1997 年我国辣椒种植面积和总产分别以 7.67% 和 9.53% 的速度增长、高出世界平均增速 5.44% 和 4.88%。1997 年，我国辣椒种植面积和总产分别占世界的 26% 和 40%。2000 年以来我国辣椒生产继续保持快速发展势头，2003 年种植面积增加到 130 万 hm^2，辣椒总产达到 2 800 万 t，占世界辣椒种植面积的 35% 和辣椒总产的 46%。之后辣椒种植面积趋于稳定，2007 年为 133 万 hm^2，与 1994 年相比，辣椒种植面积扩大了约 90 万 hm^2，产量增加了约 1 900 万 t。目前，辣椒已发展成为我国仅次于大白菜的第二大蔬菜作物，产值和效益则雄居蔬菜作物之首。

辣椒生产的快速发展，带动了辣椒加工制品业的迅速发展。目前我国辣椒加工企业数以千计，规模较大的有 200 多家，开发了油辣椒、剁辣椒、辣椒酱、辣椒油等 200 多个品种，辣椒系列加工制品表现出强劲的发展势头，成为食品行业中增幅最快的门类之一，有力地促进了我国辣椒产业的发展，涌现出了不少国内外知名的辣椒品牌，例如"老干妈""老干爹""坛坛香""辣妹子"等，其中贵阳南明老干妈风味食品有限公司生产的"老干妈"系列辣椒调味品，产品畅销国内 20 多个省区市，并出口美国、墨西哥、日本、俄罗斯等 40 多个国家和地区，年产值超过 15 亿元。近年来，我国辣椒深加工也取得了明显进展，例如辣椒红色素、辣椒碱的提取等，为推动辣椒产业的进一步发展奠定了良好基础。同时，我国辣椒出口贸易也实现了较快增长，目前我国已成为全球辣椒出口第一大国。

三、国际辣椒产业发展趋势

在国际辣椒市场需求不断增加的推动下，在过去的 10 多年间国际辣椒产业快速发展。随着辣椒用途的日益拓展，功能的不断开发利用，国际辣椒产业将进一步发展壮大。根据近年来国际辣椒产业发展情况，未来国际辣椒产业发展将呈现出以下几个趋势。

（1）辣椒生产格局将进一步向发展中国家集中。由于受资源、生产成本等因素的影响，发达国家辣椒种植面积将保持稳定甚至会有所缩减。为满足辣椒消费和深加工的需要，发达国家将进一步提高进口辣椒特别是加工专用型辣椒的比重。因此，亚洲、非洲作为辣椒主产区的发展格局将进一步巩固，而作为世界上最大的辣椒消费区域的亚洲，特别是中国、印度，辣椒产量仍将占据全球辣椒总量的绝大多数份额。

（2）发达国家将进一步加大辣椒深加工产品的开发利用力度。随着人们对健康、安全食品需求的不断增加，辣椒在食品、医疗、美容等方面功能的进一步拓展和开发，发达国家对辣椒深加工产品如辣椒红色素、辣椒碱等的需求量会保持持续增长的势头，需求量会进一步扩大，在从发展中国家进口辣椒深加工产品的同时，也会进一步加大辣椒深加工产品的开发利用力度。同时，发展中国家也会进一步依托自身资源优势，大力加强辣椒深加工产品的开发，从而提高辣椒产业发展效益。

（3）加工专用型辣椒种植规模会进一步扩大。由于辣椒深加工产品开发力度不断加大的带动，在国际辣椒产业发展中，除传统的辣椒生产如菜椒、兼用型辣椒等会继续有所增长外，作为辣椒深加工产品原料的加工专用型辣椒种植面积将保持较快增长，如用于提取辣椒红色素、辣椒碱等的辣椒专用品种。

（4）围绕辣椒育种、辣椒功能拓展等方面的研究将进一步深入。随着辣椒产业的不断发展，辣椒育种将引起各个国家的高度重视，一些高产、优质、高效、安全的辣椒品种会不断涌现出来。同时，围绕辣椒功能拓展方面的深化研究也会继续引起各个国家特别是发达国家的重视。

四、彭阳辣椒发展现状

彭阳县委、县政府依托当地得天独厚的气候资源和先进种植技术，大力发展以辣椒为主的设施农业，并不断更新品种，全县设施农业规模逐年扩大。按照"以农民为主体，重点支持千家万户扩大规模"的总体要求，在红、茹河流域大力发展设施农业，推动设施农业由规模扩张型向质量效益提升型转变，取得了较好的效益。2016 年，全县设施农业面积稳定达到 15.2 万亩，其中塑料大棚 6 万亩、日光温室 3.6 万亩，露地辣椒种植 6 万亩。形成新集、红河、古城 3 个万亩设施农业生产基地，白河、沟口、马洼等 10 个设施农业示范园区，全县设施农业种植户户均收入 3 万元，人均纯收入 5 000元，全县设施农业总收入稳定突破 5 亿元。

为进一步做大做强设施农业，彭阳县委、县政府制订出台扶持政策，县农牧局成立设施农业技术小组，对全县设施农业科学规划，进行全程技术指导。以现代农业示范基地建设为抓手，扩大新品种、新技术覆盖率，促进各项技术落实到位。县农牧技术人员深入生产一线，开展技术服务、技术承包和技术人员领办创办示范园区。聘请蔬菜技术专家定期指导、培训。充分发挥海拔高、气候冷凉等自然条件，通过引进蔬菜优良品种，综合运用先进栽培技术，"彭阳辣椒"品牌以优质品质打开了周边市场，彭阳县被命名为"中国辣椒之乡"。彭阳县加强与供港蔬菜商、西安北二环市场等大型辣椒商贩和市场联系，严格分级包装和销售机制，拓展辣椒销售渠道，进一步打响"彭阳辣椒"品牌。

第三章 辣椒的生长发育规律

第一节 植物学性状

一、根

辣椒的根是由主根、侧根、支根和根毛等部分组成。辣椒的根具有再生能力，断根后可再生新根。主根受抑制时，则侧根发生得早，发生得多，由此表现出在进行移栽时易成活。根毛的寿命虽然不长，但可不断生长，在土温 25~30℃、湿度 50%~65% 时，根毛生长的速度快。在茄果类蔬菜栽培中，相比之下辣椒的根量少，入土浅，大部分根群分布在 15~20cm 的土层中，其根系既不耐旱也不抗涝。要获得丰产必须注意对根系的保护和培育。

二、茎

辣椒的主茎直立，基部木质化，比较坚韧。当主茎长到一定叶片数时开始分枝，分枝的形状多为"Y"字形两杈分枝，少数为三杈分枝，但三杈者有一枝较弱小。主茎分生侧茎和叶，着生叶的地方称为节；每节生 1 叶片，节与节之间的部分称为节间；从现蕾到盛花期，平均每 4 天生长一节，以后只要温度适宜，营养充足，平均每 3 天可生长一节。因品种和栽培管理而异，一般当主茎长到 6~15 片叶时，顶芽分化成花芽，在花芽下部以双分杈或三分杈形成分枝继续生长，以后每间隔 1~2 片叶，再着生花芽形成分枝，依次向上生长。均匀而强壮的分枝是辣椒丰产的前提，辣椒的前期分枝主要在苗期形成，后期的分枝则决定于定植结果期的栽培管理。茎的作用是将根吸收的水分和养分输送给叶、花、果，同时又将叶片制造的养分输送给根，从而促进整个植株的生长发育。

三、叶

辣椒的叶有两种，子叶和真叶。幼苗出土后最先长出的两片扁长状叶叫子叶，以后再长出的叶叫真叶，随着植株逐渐长大，子叶开始萎蔫脱落。辣椒的真叶为单叶，互生，因品种不同呈披针形、卵圆形或长卵圆形。叶的边缘没有缺刻，呈绿色或浓绿色，叶面光滑，稍有光亮。一般情况下大果形品种叶片较大，小果形品种叶片较小。在真叶发出前，子叶是辣椒的唯一同化器官，子叶生长得如何取决于栽培条件和种子质量。当土壤水分不足时，子叶不舒展；光照不足时，子叶发黄。种子成熟度差可使子叶畸形瘦弱。辣椒叶片的长势和色泽，可作为营养和健康状况的指标，如叶色变黄，而又无病虫害为害即为缺肥；基部少数叶片全黄，上部叶片浓绿或灰绿，叶片萎蔫发黑时即为缺水；如果施肥浓度过大，叶片变得皱缩，凹凸不平，叶色深绿；土壤贫瘠、营养不良或徒长，植株叶片瘠薄。

辣椒叶片的功能主要是进行光合作用和蒸腾水分及散发热量。植株的全部干物质主要是靠叶片进行光合作用所积累的，所以称叶片是制造养分的加工厂。因此若想获得辣椒的丰产，从苗期开始到拔园之前，保持叶片的正常生长，充分发挥叶片的功能作用，保护叶片不受病害和虫害的侵袭是非常重要的。

四、花

辣椒的花为两性花。属常异花授粉作物，虫媒花。辣椒的花是由花萼、花冠、雄蕊（花药、花丝）、雌蕊（柱头、花柱和子房）等构成。花萼5~7裂，基部联合，呈钟状萼筒。花冠白色、绿白色、紫白色，基部合生，并具蜜腺。雄蕊 5~7 枚。花药长圆形，浅紫色，成熟散粉时纵裂。雌蕊一枚，子房 2~6 室。

一般品种花药与雌蕊柱头等长或柱头稍长。营养不良时也会出现短花柱花，短花柱花常因授粉不良而落花。主枝及靠近主枝的侧枝营养比较充足，而且花柱也大多正常，而远离主枝的侧枝营养条件较差，则落花率较高。因此管理、培养健壮的植株能提高坐果率，从而获得丰产。

五、果实

辣椒的果实为浆果、汁少，果实是自花授粉或杂交授粉后，由子房发育而成。菜椒果实颜色以绿色为主，加工及调味品应用红色果实。一般 2~4 心室，少数品种为 5~6 心室，果柄粗壮，果皮（食用部分）较薄，与胎座组织（着生种子的部位）分离成为空腔。辣椒从花受精至果实膨大达绿熟期需 25~30 天，到红熟期需 45~60 天。部分含胡萝卜素较多的品种为橘黄色。辣椒的果实形状因品种不同而异，其形状有方形、方灯笼形、长灯笼形、牛角形、羊角形、锥形、三棱形、扁柿子形、筒形、手指形、樱桃形等多种形状，大的可达 400~500g，小的也只有几克。辣椒的品质也因品种不同有明显的差异，一般大果形辣味小或不辣，而小果形越小越辣。辣椒果实发育需吸收大量养分。所以合理的施肥、灌水、适时采收，能促进辣椒高产、稳产。

六、种子

种子肾形，淡黄色，胚珠弯曲，扁平状。千粒重 4.5~7.5g。种子寿命 5~7 年，使用年限 2~3 年，使用适期 1~2 年，新鲜的种子有光泽，陈旧的种子黄褐色，没有光泽。

七、分枝结果习性

辣椒的分枝习性很有规律，可分为无限分枝与有限分枝两种类型。无限分枝型一般植株高大，生长健壮，主茎长到 7~15 片叶时，顶端现蕾，开始分枝，果实着生在分枝处，每个侧枝上又形成花芽和叉状分枝，生长到上层后，由于果实生长发育的影响，分枝规律有所改变，或枝条强弱不等，绝大多数品种属此类型。有限分枝型植株矮小，主茎长到一定节位后，顶部发生花簇封顶，植株顶部结出多数果实。花簇下抽生分枝，分枝的叶腋处还可发生副侧枝，在侧枝和副侧枝的顶部仍然形成花簇封顶，但多不结果，以后植株不再分枝生长。各种簇生椒属有限型，多作观赏用。

第二节　生长发育周期

一、发芽期

是指种子萌动到子叶展开、真叶显露期。在温湿度适宜、通气良好的条件下，从播种到现真叶需 10~15 天。这一时期种苗由异养过渡到自养，开始吸收和制造营养物质，生长量比较小。管理上应促进种子迅速发芽出土，否则既消耗了种子内的养分，又不能及时使秧苗由异养转入自养阶段，导致幼苗生长纤细、柔弱。

二、幼苗期

从第 1 片真叶显露到第 1 个花蕾现蕾为幼苗期。幼苗期的长短因苗期的温度和品种熟性的不同有很大的差别。此期第 2 片真叶展开时，苗端已分化出 8~11 片真叶，生长点也开始分化第 1 个花蕾。管理上，应合理调控温度、光照、水分及养分供应，创造适宜的苗床环境，使秧苗营养生长健壮，正常进行花芽分化。这对获得早熟高产具有重要的意义。

三、开花结果期

从第 1 朵花现蕾到第 1 个果坐果为始花期，以后即为结果期。始花期长 20~30 天。结果期，开花与结果交替进行，一般为 60~100 天。这一时期植株不断分枝、开花结果，先后被采收，是辣椒产量形成的主要阶段。管理上，应加强肥水管理和病虫害防治，保证茎叶正常生长，延缓衰老，延长结果期，以提高产量。

第三节 对环境条件的要求及调节

辣椒生长发育既决定于其本身的遗传特性，如辣椒品种对低温、高温和干旱的抗性，又决定于外界环境条件，故辣椒在长江流域及华北各地都是一年生植物，每年冬季枯死。而在热带或亚热带地区，辣椒都可以露地越冬。辣椒原产热带，但在长期的自然选择和人工选择条件下，形成了独特的对外界环境条件的适应性，它喜温、耐旱、怕涝、喜光而又较耐弱光。在生产实践中，必须综合考虑各种因素对辣椒生长发育的影响，趋利避害，使各种条件能够协调发展，尽量为辣椒生长发育创造一个良好的环境条件，从而为制种高产奠定基础。

一、温度

辣椒属于喜温作物，种子发芽的适宜温度为 25~30℃，温度超过 35℃或低于 10℃发芽不好或不能发芽。25℃时发芽需 4~5 天，15℃时需 10~15 天，12℃时需 20 天以上，10℃以下则难于发芽或停止发芽。

辣椒生长发育的适宜温度为 20~30℃。温度低于 15℃时，生长发育受阻，持续低于 12℃时可能受害，低于 5℃则植株易遭寒害而死亡。种子出芽后，具 3 片真叶时抵抗低温的能力最强，较短时间在 0℃时不受冷害，这就是冷床育苗小苗能过冬的原因。

辣椒生长发育期适宜的昼夜温差为 6~10℃，以白天 26~27℃，夜间 16~20℃比较合适，生长发育阶段不同，对温度的要求不同。苗期白天温度 30℃，可加速出苗和幼苗生长；夜间保持较低的温度 15~20℃，以防秧苗徒长。15℃以下的温度，花芽分化受到抑制；20℃时开始花芽分化，需要 10~15 天。授粉结实以 20~25℃的温度较适宜。低于 10℃，难于授粉，易引起落花落果；高于 35℃，由于花器发育不全或柱头干枯不能受精而落花，即使受精，果实也不发育而干萎。果实发育和转色，要求温度在 25℃以上。

二、光照

辣椒是好光作物，除了种子发芽阶段不需阳光外，其他生育阶段都要求充足的光照。幼苗生长期，良好的光照是培育壮苗的必要条件。光照充足，幼苗节间短，茎粗壮，叶片肥厚，颜色浓绿，根系发达，抗逆性强，不易感病。我国冬春辣椒育苗雨雪天气多，光照强度达不到辣椒的光补偿点 15 000lx，因此要经常通风见光，增加光照。成株期光照充足，是促进辣椒枝繁叶茂、茎秆粗壮、叶面积大、叶片厚、开花结果多、果实发育良好、产量高的重要条件。光照不足，往往造成植株徒长，茎秆瘦长、叶片薄、花蕾果实发育不良，容易出现落花、落果、落叶现象。因此，在安排杂交辣椒制种时，周围不要有高秆作物，防止遮光造成减产。另外还应注意栽培管理，不宜栽植过密，防止枝叶相互拥挤；要经常性地中耕除草，防止杂草与辣椒争夺空间。光照过强对辣椒生长也不利，在夏日炎炎的强光下，当光照强度超过辣椒光饱和点 30 000lx 时，易引起叶片干旱，生长发育受阻，气孔关闭，光合作用反而下降，甚至造成叶片灼伤。理论上辣椒为短光性植物，但只要温度适宜，营养条件良好，光照时间的长短不会影响花芽分化和开花。但在较短的日照条件下，开花提早。当植株具 1~4 片真叶时，即可通过光周期的反应。

三、水分

辣椒是茄果类蔬菜中最耐旱的一种作物，在生长发育过程中所需水分相对较少，且各生长发育阶段的需水量也不相同，一般小果型品种较大果型品种耐旱。种子只有吸水充足后才能正常发芽，一般催芽前种子需浸水 6~8h，过长或过短都不利于种子发芽。幼苗需水较少，此时土壤过湿，通气性差，根系发育不良，植株生长纤弱，抗逆性差，易感病。定植后，辣椒的生长量加大，需水量增多，要适当浇水，以满足植株生长发育的需要，但仍然要控制水分，以利于地下根系生长，控制植株徒长。初花期，需水量增加，要增大供水量，满足开花、分枝的需要。果实膨大期，需要的水分更多，若供水不足，果实膨大速度缓慢，果表皱缩、弯曲、色泽暗淡，形成畸形果，降低种子的千粒重而影响产量和种子质量。但水分过多，又易导致落花、落果、烂果、死苗。空气湿度对辣椒生长发育亦有影响，一般空气湿度在60%~80%时生长良好，坐果率高，湿度过高有碍授粉。土壤水分多，空气湿度高，易发生沤根，叶片、花蕾、果实黄化脱落；若遭水淹没数小时，将导致成片死亡。

四、养分

辣椒对氮、磷、钾肥料均有较高的要求，此外还需要吸收钙、镁、铁、硼、钼、锰等多种微量元素。在整个生育阶段，辣椒对氮的需求最多，占60%；钾次之，占25%；磷占15%。足够的氮肥是辣椒生长结果所必要的，氮肥不足则植株矮，叶片小，分枝少，果实小。但偏施氮肥，缺乏磷肥和钾肥则植株易徒长，并易感染病害。施用磷肥能促进辣椒根系发育，钾肥能促进辣椒茎秆健壮和果实的膨大。在不同的生长时期辣椒对各种营养物质的需要量不同。幼苗期需肥量较少，但养分要全面，否则会妨碍花芽分化，推迟开花和减少花数；初花期多施氮素肥料，会引起徒长而导致落花落果，枝叶嫩弱，诱发病害；结果以后则需供给充足的氮、磷、钾养分，增加种子的千粒重。

五、土壤

辣椒对土壤的要求并不严格，各类土壤都可以种植。辣椒对土壤的酸碱性反应敏感，在中性或微酸性（pH 值在 6.2~7.2）的土壤上生长良好。制种辣椒授粉结实后，对肥水要求较高，最好选择保水保肥、肥力水平较高的壤土。一般沙性土壤容易发苗，前期苗生长较快，坐果好，但容易衰老，后期果小，如肥水供应不上，制种产量低。黏性土壤则前期发苗较慢，但生长比较稳定，后期土壤保水保肥能力强，植株生长旺盛，有利于制种高产；缺点是不利于前期精耕细作，比较费时费工。

第四章 辣椒无公害栽培的优良品种

第一节 辣椒的品种类型

（一）樱桃类辣椒

叶中等大小，圆形、卵圆或椭圆形，果小如樱桃，圆形或扁圆形，红、黄或微紫色，辣味甚强，制干辣椒或供观赏。

（二）圆锥椒类

植株矮，果实为圆锥形或圆筒形，多向上生长，味辣。

（三）簇生椒类

叶狭长，果实簇生，向上生长，果色深红，果肉薄，辣味甚强，油分高，多作干辣椒栽培，晚熟，耐热，抗病毒力强。

（四）长椒类

株型矮小至高大，分枝性强，叶片较小或中等，果实一般下垂，为长角形，先端尖，微弯曲，似牛角、羊角、线形果肉薄或厚，肉薄、辛辣味浓，供干制、腌渍或制辣椒酱。

（五）甜柿椒类

分枝性较弱，叶片和果实均较大。根据辣椒的生长分枝和结果习性，也可分为无限生长类型、有限生长类型和部分有限生长类型。

第二节 辣椒优良品种选择的原则

我国南北各地栽培辣椒比较普遍。近些年，在生产上推广使用的品种有一二百个，选择一个适宜的品种对生产者来说是非常重要的，它不仅可以降低生产成本，还容易抢占市场，获得较高的经济效益。

（一）选择品种要充分考虑消费群体的食用习惯

各地对辣椒的果型、辣味程度、果实色泽、果肉厚度等都有着不同的要求。例如稍带微辣型的尖椒越来越被北方人所接受。但是，同为微辣尖椒，在一些地方大羊角椒比粗大牛角椒更受欢迎。而在东南沿海和港澳地区，消费者更喜欢果肉厚、果个中等、光亮翠绿的甜味椒。所以生产者在选用品种时，必须注意到消费地大多数人的食用习惯。

（二）要正确对待品种的丰产性

辣椒的丰产性直接关系到生产者的收入，在农产品短缺的年代，生产者特别看重品种的丰产性。当农产品基本满足之后，消费者越来越注重辣椒商品质量，因此，生产者在选用品种时，首先必须注意到它的质量，然后再看它的产量表现。即要顺应潮流把辣椒生产从"产量效益型"转变为"质量效益型"。选用品种还需要注意品种对栽培季节和栽培设施条件的适应性。有些品种在温室大棚里可能是个丰产的好品种，但是在露地栽培时产量可能就很低。同样，适于露地栽培的丰产品种，可能在保护地里由于植株长势过于旺盛，造成严重落花落果而大面积减产。同是在保护地里栽培辣椒时，例如日光温室秋冬茬、冬春茬、越冬一大茬，它们对品种的要求是不一样的，必须按茬次选用品种。另外，北方露地栽培的丰产品种，在南方地区可能因为不适应炎热多雨的条件而减产。选用品种时应尽量考虑周全。

（三）特别注意品种的抗病性

在专业化生产和在保护地生产时，连作就不可避免，辣椒的病害日趋严重。选用抗病性好的品种，不仅可以降低生产成本，也是进行无公害生产所要求的。辣椒的病害比较多，例如，枯萎病、病毒病、青枯病、疫病、软腐病、疮痂病、日烧病等，到目前还没有一个品种兼抗多种病害。应该说，不同的品种对上述病害的抗性是有明显差异的，必须根据不同栽培茬次发生的主导病害，选用对路品种。例如，塑料大、中棚秋延晚茬和日光温室秋冬茬辣椒，其育苗时间正在炎热多雨的 7 月，病毒病往往会导致栽培失败，因此必须选用抗病毒病能力强的品种。

（四）注意品种的耐热性和耐寒耐低温能力

实践证明，露地栽培辣椒只有出现两次产量高峰，才能实现丰产。在北方各地，露地早春茬和春茬辣椒，一般从小暑节开始采收，大暑节前形成第一个产量高峰。白露节后形成第二个产量高峰。但从大暑节到立秋节之间，由于炎热多雨，往往造成植株衰老，叶片脱落，落花落果，第二个产量高峰不明显。只有选用耐热性较强的品种才能确保安全越夏，实现第二个产量高峰。

越冬一大茬栽培的辣椒需要经历一年之中最寒冷的季节，冬春茬辣椒有的需要在严冬时节定植，因此选用品种时必须注意它们的抗寒性或耐低温能力。

（五）果实的耐贮性和耐运输性

目前建立辣椒生产基地，实行专业化生产，有的炎夏南运，有的隆冬北运，都对品种的耐运输和耐贮藏能力提出了比较高的要求。特别是塑料中棚两膜一苫覆盖栽培的秋延晚辣椒，通常需要挂秧保鲜 2 个月以上，必须选用特别耐贮藏的品种。

第三节　辣椒栽培的优良品种

一、长剑（F1）辣椒

从日本引进优良杂交一代，无限生长型，早熟，粗长大羊角型，果实浅黄绿色，前期坐果集中，后期不早衰，连续坐果能力强，果长 28~36cm，粗 5~6.5cm，最长可达 40cm 以上，单果重 100~150g，最大单果可达 200g 以上，辣味适中，抗病性强，商品性极佳，产量极高，适合春秋露地、拱棚和越冬大棚种植，抗病毒病、疫病和枯萎病，耐寒性及耐热性较强。

二、瑞崎（F1）辣椒

从日本引进优良杂交一代，无限生长型，早熟。植株长势旺盛，株形紧凑，节间短，植株生长旺盛，低温弱光下连续坐果能力强，产量高。黄皮大型羊角椒，果实黄绿色，果长 30cm 左右（最长可达 35cm），果径 4~5cm，一般亩产 6 000kg 左右，果皮光滑有光泽。耐储运，抗病能力强，抗病毒病、疫病、枯萎病、条斑病等，是保护地栽培的最佳品种。

三、金鼎绿剑

中熟、杂交一代，同类型中果实最大，植株无限生长，高达 2.5m 以上。节间短，果长 40cm 左右，宽 7cm 左右，单果重 200g 左右，高抗病毒病、疫病，抗根结线虫等一切生理性病害，为当前黄绿皮羊角椒的首选品种，适合秋延及早春栽培。

四、亨椒 1 号

亨椒 1 号辣椒是北京中农绿亨种子科技有限公司最新选育的极早熟牛角椒新品种。是三系杂交，生长势很强。特早熟，适合春提早栽培。黄绿色，果面光滑，微辣，商品性好。叶片大，生长势强，极早熟，7~9 叶始花，耐低温。果长 22~30cm，果肩径 4.0~6.0cm，单果重 100g 左右。红椒色泽鲜艳，耐贮运，抗病毒病，适合北方冬春温室、春拱棚及早春地膜覆盖栽培。

五、亨椒新冠龙

是北京中农绿亨种子科技有限公司新育成特大特长牛角椒品种，果实浅绿色，果面微有皱褶，有光泽，微辣，商品性好。果长 25~32cm，果肩径 4.5~6.0cm，单果重 120g 左右。早熟，株型开展，低温坐果性好，抗病毒病。适合日光温室冬春茬及高冷地栽培。

六、龙娇9号

早熟一代杂交种，生长势较旺，果实羊角形，翠绿色，果长24~33cm，果肩宽3~4cm，单果重35~45g，果面皱褶，辣味适中，果实商品性好，品质佳。耐低温寡照，耐疫病，抗病性强，耐储运，商品性佳。

七、陇椒2号

属早熟一代杂种，始花节位9~10节，生长势强，株高80cm，株幅72cm，果实长牛角形，果面有皱褶，果长23.0cm，肉厚2.5cm，单果质量35~40g，果色绿，味辣，果实商品性好，品质优良。综合抗病能力强，在日光温室中种植表现为耐低温寡日照。适应性强，表现好。

八、陇椒3号

属早熟一代杂种，播种至始花期93天，播种至青果始收期132天。生长势中等，株高78cm，株幅67cm，单株结果数28个，果形羊角形、长25cm、宽2.7cm，肉厚0.23cm，单果重35~40g，果色绿，果面皱、味辣，维生素C含量12.3%。中抗辣椒疫病。

九、陇椒8号

属早熟一代杂种，播种至始花期92天，播种至青果始收期128天，生长势中等，单株结果数32.3个，单果重33.8g，果实羊角形，果长22cm，果肩宽2.8cm，肉厚0.31cm，果色绿，果面微皱，味辣。维生素C含量10.4%，品质优良，耐低温寡照，耐疫病。

十、辣雄8818

是北京中农绿亨种子科技有限公司育成早熟干制线椒品种，

辣味浓香，皮薄含水少，适合干制和制酱。果长 24~30cm，果径约 1.5cm，单果重约 20g，连续坐果性好，耐热耐湿耐旱，抗性好。适合保护地及春露地早熟栽培。

十一、陇椒 5 号

甘肃省农业科学院蔬菜研究所配育的杂交一代种子。该品种播种至始花期 98 天，播种至青果始收期 141 天。株高 77cm，株幅 71cm；单株结果数 21 个，果实羊角形，果长 25cm、果宽 3.0cm，肉厚 0.30cm，单果重 46g，果色绿，果面皱、味辣；维生素含量 0.11%，耐低温寡照，抗病毒病，耐疫病。适宜塑料大棚、日光温室及露地种植。

十二、神剑一号

极早熟品种，从播种到采收嫩椒 80 天左右，植株高 45cm 左右，株幅 65cm 左右，有分枝，生长势强，叶片较小，果实呈牛角形，嫩果外皮深绿色，有光泽，平均单果重 45~50g，辣味适中，坐果率高，丰产性好，适应性、抗病性均强，喜肥水，老熟果鲜红色。

第五章 辣椒无公害栽培设施建设技术规程

第一节 塑料大棚建设标准及技术规程

一、规格参数

棚长 60m，宽 9m，高 2.7m，占地面积 0.81 亩。预制水泥中柱长 3.1m（埋深 0.40m），水泥拱架长 6.3m（埋深 0.40m）。水泥拱架间距 3m，共用水泥拱架 21 道（其中靠两边山墙各 1 道）。每两道水泥拱架之间架设三道竹板拱架，间距 0.75m。拱架上每隔 0.50m 拉一道钢丝横拉筋，共拉 19 道。

二、搭建技术

（一）地块选择

大棚应建在背风向阳、有灌溉条件、地势平坦、土层深厚、无建筑物及树木遮阴的地块，方位以东西走向为宜。

（二）山墙规格与要求

山墙长 9m、底宽 1.2m、顶宽 0.8m、中点高 2.7m、两端高 1.2m。选用无杂质的细湿土夯筑山墙，每板上土厚度与板椽平齐，板土踩平踏实，无土块后用铁杵均匀夯实。

（三）栽中柱

中柱长 3.1m，共栽 19 根。中柱沿棚中心线栽埋，间距 3m，埋深 0.40m。并做基础处理后用砖或石块铺垫，防止灌水下陷。

要求中柱排列在一条直线上，高度在同一水平线上。

（四）栽水泥拱架

每隔3m栽一道水泥拱架，拱架两端埋深0.40m，并用杵子夯实，拱架顶端与中柱顶端用φ14#铁丝连接捆绑牢固。

（五）埋拉筋地锚

分别在东、西山墙外侧距墙根0.1~0.3m处挖一道长7m、深0.8m的地锚坑，埋入直径0.15m左右的水泥预制件或檩条，预埋件上绑7根长1m的φ8#铁丝作为横拉筋固定端点（要求端点高出地面0.20m），然后填土夯实。

（六）铺设拉筋

在水泥拱架两侧距地面1.35m处，用φ14#钢丝拉第一道横拉筋，从第一道横拉筋向上每隔0.5m拉一道横拉筋，共拉19道。拉筋两端固定在拉筋地锚上。

（七）安装竹板拱架

每两道水泥拱架之间架设3道竹板拱架，间距0.75m，中间一根竹板拱架插入地表0.3m，其余两根与第一道拉丝平齐。需竹板150根。在距竹板大头1cm处打一小孔，用φ14#铁丝绑在底端第一道钢丝横拉筋上，再依次将相对的两根竹板分别绑在其余钢丝横拉筋上，形成的竹板拱架长9m。

（八）扣膜

选择晴天中午无风时扣膜。首先将宽幅9.5m的棚膜扣在拱架上铺展，纵向拉紧，用长1.5~2m的木椽5~6根（或竹竿），把棚膜两端卷起拉紧，固定在东西两端的地锚上。再把棚膜两侧边缘分别卷上竹竿拉紧，并固定在钢丝横拉筋和水泥拱架上。然后将窄幅2.0m的围裙拉紧固定到大棚南、北侧两端的山墙上，下边压在预先挖好的土槽内，填土压实。特别强调的是顶膜和围裙膜要同时上，防止因围裙膜固定不及时，导致大风揭膜毁棚。

（九）压膜

在每道水泥拱架的棚膜上面绑一道压膜竹竿，用5~6道铁丝扎紧固定，以防大风揭膜毁棚。

第二节　日光温室建设标准及技术规范

一、地址选择及园区规划

（一）地址选择原则

（1）避风向阳，在温室的南侧和东西两侧不能有高大的建筑物、树木和自然遮挡物，如高山等；山口和自然风口是冬春季的大风通道，选择时应避开。

（2）地下水位较低，排水良好，地势高燥，土壤质地为黏壤或沙壤，富含有机质。

（3）避开尘土及有害气体污染严重的地带。

（4）水电路必须畅通，靠近交通要道和村庄，便于运输管理，有充足的水源和良好的水质，有配套电源设施。

二、日光温室建设规格

（一）建设规格

一般要求每栋温室长 60m，宽 12m。

（二）方位角

一般采用正南或南偏西 5°~7°。

（三）前后排温室间距

一般为 8.5m。

（四）绘制田间规划图

规划平面图包括交通干道、温室间距、温室长度和宽度、产地市场及管理场所（图 5-1、图 5-2）。

（1）方法。在规划区域，南北各取一方位线，用勾股定理确定直角线。

（2）建棚场地平整。按东西向每排温室推土平整，打通南北道路，然后放温室线。

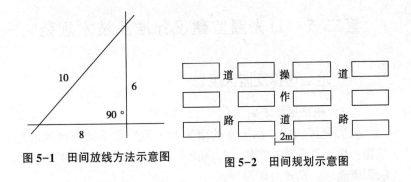

图 5-1　田间放线方法示意图　　图 5-2　田间规划示意图

三、温室选型及结构设计

彭阳县目前推广改良式二代高效节能日光温室，即宁夏二代温室。温室前屋面为全钢架（钢架间距 1m）、棚膜、草苫。后屋面为钢架、角钢横梁、钢丝拉筋、防水塑料、草苫或席笆、麦草、防水棚膜、草泥。在保温设施良好的情况下，冬季晴天温室内最低气温可达 10℃ 左右，遇短期 2~3 天连续阴天，最低气温在 8℃ 左右（长期连续阴雪天除外），在不加温条件下可正常生产果菜。主要技术参数如下。

（1）建筑长度 60m，净长度 52m。

（2）建筑跨度 12m，净跨度 7.5m。

（3）脊高 3.3m（室外），室内 3.8m。

（4）高跨比为 1：2。

（5）后墙室内高 2.8m，室外带女儿墙高 0.9m。

（6）合理的采光屋面角 29.88°。

（7）前屋面底角 29°。

（8）后屋面仰角 50.2°。

四、施工工艺

（一）土墙建筑规格标准

（1）土墙建筑规格。人工筑造的土墙后墙高 2.3m，底宽

1.5m，顶宽 1m，并带高 0.6m、底宽 0.6m、顶宽 0.3m 的女儿墙；机械筑造的墙体后墙高 2.3m，削成后底宽 4.5m，顶宽 1.4m，女儿墙高 0.9m；山墙净长 7.5m，脊高（室外）3.3m，整栋温室墙体上、下平要求坡降比≤0.5%，温室建筑总长度 60m，整体为 1/4 拱圆形。

（2）土墙建筑质量要求。在筑墙前铲除墙基地表 30cm 的地膜、植物残体及活土，并碾压夯实地基。墙体全部用大型履带式挖掘机分四层碾压夯筑而成，第一、第二层上虚土厚度≤1m，挖掘机压实后厚度≤0.8m；第三、第四层用挖土爪装土夯压，每层上虚土≤0.9m，夯实后土层厚度≤0.7m。墙体夯筑高度 3m。

（3）检查验收。施工过程中，质量监管人员要通过土壤容重的测定和土层厚度的测量，做好土墙筑造质量的监督和检查工作，并建立健全档案记录和整改手续。夯筑后的成品墙土壤干容重必须≥1.5。实施单位要严格按照技术标准和质量监管人员的要求做好温室质量的提升和整改落实工作。墙体最终质量评价以质量验收小组验收结果为准。

（4）建工队或农户在施工过程中必须注意施工安全，安全责任自负。

（二）混凝土条基规格标准

（1）条基规格。200mm×200mm×52 000mm。

（2）混凝土标号。150 标号，即 425 标号水泥、沙子、石子重量比为 1∶3∶6。

（3）用量。后墙及前底角处各预制条形基础一道，共需混凝土 4m^3，每栋温室总需水泥 1.2t（24 袋）。

（4）锚环。在前底角条基上预埋压膜线锚环，间距 2m。

（三）清理棚内余土

温室内要求比室外地平低 60cm，将余土清放在前栋温室后墙处及路基、耳房取土位置。

（四）钢架焊接与安装

钢架内外弧间距 12cm，焊点间距 20cm。

安装时先在山墙两端各立放一个钢架，在脊高处拉水平线焊接，前后各焊点要牢固，角钢在屋脊脊顶焊接。钢架要求焊正，山墙两端角钢、三道横拉筋端点要求用地锚固定在山墙外底角，第一道横拉筋固定在钢架前弧面 1.6m 处，第二道距第一道（弧长）2.5m，第三道距第二道 2.8m。

（五）后屋面处理

（1）在后屋面钢架上横拉 ϕ12#钢丝 12 根，两端用地锚固定在山墙外底角。

（2）在钢丝上面铺一层草帘或席笆。

（3）后屋面上草，用麦草捆绑成直径 30cm 大的小捆，横向摆放在后屋面上，挤紧靠实。

（4）上土，在麦草捆上面覆盖 30cm 潮湿细土，拍实后铺上一层聚乙烯膜，膜上上草泥，后屋面要利水。

（六）做温室门洞口

在山墙上做高 1.2m，宽 0.75~0.8m 的门洞口，用 12 砖箍砌，操作时要注意安全。

（七）上棚膜、压膜线及草苫

选择晴朗无风天上棚膜，棚面要求平展，压膜线要拉紧，不能扭曲。草苫长度大于 10m，宽度 2.0m，摆放时草苫之间需压边 20~30cm。

（八）建设管理房

按照园区统一规划，每栋日光温室建造 9m^2 以上的同一规格管理房 1 间。

第六章 日光温室环境调控技术

第一节 光照调控技术

日光温室光照的调控包括减少光照和增加光照。日光温室生产是在秋季、冬季和早春进行，在这段时间里太阳光照在全年当中最弱。所以，增加光照是主要的。增加光照主要从两个方面着手：一是改进保护设施的结构与管理技术，加强管理，增加自然光的透入；二是人工补光。而人工补光成本较高，生产上应用的较少。因此，改进设施结构与管理技术就成为光照调节的主要内容。

一、选择优型设施和塑料薄膜

调节好屋面的角度，尽量缩小太阳光线的入射角度。选用强度较大的材料，适当简化建筑结构，以减少骨架遮光。选用透光率高的薄膜，选用无滴薄膜、抗老化膜。

二、适时揭放保温覆盖设备

保温覆盖设备早揭晚放，可以延长光照时数。揭开时间，以揭开后棚室内不降温为原则，通常在日出 1h 左右早晨阳光洒满整个屋前面时揭开，揭开后如果薄膜出现白霜，表明揭开时间偏早；覆盖时间，要求温室内有较高的温度，以保证温室内夜间最低温不低于蔬菜同时期所需要的温度为准，一般太阳落山前 1h 加盖，不宜过晚，否则会使室温下降。

阴天的散射光也有增光和增温作用，一般应揭开覆盖。下雪天一般宜揭开覆盖，天气转晴立即扫雪揭开，要注意不使蔬菜受冻害。连续二三天不揭开覆盖，一旦晴天，光照很强时，不宜立即全揭，可先隔一揭一，逐渐全揭。如果连续阴天应进行人工照明补充光照。

三、清扫薄膜

每天早晨，用笤帚或用布条、旧衣物等捆绑在木杆上，将塑料薄膜自上而下地把尘土和杂物清扫干净。至少每隔两天清扫一次。这项工作虽然较费工、麻烦，但增加光照的效果是显著的。

四、减少薄膜水滴

塑料薄膜水滴能强烈吸收反射太阳光线，严重时可使透光率下降50%左右。所以，消除膜上的水膜、水滴是增加光照的有效措施之一。可从选择薄膜和降低室内空气湿度两个方面考虑。选用无滴、多功能或三层复合膜。据试验，使用PVC无滴膜比使用PVC普通膜室内透光率提高20%~30%，日平均气温高3~5℃，5cm地温早晨平均高2℃，中午高3~4℃。因为PVC普通膜扣盖的日光温室，由于附着水滴，在冬季和早春揭苫后8~10时，室内雾气腾腾附着水滴，透光性差，温度低。使用PVC和PE普通膜的温室应及时清除膜上的露滴。其方法可用70g明矾加40g敌克松，再加15kg水喷洒薄膜面。降低空气湿度参见保护地湿度控制。

五、涂白和挂反光幕

在建材和墙上涂白，用铝板、铝箔或聚酯镀铝膜作反光幕，将射入温室建材和后墙上的太阳光反射到前部，反射率达80%，能增加光照25%左右。既可增加光照强度，又能改善光照分布，还可提高气温，是廉价的增光措施。挂反光幕，后墙贮热能力下降，加大温差，有利于果实生长发育、增产增收。张挂反光幕时先在后墙、山墙的最高点横拉一细铁丝，把幅宽 2m 的聚酯镀铝膜上端搭在铁丝上，折过来，用透明胶纸粘住，下端卷入竹竿或细绳中。

六、铺反光膜

铺设反光膜在果实成熟前 30~40 天进行。在地面铺设聚酯镀铝膜，将太阳直射到地面的光，反射到植株下部和中部的叶片及果实上。这样光照强度增加，提高了树冠下层叶片的光合作用，使光合产物增加，果实增大，含糖量增加，着色面扩大。

七、人工补光

光照弱时，需强光或加长光照时间，以及连续阴天等要进行人工补光。一般室内辐射总量下降到 100W/（h·m²）时，就应进行补充光照。每天以 43.2W/（h·m²）补光 18h，收益极大。但每天以 28.8W/（h·m²）补充光照 24h，收益更大。

第二节　温度调控技术

温室按照要求建成以后，应该具有良好的保温效果，温室温度的调控是在此基础上进行保温、加温和降温 3 个方面的调节控制，使室内的温度指标适应蔬菜各个生长发育时期的需要。保护地内的热源来自光辐射，增加了光照强度就相应地增加了温度，所以增加光照强度的措施都有利于提高温度。

一、适时揭盖保温覆盖设备

保温覆盖设备揭得过早或盖得过晚都会导致气温明显下降。冬季盖上覆盖设备后，短时间内回升 2~3℃，然后非常缓慢下降。若盖后气温没有回升，而是一直下降，这说明盖晚了。揭开后气温短时间内应下降 1~2℃，然后回升。若揭开后气温不下降而立即升高，说明揭晚了，揭开后薄膜上出现白霜，温度很快下降，说明揭早了。揭开覆盖设备之前若室内温度明显高于临界温度，日出后可适当早揭。在极端寒冷和大风天气，要适当早盖晚揭。阴天适时揭开有利于利用散射光，同时气温也会回升，不揭时气温反而下降。

二、设置防寒沟

在温室前沿外侧，挖宽 30cm、深 40~50cm 的沟，沟内填入稻壳、锯末、树叶、杂草等保温材料或马粪酿热增温，经踩实后表面盖一层薄土封闭沟表面。阻止室内地中热量横向流出，阻隔外部土壤低温向室内传导，减少热损失。人工筑的温室墙体可在四周挖防寒沟。

三、增施有机肥

埋入酿热物有机肥和马粪等酿热物在腐烂分解过程中，放出热量，有利于提高地温。同时，放出的 CO_2 对光合作用有利。

四、地膜覆盖，控制温度

地面覆盖地膜，有保温保湿的作用，一般可提高地温 1~3℃，土壤保湿，减少土壤蒸发，增加白天土壤贮藏的热量，地膜也增加近地面光照。覆盖地膜，地面不宜过湿，有利于温度提高。降温可浇水、喷水。

五、把好出入口

冬季保护地门口很容易进风，使温室近门口处温度降低，温度变化剧烈，影响蔬菜的生长。所以要把好出入口，减少缝隙放热。进入口不管是安门，还是挂门帘，都要封严，保温后减少出入次数。一进门还可挂一挡风物，以缓冲开门时的冷风，保护近门口处的植株，挡风物可用薄膜。

六、适时放风

保护地多用自然通风来控制气温的升高。只开上放风口，排湿降温效果较差；只开下放风口，降温作用更小；上下放风口同时开放时，加强了对流，降温排湿效果最为明显。通风量要逐渐增大，不可使气温忽高忽低，变化剧烈。换气时尽量使保护地内空气流速均匀，避免室外冷空气直接吹到植株上。

放风要根据季节、天气、保护地内环境和蔬菜状况来掌握。以放风前后室内稳定在生产适宜温度为原则，冬季、早春通风要在外界气温较高时进行，不宜放早风，而且要严格控制开启通风口的大小和通风时间。放风早，时间长，开启通风口大，都可引起气温急剧下降。温室栽培蔬菜，初期要经常开上放风口排湿降温。当夜间室内气温低于15℃时，傍晚才关闭放风口。进入隆冬重点是保温，必要时只在中午打开上放风口排除湿气和废气，并适时而止。冬季蔬菜从定植到缓苗，一般要严密封闭，尽量不进行通风。放风时间，2月以前为10~14时，以后随着室内温度的升高，放风时间逐渐延长。每天当温度达到25℃时即开始放风，降至22℃时关闭放风口。若室内温度在27℃以上持续高温，要加大通风量。

七、必要时加温

室内温度低，特别是在关键时刻或有遭受低温为害的危险，不适宜蔬菜生长，则需人工加温。如保温前期夜间气温过低、地温上升缓慢，花期连阴天影响坐果等时间。加温方法有炉火加温、电热线加温、热风炉加温、地下热交换加温、地下温泉水供热等。

第三节　湿度调控技术

保护地湿度的调控包括增加、降低土壤湿度和空气湿度，应从以下几方面着手。

（一）浇水

灌溉、洒水增加土壤水分，同时空气湿度亦增加。降低土壤含水量和空气湿度要控制浇水，阴雨天不浇水。控制浇水可减少土壤蒸发和蔬菜蒸腾，从而降低空气湿度。

（二）地面覆盖

覆盖地膜或无纺布等，改进灌水方法，采用地膜下滴灌，利于土壤水分的保持，控制土壤水分蒸发，降低空气湿度。

（三）放风

保持空气湿度，减少空气流动带走水蒸气，要控制放风。降低空气湿度时，在保湿的前提下，要适时放风排湿，特别是灌水后更要注意放风。

（四）调控温度

适当提高室内温度，可以降低空气相对湿度。相反，室内温度低，则空气相对湿度大。室内设天幕进行保温，既能降低相对湿度，同时又避免水滴为害。

（五）吸水降湿

室内畦间或垄上放置麦草、稻草等吸湿物质，待吸足水分后及时取走，再换新的，可降低空气湿度。

（六）中耕松土

地面无覆盖时，灌水后适时中耕松土，可以减少水分蒸发，保持土壤水分，降低空气湿度。

第四节　土壤调控技术

日光温室土壤的调控主要是改良土壤，培肥地力，以改善其理化性状，创造蔬菜根系生长的良好环境，防止土壤酸化、盐化及营养元素的失衡。

（一）加强土壤管理

土壤管理搞得好，可以促进根系生长，提高根的吸收能力，协调土壤与根系的关系。

（二）增施有机肥

有机肥含有蔬菜需要的各种营养元素，且释放缓慢，不会使土壤溶液浓度过高或发生元素过剩。有机肥中还含有大量的微生物，微生物能促使被土壤固定的营养元素释放出来，增加有效成分的浓度。但含氮有机肥的施用量要适中。

（三）合理施用化肥

氮素化肥一次施用量要适中，追肥应"少量多次"。施后浇水，降低土壤溶液浓度。定期测定土壤中各种元素的有效浓度和蔬菜营养状况，进行配方施肥，搭配施肥，不宜过多施含硫和氯的化肥。

根据物候期、肥料种类、土壤类型等确定施肥期、施肥量和施肥方法。

（四）改造不良土壤

对已发生酸化的土壤，应采取淹水法洗酸、洗盐或撒施生石灰中和酸性。不能再用生理酸性肥。当温室连续多年栽培后，土壤盐化、酸化较严重时，就要及时更换耕作层熟土，把肥沃的土壤换进温室。

第五节　气体调控技术

日光温室的气体调控主要指室内二氧化碳的调控和防止有害气体产生。

（一）二氧化碳调控

主要指人工方法来补充二氧化碳供蔬菜吸收利用，通常称为二氧化碳施肥。二氧化碳施肥在一些国家已成为保护地生产的常规技术，增产效果显著。二氧化碳来源和调控施用方法很多，但须考虑农业生产的实际情况选用。

（二）增施有机肥

在我国目前的条件下，补充二氧化碳比较现实的方法是在土壤中增施有机肥，也可堆积起来，1t 有机物最终能释放出 1.5t 二氧化碳。试验证明，施入土壤中的有机物和覆盖地面的作物秸秆等能产生大量的二氧化碳。在酿热温床中施入大量有机物肥料，在密闭条件下二氧化碳浓度往往较高，当发热达到最高值时，二氧化碳浓度为大气中二氧化碳浓度的 100 倍以上。有机肥堆积在室外用塑料薄膜覆盖，再用塑料管与温室相通，利用有机质腐烂分解产生的二氧化碳供应保护地生产。

（三）施用固体二氧化碳

一是施用固态二氧化碳，气态的二氧化碳在 -85℃ 低温下变为固态，称为干冰，呈粉末状。在常温常压下干冰变为二氧化碳气体，1kg 干冰可以生成 0.5m³ 的二氧化碳。使用干冰，操作方便，方法简单，用量易控，效果快而好。但成本高，需冷冻设备，贮运不方便，对人体也易产生低温为害。二是施用二氧化碳颗粒肥料，物理性能良好，化学性质和施入土壤后稳定，在理化及生化等综合作用下，可连续产生气体，一次使用可连续 40 天以上，不断释放二氧化碳气体，而且释放气体的浓度随光照、温度强弱自动调节。颗粒为不规则圆球形，直径 0.5~1.0cm。每亩用量 40~50kg。沟施时沟深 2~3cm，均匀撒入颗粒，覆土 1cm。穴施时穴深 3cm 左右，每穴施入 20~30 粒，覆土 1cm，也可垄面撒施，在作物根部附近，均匀撒施，遇潮湿土壤慢慢释放二氧化碳气体。施肥时勿撒入作物叶、花、根上，以防烧伤，施肥后要保持土壤湿润，疏松，利于二氧化碳释放。

（四）燃料燃烧产生二氧化碳

通过燃烧燃料产生二氧化碳气体送入温室中，在产生二氧化碳的同时，还释放出热量加热温室。一是通过二氧化碳发生器燃烧液化石油气、天然气产生二氧化碳，再经管道输入到保护地。欧美诸国使用较多。优点是易燃烧完全，产生的二氧化碳纯净，施肥量与时间容易控制，成本不太高。二是燃烧煤和焦煤产生二氧化碳，原料来源较容易，但二氧化碳浓度不易控制，在燃烧中常有一氧化碳和二氧化硫有害气体伴随而出。三是燃料沼气产生二氧化碳，有沼气的地区选用燃烧比较完全的沼气炉或沼气灯，用管道将沼气通入温室燃烧，即可产生二氧化碳，简便易行，成本低。

（五）化学反应法产生二氧化碳

利用化学反应产生二氧化碳，操作简单，价格较低，适合广大农村的情况，易于推广。目前应用的方法有盐酸—石灰石法、硝酸—石灰石法、硫酸—石灰石法、盐酸—碳酸氢钠法、硫酸—碳酸氢钠法、硫酸—碳酸氢铵法。其中硫酸—碳酸氢铵法取材容易，成本低，易于掌握，在产生二氧化碳的同时，还能将不宜在温室中直接使用的碳酸氢铵转化为比较稳定、可直接用作追肥的硫酸铵，是现在应用较多的一种方法。原料为化肥碳酸氢铵和93%~98%的工业浓硫酸，将浓硫酸按体积1:3稀释，方法是将3份水置于塑料或陶瓷容器内，然后边搅边将1份浓硫酸沿器壁缓慢加入水中，搅匀，冷却至常温备用。产气装置可用成套设备，也可用简易装置。

从理论上讲，二氧化碳施肥应在蔬菜光合作用最旺盛、产品形成期光照最强烈时进行。实际生产中一般在日出后半小时左右施用。具体时间一般为：11月至翌年1月为9时，1月下旬至2月下旬为8时，3—4月为6时半至7时。当需要通风降温时，应在放风前0.5~1h停止施用。遇寒流、阴雨天、多云天气，因气温低、光照弱、光合作用低，一般不施用或使用浓度低。不同物候期植株光合能力不同，需二氧化碳量亦不同，在叶片形成后和旺盛生长期、产量形成和养分积累期需二氧化碳量大。

二氧化碳浓度也不能过高，浓度过高时，不仅费用增多，而且还会造成蔬菜二氧化碳中毒。在高浓度二氧化碳室中，植株的气孔开启较小，蒸腾作用减弱，叶内的热量不能及时散放出去，体内温度过高，容易导致叶片萎蔫、黄化和落叶。二氧化碳浓度过高时，注意放风，进行调节。

（六）预防氨气和二氧化氮气体为害

（1）正确使用有机肥。有机肥的处理，需经充分腐熟后施用，磷肥混入有机肥中，增加土壤对氨气的吸收。施肥量要适中，每亩一次施肥不宜超过 $10m^3$。有机肥宜作底肥和基肥，与土壤拌匀，施后覆土，浇水。正确使用氮素化肥，不使用碳酸氢铵等挥发性强的肥料。施肥量要适中，每亩一次不宜超过 25kg。提倡土壤施肥，不允许地面撒施。如果地面施肥必须先把肥料溶于水中，然后随浇水施入。追施肥后及时浇水，使氨气和二氧化氮更多地溶解于水中，减少挥发量。

（2）覆盖地膜，减少气体的散放量。

（3）加大通风量。施肥后适当加大放风量，尤其是当发觉温室内较浓的氨味时，要立即放风。

（4）经常检测温室内的水滴的 pH 值。检测温室是否有氨气和二氧化氮气体产生，在早晨放风前用 pH 值试纸测试膜上水滴的酸碱度，平时水滴呈中性。如果 pH 值偏高，则偏碱性，表明室内有氨气积累，要及时放风换气。如果 pH 值偏低，表明室内二氧化氮气体浓度偏高，土壤呈酸性，要及时放风，同时每亩施入 100kg 左右的石灰提高土壤的 pH 值。

（七）预防一氧化碳和二氧化硫气体为害

（1）温室燃烧加温用含硫量低的燃料，不选用不易完全燃烧的燃料。

（2）燃烧加温用炉具要封闭严密，不能漏气，要经常检查。燃烧要完全。

（3）发觉有刺激性气味时，要立即通风换气，排出有毒气体。

（八）预防塑料制品产生的气体

（1）选用无毒的温室专用膜和不含增塑剂的塑料制品，尽量少用或不用聚氯乙烯薄膜和制品。

（2）尽量少用或不用塑料管材、筐、架等，并且用完后及时带出室外，不能在室内长时间堆放，短期使用时，也不要放在高温以及强光照射的地方。

（3）室内经常通风排除异味。

第七章 辣椒育苗技术

第一节 常规育苗技术

（一）苗床选址

辣椒苗床应选择背风向阳、地势平坦、土层深厚、便于灌溉、前茬没有种过番茄、茄子、马铃薯、辣椒的地块，挖成深约15cm，宽1.2~1.5m，长10m的苗床（过宽不利间苗，过长不利通风），并保持床内地面平整。

（二）营养土的配制

辣椒苗期需肥量不大，但要求养分均衡全面、有良好的物理性状（较强的保水能力、良好的空气通透性）、无病菌和害虫等。营养土可按如下方法配制：取未种过茄果类作物的大田土（必须过筛）6份、充分腐熟的优质农家肥（过筛）4份，每方加地旺、苗菌敌或多菌灵100g左右、敌百虫100g左右，充分混合拌匀，也可每方大田土中加拌500g"金富蜡质芽孢杆菌"生物杀菌剂（注意：此药不能与其他杀菌剂混用），可很好地预防苗期多种病害。若肥力不足，可在每方营养土中加入氮磷钾三元素复合肥1kg，但一定要充分混匀，以防烧根。

随后将配好的营养土填入苗床内，播种前2~3天覆膜"烤"地。如果采用营养钵护根育苗（即分苗至营养钵中），建议使用10cm×10cm的营养钵，有利于培育壮苗，营养土装至钵体八九成满即可。在实际生产中，许多农户嫌大营养钵花钱多、占地、费土，而采用较小的营养钵育苗，这种方法是不科学的，殊不知辣椒苗期长，小营养钵的营养面积有限，往往出现苗子小、须根少、长势弱，达不到壮苗要求，对辣椒的生长不利，也会影响上市时间和产量。

（三）催芽播种

辣椒种在常温清水中浸种时间以 8h 左右为好，时间太短、吸水不足容易造成发芽慢；太长则造成种子内部养分流失，发芽势减弱，影响发芽率。将浸种后的种子沥干水分，并晾干表面明水，然后摊在干净、湿润的棉布上，卷起，用塑料袋保湿，置于30℃的黑暗条件下催芽，催芽过程中每天打开和翻动种子包，使种子透气、受热均匀，一般经 4~5 天，待 70%露白后即可选择晴天进行播种。而实际操作中，菜农群众经常会出现由于控温设施简陋，不易控制温度而造成催芽温度过高烫伤种子或温度低于发芽适温而不出芽的现象；还有的由于种子湿度过大、包布太湿、种子太多、堆积较厚而影响气体交换、透气不良，发生闷种和烂种的现象等。在此特提醒广大菜农朋友：催芽时一定要设法满足种子发芽的三个基本条件即水分、温度和空气，以提高催芽质量。

播种前苗床先浇足底水，等底水全部渗下没有明水时再播种，一般采用撒播，每 50g 种子撒播 10m² 左右的苗床面积，用"苗菌敌"每袋拌土 30kg 做"盖种土"，预防猝倒病的发生。播后及时覆过筛的营养土 1cm 厚，覆土后盖 1 层地膜，既有保温保湿的作用，又可防止"戴帽"出土。

（四）播种床的管理

辣椒是喜温、需阳光充足、忌湿的作物，在苗期阶段以调节床温、增加光照、合理控制湿度为主。

（1）温度管理。采用"三高三低"，即出苗前温度高，地温25~30℃，气温 28~32℃；出苗后温度低，白天 25~28℃，夜间10~13℃；心叶展开后温度高，白天 28~30℃，夜间 13~15℃；分苗前温度低，白天 25~26℃，夜间 10~13℃；分苗后温度高，白天 28~30℃，夜间 15~20℃；定植前温度低，低温炼苗，白天

23~25℃，夜间 10℃。

（2）水分管理。苗床应有充足的水分，但又不能过湿。播种时浇足底水，一般到分苗时不会缺水。如果湿度过大，可趁苗上无水滴时向床面筛细干土，每次 0.5cm 厚，共筛 2~3 次，有利于保墒和降低苗床湿度；筛药土（用苗菌敌 20g 掺细干土 15kg 配成）则可防止立枯病和猝倒病的发生。若床土过干时，可适当用喷壶浇水，但不宜过多，以保持土壤湿润为宜。若发现苗子缺肥时，可喷施叶面肥。

（3）分苗。当幼苗长到 2 叶 1 心或 3 叶 1 心时进行分苗，分苗前须进行低温炼苗 2~3 天。分苗方法有苗床分苗和营养钵分苗两种，宜选择"冷尾暖头"的晴天进行。分苗前一天，幼苗要浇"起苗水"，以利于起苗，防止散坨，减少伤根，促进缓苗。分苗时苗距 8~10cm 为宜，要注意栽苗深度，以子叶露出床面为最佳，每穴或每钵根据品种和定植要求栽单株或双株。

（五）分苗后的管理

（1）温度管理。分苗后 1 周内，苗床要保持较高温度，有利于生根缓苗。平均地温 18~20℃，气温白天保持 28~30℃，夜间 20℃。如果地温低于 16℃，则生根较慢，长期低于 13℃，则停止生长，甚至死苗。缓苗后降低气温，一般白天 20~25℃，夜间 15~17℃，以保持秧苗健壮，避免徒长。设施内温度超过 32℃时，可适当揭开部分薄膜放风降温，17 时前后要合住风口。定植前 10~15 天进行低温炼苗。低温炼苗是指后期在放风的基础上，逐渐延长放风时间和放风量，在移植前 7~10 天大通风，使秧苗适应外界环境条件，缩短缓苗时间。炼苗时应当按照"阴天少通风，晴天多通风，雨天不通风"的原则，做到苗子健壮、整齐、不徒长。炼苗方法应该根据苗子长势而定，长势好、气温高就要多通风。

（2）水肥管理。分苗后到新根长出以前，一般不浇水，心叶开始生长后，可根据床土墒情于晴天上午浇水，幼苗定植前 15~20 天，结合浇水追一次速效化肥。每次浇水后给苗床适当松土，切不可伤及根系。如果采用营养钵分苗，应旱了就浇，控温不控水。

（3）光照管理。分苗后的2~3天，在中午光照较强时，应盖"回头苦"短时间遮光，防止幼苗失水萎蔫，造成缓苗时间过长。缓苗后，由于分苗床需要充分见光，设在温室或大棚内的苗床棚膜上的草苦在白天尽量揭开，特别是阴天时，只要温度适宜，不会造成寒害的情况下，应揭开草苦使幼苗见光。

（4）定植前的蹲苗。采用苗床分苗法，定植前需用栽铲将苗床土切开，进行蹲苗；采用营养钵分苗的，在定植前2~4天浇一次水，做到定植时不散坨，避免伤根，保证苗子质量。

（六）辣椒苗期管理应注意的几点

（1）通风换气。通风换气的主要目的是降低棚内湿度，抑制病害发生蔓延，同时也能风干塑料薄膜上的水珠，提高塑料薄膜的透光率。

（2）筛药土防病。各种病菌在高湿条件下极易滋生蔓延，要想冬季育苗成功，在通风排湿的前提下，采用定期向床面筛药土，可有效预防死苗。

（3）控温、控水、激素调节。椒苗生长周期在冬季，播期早，苗龄期长，遇上冬季高温，小苗生长过快，可能造成苗期与大田栽培期无法衔接，可采取如下措施：一是多揭膜，降低棚温；二是控制浇水；三是喷万帅一号和健植宝300倍液控制旺长。

（七）总结在育苗过程中应注意以下的几个问题

（1）选择苗床很重要。要选择阳光充足、土质肥沃、水源条件好，前茬没种过辣椒、茄子、西红柿、土豆的地块作苗床。因这几种作物同属一科，病害相同，重茬易感病害。苗床面积是大田面积的1%。苗床地选好后在播种前灌足底水。

（2）种子处理。在播种前晒种2天，用清水浸泡3~4h，然后再用10%磷酸三钠1 000倍水溶液浸种10min后用清水洗净，再用55℃温水浸种10min。要不断搅拌，并随时补给温水保持

55℃水温，捞出催芽24h待播。

（3）整地播种。灌水后的苗床地块按每分地施腐熟优质粗肥300kg（或腐熟的鸡粪50kg），尿素1.5kg，过磷酸钙5kg，草木灰15kg。肥料撒匀后浅翻15cm，耙细耙平，做宽幅高畦，有利于提早播种、定植和根系的发育。畦长7~10m，畦宽1.2m，畦面宽0.85m，间距0.4m（沟上口宽），沟深0.1m。从沟中起部分细土暂堆地头做覆土用。畦做好后要立即播种。每畦面均匀撒干籽200g，覆土后盖0.9m宽地膜。膜面拉紧铺平两边两头要压严压实。地膜盖好后畦上面用塑料棚膜做小拱棚，棚高0.5~0.6m。整地、播种、盖膜动作要快，防止跑墒。也可以在塑料大棚或日光温室中实施小拱棚育苗。

（4）苗床管理。一是温度。白天温度控制在25℃；夜间12~15℃左右。当有60%~70%苗出土时揭去地膜。当中午温度升高时注意放风降温，防止烧苗。二是水分。育幼苗的土壤湿度宜偏小。当幼苗2~3片真叶时，如土壤干旱可用喷壶喷水。4~5叶时如干旱可将沟灌满水，使水慢慢渗到畦内土壤里，要灌透以减少灌水次数。三是疏苗。当幼苗1~2片真叶时要疏苗，去弱留壮，拔除杂草，防止拥挤。株距3~4cm，每畦留苗17 000株左右，可栽2亩大田。四是炼苗。在定植前15天（4月中旬）在小拱棚顶部破口放风练苗，使幼苗逐步适应外部环境，提高移栽成活率。

（八）辣椒壮苗标准

健壮的辣椒苗一般株高18~25cm，茎秆粗壮，节间短，茎粗0.3~0.5cm，有真叶8~14片，子叶完好，真叶叶色深绿，叶片大而厚，有70%~80%植株带大蕾，无病虫害，根系发达具有旺盛的生命力。具备上述条件的辣椒苗，移栽后缓苗快，抗逆性强。

第二节 辣椒穴盘育苗技术

一、春提早栽培

通过塑料大棚等设施保（温）护栽培，使原来春季露地栽培的辣椒播种期、收获期明显提前的栽培方式叫春提早栽培。

二、秋延后栽培

通过塑料大棚等设施保（温）护栽培，使原来秋季露地辣椒收获期向秋冬季延迟的栽培方式叫秋延后栽培。

三、产地环境条件

（一）温度

常年平均气温 13~15℃，全年 0℃以上活动积温 4 000~5 000℃，极端最高气温≤40℃，极端最低气温-20℃左右，无霜期 200~240 天。

（二）光照

常年总日照 2 000~2 600h。

（三）水分

合理控制水分。

四、播前准备

（一）品种选择

春提早栽培的，宜选择早熟、抗病、耐低温、耐弱光品种。秋延后栽培的，宜选择中熟、抗病、优质、耐高湿品种。

（二）有机基质选择

一般采用天缘公司生产的基质。

（三）穴盘选择

选用 98 孔或 105 孔穴盘。

（四）种子处理

播前晒种 1~2 天，用 10%磷酸三钠或用 1 000倍高锰酸钾溶液浸泡 20min，捞出用清水洗净后放入 55~60℃的恒温水中，不断搅拌 10~15min 后令其自然冷却，浸种 6~8h，浸种水温 20~28℃。浸种结束后搓洗一下种子除去种子表面黏质物并将种子放在浅瓦盆中，上盖 1~3 层湿纱布，然后保持 28~30℃湿润催芽，每隔 5~6h 察看一下纱布是否太干，并将种子清洗一下，沥干后重新放入。一般经 24~36h 后出芽。

五、播种技术

（一）播期

1. 春提早育苗

适宜播期 10 月下旬至 11 月上旬。

2. 秋延后育苗

适宜播种期 7 月下旬。

（二）播种方法

将穴盘摆平，上覆有机基质，在每穴中间打深 1.0cm 左右的孔穴，每穴播种一粒健籽，覆基质，浇透水，上覆地膜。秋延后育苗，大棚顶膜加盖遮阳网，四周离地 1m 左右。

六、苗床管理

（一）春提早育苗

1. 温度

出苗前大、小棚膜密封保温，夜晚加盖草帘，白天揭去。白天温度保持在 25~28℃，当气温下降达 20℃时闭棚，盖两层膜、草帘，当 70%的苗出土可揭开地膜。出苗后白天温度稳定在 25℃左右。当气温下降达 18℃时闭棚，盖二层膜、草帘。定植前 5~7 天，白天保持 20℃左右，当气温下降到 13℃时闭膜、盖二层膜、草帘。

2. 光照

充分见光。

3. 水分

冬至前保持充足水分，见干则浇，浇则浇透，浇后放风排湿。冬至后一般不浇水，如缺水，则少量补水。阴雨雪天不浇水。

4. 肥料

在 3 叶期、5 叶期喷施 500 倍液叶面肥。

（二）秋延后育苗

1. 温度

采取降低苗床温度，中午最高温度不超过 32℃。

2. 光照

让苗充分见光，要避免阳光直射，遮阳网晴天 7—9 时及阴天推上棚顶，晴天 9—17 时拉下遮光。

3. 水分

保持有机基质湿润，见干则浇，浇则浇透。一般每天早晚各一次，每次浇匀、浇透。

4. 肥料

在 3 叶期、5 叶期喷施叶面肥。

七、壮苗指标

苗高 15~18cm，茎粗 0.5cm 左右，叶片深绿，叶片数 8~10 叶，顶心嫩绿，子叶健在、根系发达、白根多，健壮无病虫害。春提早苗龄 100 天左右，秋延后苗龄 28 天左右。

八、病、虫、草害防治

（一）原则

按照无公害栽培的原则，运用农艺措施、生物防治技术，提倡人工除草、人工捉虫，对症下药，同一种药只使用一次。

（二）病害防治

主要有猝倒病、立枯病等，使用 70% 甲基托布津 $5g/m^2$ 或绿亨一号 $3~4g/m^2$ 对细土 $1~1.5kg$ 进行防治。

（三）虫害防治

主要虫害为蚜虫，用 10% 吡虫啉可湿性粉剂 1 000 倍液喷雾防治。有条件的地方，塑料大棚门、放风口安装防虫网，防止蚜虫迁飞到植株上为害，传播病毒。

（四）草害防治

人工除草。

第三节　辣椒嫁接育苗技术

辣椒由于连作障碍，青枯病、疫病、根结线虫病等土传病害发生严重，尤其是疫病多在结果期发生，常导致毁灭性损失。除采用换土、药剂消毒等方法外，也可进行嫁接育苗，进行防病栽培。

一、砧木选择

常用砧木品种为辣椒的野生种，如台湾的 PFR-K64、PER-S64、LS279 品系，是辣椒嫁接栽培专用砧木。

二、嫁接方式

当砧木具 4~5 片真叶、茎粗达 5mm 左右，接穗长到 5~6 片真叶时，为嫁接适期。嫁接用具主要是刀片和嫁接夹。使用前，将刀片、嫁接夹放入 200 倍的福尔马林溶液浸泡 $1~2h$ 进行消毒。嫁接场地的光照要弱，距苗床要近。嫁接苗床在温度较低的冬季或早春，应选用低畦面苗床；高温和多雨季节，选择高畦面苗床。嫁接场地周围洒些水，保持 90% 以上的空气湿度，气温宜在 25~30℃，保持散射光照，嫁接场地应用 500 倍多菌灵药液或 600 倍百菌清药液，对地面、墙面以及空中进行喷雾消毒。用长条凳或平板台作嫁接台。嫁接前一天，用600倍的百菌清或500倍的多菌灵对嫁接用苗均匀喷药，第2天待茎叶上的露水干后再起苗。嫁接前，将真叶处的腋芽打掉。采用靠接、插接等嫁接方法。

（一）插接法

插接一般在播种后20~30天进行，砧木有4~5片真叶时为嫁接适期，辣椒苗应较砧木苗少1~2片叶，苗茎粗比砧木苗茎稍细一些。嫁接时，在砧木的第一或第二片真叶上方横切，除去腋芽，在该处顶端无叶一侧，用与接穗粗细相当的竹签按45°~60°角向下斜插，插孔长0.8~1cm，以竹签先端不插破表皮为宜，选用适当的接穗，削成楔形，切口长同砧木插孔长，插入孔内，随插随排苗浇水，并扣盖拱棚保护。

（二）靠接法

嫁接后接穗的根仍旧保留，与砧木的根一起栽在育苗钵中，嫁接后接穗不易枯死，管理容易，成活率高。每个育苗钵内栽1株砧木苗和1株辣椒苗，高度要接近，相距约1cm远。先在砧木苗茎的第2~3片叶间横切，去掉新叶和生长点，然后从上部第1片真叶下、苗茎无叶片的一侧，由上向下呈40°角斜切1个长1cm的口子，深达苗茎粗的2/3以上。再在接穗无叶片的一侧、第一片真叶下，紧靠子叶，由下向上呈40°角斜切1个1cm的口子，深达茎粗2/3，然后将接穗与砧木在开口处互相插在一起，用嫁接夹将接口处夹住即可。

（三）嫁接后苗床管理

嫁接苗愈合的适温，白天为25~26℃，夜间20~22℃。温度过低或过高都不利于接口愈合，影响成活。温度超过32℃，要用草苫、遮阳网等对苗床进行遮阴，最低不能低于20℃，低温期要安排在晴暖时进行，并加强苗床的增温和保温工作。在嫁接后3天，必须使空气湿度保持在90%以上，以后几天也要保持在80%左右，可于嫁接后扣上小拱棚，棚内充分浇水，盖严塑料薄膜，密闭一段时间，使小棚内空气湿度接近饱和状态，以小棚塑料薄膜内表面出现水珠为宜。接口基本愈合后，在清晨或傍晚空气湿度较高时开始少量通风换气，以后逐渐延长通风时间并增大通风量，但仍应保持较高的湿度，每天中午喷雾 1~2 次，直至完全成活。

嫁接后的 3~4 天要完全遮光，以后改为半遮光，逐渐在早晚以散射弱光照射。在能保持温、湿度不会大波动的情况下，应使嫁接苗早见光、多见光，但光不能太强，随着愈合过程的推进，要不断延长光照时间，10 天以后恢复到正常管理水平。阴雨天可不遮光。

嫁接过程中，如果遇到茎叶带泥土的苗，要先用 600 倍的百菌清或 500 倍的多菌灵药液漂洗干净，晾干后再进行嫁接。嫁接苗培育期间，还要定期喷药保护。辣椒苗上长出的不定根要及早去除，砧木上的侧芽也要及早抹掉。嫁接苗成活后，对靠接苗，还要选阴天或晴天下午，用刀片将辣椒苗茎从接口下切断，使辣椒苗与砧木完全进行共生，断茎后的几天里，要对苗床适当遮阴，1 周后，转入正常管理，成活后在高温、高湿及光照不足的情况下，嫁接苗易徒长，应采取控制措施。

第八章　无公害辣椒栽培技术

第一节　无公害辣椒栽培茬口安排及原则

辣椒的棚室栽培是一种技术性很强的栽培方式。由于投资大、成本高，要提高生产效益，必须充分利用设施内有限的土地和空间，巧妙轮作倒茬。日光温室栽培一般分为三茬，即秋冬茬、冬春茬和早春茬。塑料大棚一般分为春提早和秋延后两个茬口。合理安排茬口，可明显的改善辣椒的生存环境，并能有效的防治病虫害，提高土地利用率，增加栽培茬次及花色品种，以达到增产增收和均衡供应的目的。棚室种植辣椒茬口安排要遵循的原则是需要和可能高度统一。

具体有以下 5 个原则。

一、根据设施条件安排茬口

由于不同的设施类型及构型具有不同的温光性能，同一设施构型在不同地区其温光性能也不一样，因此，按已建设施类型及构型在当地所能创造的温光条件安排茬口，是取得较高效益的关键。如温光条件优越的日光温室多安排冬春茬辣椒生产，而大棚的保温性能远不如日光温室，只能进行春提早和秋延后生产。

二、根据市场需求安排茬口

辣椒生产是商品性很强的产业，其效益高低首先取决于市场需求。市场需求多变，但棚室生产相对稳定，在安排茬口前必须做好市场调查认真捕捉市场信息和分析预测。根据市场需求状况，合理安排辣椒种植种类和茬口，否则，即使生产的辣椒品质再好、产量再高，也很难获得理想的效益。但具体到一村一户的生产安排，还应与区域性专业化生产相协调。

三、根据作物特性安排茬口

辣椒连作容易发生病虫害，但棚室占地相对稳定，连作障碍不可避免，在安排种植作物和茬口时，必须根据作物特性做好轮作倒茬。

四、根据稳产保收安排茬口

棚室生产在很大程度上受到自然界温度、光照等条件的制约，要在充分分析当地气象资料的基础上，明确不同作物的适宜茬口与不宜茬口，坚持因地、因棚室适应性种植，以力求稳产保收，降低生产成本和生产风险。确保辣椒产量和品质，稳定市场、稳定增加收入。

五、根据技术水平安排茬口

辣椒的棚室生产是一种技术、劳力和资金密集型栽培方式对生产者的素质和技术水平要求较高。初搞设施栽培的农户，宜安排种植技术简单、成功率比较高的作物和茬口。而对于经验丰富、技术水平高的农户，则可安排高效益的作物和茬口。如果选择超出自身技术水平的蔬菜生产，容易造成不必要的损失。

第二节 无公害露地辣椒栽培技术

一、品种选择

宜选择抗病毒病、疫病和枯萎病，耐寒性及耐热性较强的品种，如陇椒5号等。

二、定植

（一）定植前的准备

1. 选地

可选用油菜、玉米等作前茬，不能重茬。

2. 重施基肥

辣椒对养分的吸收量大，辣椒根系较浅，耐肥力强，所以施足底肥很重要。亩施优质有机肥 5 000~8 000 kg，过磷酸钙 50kg，饼肥 100~150kg，草木灰 100kg。

3. 整地作畦

基肥施入后要深翻土壤 20~25cm，整地前每亩撒施多菌灵原粉 0.5~0.75kg，以进行土壤消毒，整细土壤，栽培辣椒宜采用圆垄、高畦、地膜覆盖栽培。

定植前 7~10 天进行起垄，按垄间距 1.1m，垄面宽 0.6m，垄沟 0.5m，垄高 0.15m，起垄后覆膜，土壤墒情不好时可在垄沟补灌。

（二）定植密度

辣椒采用单株定植，行距 0.45~0.5m，株距 0.35m，亩株数为 3 800多株，定植时应向坑内先浇水，并撒入药土，每亩用（乙膦铝锰锌+DT）各 1.5kg，拌 10 倍干土，拌匀穴施，水渗下后栽苗封坑。

（三）田间管理

1. 定植水

在定植当天或第 2 天进行，灌水量应掌握在灌到沟深的一半，不可灌至畦面。

2. 催花水

在门椒开花前 2~3 天灌水称为灌头水，催花水渗后，结合松土深锄畦沟，并将土培到椒苗的根际。

3. 追肥

催花水后 5~6 天，进行灌二水，结合二水亩追施尿素 15kg，追肥后 4~5 天，再灌一次清水（三水）。在三水后结合打杈中耕。第二次培土后 4~5 天灌四水，并结合四水每亩施硫酸钾复合肥 15kg，4~5 天后灌五水，以后每隔 5~6 天灌一次水，隔一次清水，追肥一次尿素，每次每亩 7~8kg，掌握少量多次的原则，在果实膨大期，必须保持土壤湿润，灌水应在清晨或傍晚，灌"跑马水"，切忌大水灌畦顶，遇大雨及时排积水。

4. 整枝

辣椒一般不需整枝，部分植株门椒下部的侧枝生长过旺者要去掉；弱小的侧枝不必去掉。要将下部黄叶、死叶摘掉，病叶病果及时摘除。

（四）采收

门椒、对椒适时早收，以免坠秧，以后要在果实充分长大，果肉变硬后采收。

第三节 无公害塑料大棚辣椒栽培技术

（一）品种选择

宜选择抗病性强、连续坐果能力强、耐贮运的品种，如亨椒1 号、新冠龙、陇椒 8 号等。

（二）定植前的准备

（1）重施基肥。辣椒对养分的吸收量大，辣椒根系较浅，耐肥力强，所以施足底肥很重要。亩施优质有机肥 5 000~8 000kg，过磷酸钙 50kg，饼肥 100~150kg，草木灰 100kg。

（2）整地作畦。基肥施入后要深翻土壤 20~25cm，整地前每亩撒施多菌灵原粉 0.5~0.75kg，以进行土壤消毒，整细土壤，栽培辣椒宜宽行、高垄、地膜覆盖栽培。

定植前 7~10 天进行起垄，按垄间距 1.5m，垄面宽 0.8m，垄沟 0.7m，垄高 0.25m，起垄后覆膜，土壤墒情不好时可在垄沟补灌。

（3）定植时间。根据气候条件，当气温稳定在 10℃ 以上、最低气温6℃以上即可定植，宁夏一般在4月上旬至4月中旬定植为宜。

（4）定植方法。选择晴天下午进行。用打孔器开穴，在穴中分2次浇足定植水（1 000ml左右），后栽入辣椒苗。定植深度以掩埋基质坨为准，保证幼苗所带基质块完整，根系未受损伤，覆土后封好膜边。定植后3~4天灌缓苗水。

（三）田间管理

（1）温湿度管理。定植到缓苗的5~7天要闭门闷棚，不要通风，尽量提高温度，闭棚时，要用大棚套小拱棚的方式双层覆盖保温，保持晴天白天气温在28~30℃，最高可达35℃，尽量使地温达到和保持18~20℃。缓苗后降低温度。辣椒生长以白天保持24~27℃，地温23℃为最佳，缓苗后通过放风调节温度，保持较低的空气湿度，当棚外夜间气温高于15℃时，大棚内小拱棚可撤去，外界气温高于24℃后才可适时撤除大棚膜。注意防止开花期温度过高易落果或徒长。

（2）肥水管理。一般在定植后浇定植水的基础上，在定植4~5天后再浇1次缓苗水。此后连续中耕2次进行蹲苗，直到门椒膨大前一般不轻易浇肥水，以防引起植株徒长和落花落果。门椒长到蚕豆大小时开始追肥浇水，每亩可追施10~15kg复合肥加尿素5kg，以后视苗情和挂果量，酌情追肥。盛果期7~10天浇1次水，一次清水一次水冲肥。一般可根施0.5%~1%的磷酸二氢钾1.5kg+硫酸锌0.5~1kg+硼砂0.5~1.0kg。进入结果盛期，可叶面喷施磷酸二氢钾，配合使用光合促进剂、光呼吸抑制剂、芸薹素内酯等，每7~10天喷用1次，共喷5~6次。雨水多时，要注意清沟排渍，做到田干地爽，雨住沟干，棚内干旱灌水时，可行沟灌，灌半沟水，让其慢慢渗入土中，以土面仍为白色、土中已湿润为佳，切勿灌水过度。

（四）植株调整

门椒采收后，门椒以下的分枝长到4~6cm时，将分枝全部抹去，植株调整时间不能过早。

（五）防止落花落果

辣椒的落花落果受温度和湿度影响比较大，早期开花要用生长素保花保果，可用防落素 30～40mg/kg 喷花或浸花朵，或用 50mg/kg 萘乙酸喷花，效果也很好，果实生长快，形状整齐，前期产量也高，或用 15～20mg/kg 2,4-D 点花也可。

（六）采收

门椒、对椒适时早收，以免坠秧，以后要在果实充分长大，果肉变硬后采收。

第四节　日光温室秋冬茬辣椒栽培技术

秋冬茬主要是指深秋到春季供应市场的栽培茬口，主要供应元旦市场，7 月上旬播种育苗，苗龄 60～70 天，9 月上中旬定植，10 月中旬开始采收。

一、品种选择

耐低温寡照，耐疫病，抗病性强，耐储运，商品性佳的品种。如长剑、川崎秀美、龙娇等。

二、定植

日光温室辣椒一般在 9 月中下旬定植，在定植前要对温室进行彻底的消毒，一般用硫黄粉熏烟法，每百平方米的栽培床用硫黄粉、锯末、敌百虫粉剂各 0.5kg，将温室密闭，将配制好的混合剂分成 3～5 份，放在瓦片上，在温室中摆匀，点燃熏烟，24h 后，开放温室排除烟雾，准备定植。

整地施基肥的方法如前所述，整地后，按垄间距 1.5m，垄面宽 0.8m，沟宽 0.7m，垄高 0.25m，有条件的铺上滴管，在垄上覆盖地膜，依行距 0.4m，株距 0.5m 打定植孔，晴天上午定植，深度以苗坨表面低于畦面 2cm 为宜。栽完后浇定植水。

三、田间管理

（一）蹲苗期管理

定植以后浇水 1~2 次以后即进入蹲苗期。蹲苗期白天温度保持在 20~30℃，夜间温度保持在 15~18℃，地温 20℃，一般不浇水，只进行中耕，当门椒坐住，就可以浇一次大水，每亩随水施化肥 10~20kg，结束蹲苗。

（二）结果期管理

1. 温度管理

辣椒是喜温蔬菜，温度管理的主要工作是通风降温，但要作好防寒和防早霜的准备，10 月 15 日前后就要上保温被。冬季白天温度应保持在 20~25℃，夜间 13~18℃，最低应控制在 8℃以上。以保温为主，通风量要减小，通风时间要变短，以顶部通风为主，下午温度降到 18℃时，及时盖保温被。在温度的具体管理上用变温管理。这种方法是利用辣椒的温周期特性，将一天的温度管理分为四个时段，即上午、下午、前半夜、后半夜，上午揭开草苫以后，使温度迅速提高，维持在 25~30℃，不超过 30℃不放风，上午辣椒的光合作用强度高。13 时以后，呼吸作用相对提高，此时的重点是抑制呼吸作用，通过适当的放风，使温度降低，维持在 20~23℃；前半夜的重点是促进白天光合同化物的外运，此时辣椒植株进行呼吸作用。促进同化物外运的适宜温度是 18~20℃。到后半夜，管理的重点是尽可能地抑制呼吸作用，减少养分的消耗，温度在 15℃左右。在进行变温管理时应注意两个问题，其一是气温与地温的关系，辣椒的生长要求一定的昼夜温差，在高气温时，应控制较低的地温，在低的气温时应控制较高的地温，地温的调节可以通过早晨浇水等方法来实现。其二是光照与变温管理的关系，在光照充足的情况下，高温可提高辣椒的光合速率，而在光照不足的情况下，较低的温度可以抑制呼吸消耗，所以，应根据天气的晴阴变化，灵活控制温度，在晴天时控制温度取高限，在阴天时控制温度取低限。

对于在冬季保温效果较差的温室，在覆盖各种不透明覆盖物后最低温度仍达不到要求时，可利用揭盖草苫的时间来提高夜间温度和最低温度，下午在太阳落山之前，覆盖保温被，在早晨，尽量早揭保温被，以揭开后温度在 20min 内开始回升为适宜。

2. 光照管理

冬季光照强度低，应在保证温室温度的情况下，尽量延长光照时间，早揭晚盖保温被，使植株多见光，同时要保持薄膜表面的清洁，提高透光率，在温室的北侧可以张挂反光幕，以提高光照强度。阴天或雪天，光照强度低，植株呼吸消耗大，可进行根外追肥，喷施 1%糖水。

3. 湿度管理

湿度过高会出现辣椒叶片的"沾湿"现象，必须除湿。除湿最好的方法是采用膜下灌溉的浇水方式。浇水的时间选择在上午，这样有利于地温的回升和排湿。排湿的方法是在浇水以后，不放风，使室内的温度迅速升高，地表的水分蒸发，空气的湿度提高，1h 后迅速放风 10min，放风口要大，时间不可长，而后关闭放风口，再重复一遍这样的操作。2~3 次以后，地表的湿气基本可以排除。另外，温室内要尽量减少喷药的次数，以熏烟的方法代替喷药。

4. 水肥管理

冬季浇水应用深机井的水或温室内部蓄水池的水，以防止降低地温。浇水量以土壤见干见湿为准，随水施肥，根据植株的长势和结果情况，每浇 1~2 水施肥一次，每亩施磷酸二铵 10kg 或尿素 10kg，也可用专用滴管肥。结果后期，每 5~7 天喷施一次 0.3%磷酸二氢钾或 0.2%的尿素，也可喷施"喷施宝"等叶面肥。

5. 二氧化碳施肥

一是浓硫酸稀释。在棚外安置一瓷缸，向缸中加入 3~4 份水，再取浓硫酸 1 份慢慢加入缸中，边加边用木棒搅拌，待缸中溶液冷却后即可应用。二是棚内按每 10m² 准备一个大口塑料桶。桶应高出地面25cm以上，每个桶中加入配好的稀硫酸；液面高为桶高的1/3左右。三是用量。辣椒开花至收获期每平方米用量为8~11g，苗期到开花前为每平方米5~8g。四是施用时间，大田为定植后15~25天。每天早晨揭帘后或日出后半小时施用，每天1次。五是施用方法。将称好的碳酸氢铵用纸或塑料袋包好，在袋上扎几个孔，一同投入塑料桶中即可。施用一段时间后，桶内再加入碳铵，若无气泡放出，则说明碳酸氢铵和硫酸的反应已完全，需再更换稀硫酸。废液是硫酸铵水溶液（含硫铵25%~31%）可稀释后作追肥用。

二氧化碳施肥的时间是9—10时，施用后2h或温室气温超过30℃可以通风。阴天、雪天或气温低于15℃时不宜施肥。

6. 保花保果及植株调整

可用2，4-D或番茄灵抹花，也用防落素30~40mg/kg喷花或浸花朵，或用50mg/kg萘乙酸喷花，效果也很好，果实生长快，形状整齐，前期产量也高。

进人盛果期以后，要摘除内堂徒长枝，打掉下部的老叶。在拉秧前15天摘心，使养分回流，促进较小的果实尽快发育成具有商品价值的果实。

四、采收

门椒要及时采收，防止坠秧，以后的果实应长到最大的果形，果肉开始加厚时采收，若植株长势弱，要及早采收。

第五节　日光温室冬茬辣椒栽培技术

冬茬辣椒在8月末9月初育苗，播种时温度较适宜，可在温室中育苗，也可在小棚或中棚中播种育苗，也可在秋延后栽培的大棚中开辟一处播种育苗。育苗的方法可参照前述。

（一）定植

日光温室辣椒一般在11月上中旬定植，定植时温度较低，应采用可提高和可保持地温的方式定植，在定植前要对温室进行彻底的消毒，一般用硫黄粉熏烟法，每百平方米的栽培床用硫黄粉、锯末、敌百虫粉剂各 0.5kg，将温室密闭，将配制好的混合剂分成 3~5 份，放在瓦片上，在温室中摆匀，点燃熏烟，24h后，开放温室排除烟雾，准备定植。

整地施基肥的方法如前所述，整地后，按垄间距 1.5m，垄面宽 0.8m，沟宽 0.7m，垄高 0.25m，有条件的铺上滴管，在垄上覆盖地膜，依行距 0.4m，株距 0.5m 打定植孔，晴天上午定植，深度以苗坨表面低于畦面 2cm 为宜。栽完后浇定植水。

（二）定植后管理

（1）温度管理。要保证温室在定植时保持较高的温度，定植后，外界温度呈逐渐降低的趋势，保温措施要加强，注意应对灾害性天气。定植之后为了促进缓苗，要保持高温高湿的环境，白天不放风并适当地早盖保温被，使夜间保持较高的温度，缓苗后，白天温度保持 26~28℃，下午在温度降到 17~18℃时盖保温被，盖保温被后温度会回升 2~3℃，以后温度逐渐降低，到第二天揭保温被时温度应在 15℃左右，入春天以后，温度逐渐上升，要注意加大通风量，适当晚盖保温被，当不盖保温被温度不低于15℃时，夜间可不盖，进行变温管理。

（2）光照管理。冬季的光照强度低，要想方设法提高温室内的光照强度，冬季光照强度低，应在保证温室温度的情况下，尽量延长光照时间，早揭晚盖保温被，使植株多见光，同时要保持薄膜表面的清洁，提高透光率，在温室的北侧可以张挂反光幕，以提高光照强度。阴天或雪天，光照强度低，植株呼吸消耗大，可进行根外追肥。

（3）湿度管理。冬茬辣椒的结果期正是外界温度最低的天气，温室内的空气湿度大，排湿显得尤为重要。排湿的方法是在浇水以后，不放风，使室内的温度迅速升高，地表的水分蒸发，空气的湿度提高，1h 后迅速放风 10min，放风口要大，时间不可长，而后关闭放风口，再重复一遍这样的操作。2~3 次以后，地表的湿气基本可以排除。另外温室内要尽量减少喷药的次数，以熏烟的方法代替喷药。

（4）水肥管理。冬季温度低，为了防止降低地温，浇水要少量多次，水要用深机井水或温室内部储水池里的水，以保证浇水后土温不会降低过多。浇水时间应选择在早晨，以利于土温的回升和排湿。为了防止浇水后的湿度过大，最好采用膜下灌溉，有条件的可用地下软管灌溉，施肥量比冬春茬辣椒适当减少。在冬茬辣椒栽培中，由于放风量少，内外空气交换少，更强调二氧化碳施肥。

（5）植株调整、培土搭架、保花保果。对于地上部分生长过剩的枝条，应及时摘心，中后期及时除去内部和下部的老叶，改善通风透光条件。封垄以后及时培土，防止辣椒由于头重脚轻而倒伏，培土后吊线，同时改善了两垄之间的通风透光条件。冬茬整个结果期由于温度低，都要采取保花保果措施，方法如前所述。

（三）采收

冬季温室环境条件差，又要保证较长的生长期，因此，应把采收作为调节植株生长平衡的手段。在植株生长弱时早采，在植株长势强时晚采。

第六节　日光温室冬春茬辣椒栽培技术

春茬11月下旬播种育苗，1月下旬定植，3月中旬开始收获，植株生育正常，易受病虫为害，管理好可越夏栽培。

（一）定植

定植时间是1月下旬，定植的具体时间应选择在坏天气已过去，好天气刚开始为好。为了保持较高的地温，适宜的定植方法是整地施肥后，起垄，垄宽80cm，垄间距70cm，起垄后覆盖地膜，两天以后地温升高，打定植孔，将苗坨摆放在定植孔中，用水壶向定植孔中点水，而后覆土。

（二）定植后管理

（1）温度管理。定植之后为了促进缓苗，要保持高温高湿的环境，白天不放风并适当地早盖保温被，使夜间保持较高的温度，缓苗后，白天温度保持26~28℃，下午在温度降到17~18℃时盖保温被，盖保温被后温度会回升2~3℃，以后温度逐渐降低，到第二天揭保温被时温度应在15℃左右，进入春天以后，温度逐渐上升，要注意加大通风量，适当晚盖保温被，当不盖保温被温度不低于15℃时，夜间可不盖，但保温被要在4月中旬才可除去，以防止出现倒春寒等灾害性天气。在结果期的温度管理中要适当加大通风量，防止棚内温度过高，影响坐果。冬季白天温度应保持在20~25℃，夜间13~18℃，最低应控制在8℃以上。以保温为主，通风量要减小，通风时间要变短，以顶部通风为主，下午温度降到18℃时，及时盖保温被。在温度的具体管理上用变温管理。

（2）光照调节。冬季光照强度低，应在保证温室温度的情况下，尽量延长光照时间，早揭晚盖保温被，使植株多见光，同时要保持薄膜表面的清洁，提高透光率，在温室的北侧可以张挂反光幕，以提高光照强度。阴天或雪天，光照强度低，植株呼吸消耗大，可进行根外追肥。

（3）水肥管理。在定植水浇足的情况下，到第一果（门椒）坐住之前一般不浇水，在缓苗以后的蹲苗期，都以中耕为主，地膜以下的土壤可保持湿润和良好的通气性。蹲苗结束时浇一次水，此时门椒已长到直径3cm左右，每亩随水施入硫酸铵20kg，硫酸钾10kg。以后每一水或二水随水施一次肥，每亩可施尿素10kg或硫酸铵10kg。也应进行二氧化碳施肥。

（4）植株调整。为促进结果要进行整枝。方法是在主要侧枝的次一级侧枝上所结的幼果长到1cm直径时，在其上部留5片叶后摘心，使营养集中供应果实生长，在中后期出现的徒长枝要及时摘除。

（三）采收

冬季温室环境条件差，又要保证较长的生长期，因此，应把采收作为调节植株生长平衡的手段。在植株生长弱时早采，在植株长势强时晚采。

第七节　无公害线椒栽培技术

（一）选用良种

目前线辣椒种植比较普遍的品种为 8819 线椒。其主要性状为：株高约 75cm，株形矮小紧凑，生长势强，二杈状分枝，基生侧枝 3～5 个。果实簇生，长指形、深红色、有光泽，果长 15cm 左右，适宜制干椒，成品率 85% 左右。干椒色泽红亮，果面皱纹细密，辣味适中，商品性好。中早熟，生育期 180 天左右。抗病性强，对衰老和烂落有较强的抗性。具有良好的丰产性、稳产性和多种加工的特性，一般每亩产干椒 300kg 以上。

（二）播种育苗

晒干椒栽培比较粗放，播种育苗比青椒栽培迟些，苗龄 30 天左右。播种时可浸种以加快发芽速度，方法为干净无油污水浸泡 15h 左右后播种。

（三）定植

晒干椒采收期集中，播种较迟，增产关键在增加密度，通常采用穴栽，亩栽 3 000 穴，每穴 2～3 株。

大田移栽宜用地膜：作畦施肥盖膜，先按 1.3～1.5m 距离开 15cm 深的肥沟：沟内重施基肥，即亩施 1 500～4 000kg 农家肥（尽可能定量）及 50kg 复合肥的 2/3；再将两边土往肥沟堆刨整畦，用剩下的 1/3 复合肥撒在畦面；用锄头将面肥与土混匀后，盖膜压边定苗。地膜以黑膜及双色复合膜效果更好；苗龄以 5～6 片叶为宜，保证返苗后 7～8 叶分枝处就现蕾坐果。栽苗时用竹木棒在膜上往土中按规格插成孔，将苗理顺往孔中放，再取细土自然灌注土孔，浇半瓢定根水后用细土盖好膜孔即可。切记不必用手将孔中细土与苗压紧，否则引起僵苗；根部膜孔一定要盖满细土，防止晴天烧死苗。

（四）肥水管理前期要充足

晒干椒比青椒迟播，开花结果处在适宜生长时期，落花落果较少。前期肥水充足，可促进分枝，增加开花结果数，后期停止追肥，防止返青。因为耐青株后期结的果实果皮薄，着色差，品质差，影响椒品等级。

田间管理慎重进行：适当提苗追肥，大面积种植线椒在重施基肥后一般不再追肥，若返苗后弱苗、僵苗的可用稀释粪水或加少量氮肥（每亩 3kg 尿素）提苗；7—8 月结合抗旱再浇肥水；中后期为防早衰，摘果前一星期适当追肥，有利于下批辣椒坐果壮果；抹枝打顶，因该品种分枝性强，应及时将第一分杈以下的侧枝全部除掉，促其向上生长；对于生长过旺的苗势可打叉，疏掉上下劣枝嫩枝；6—7 月受干旱影响时，注意用早晚浇水或漫灌小半沟水，并确保 2~3h 内浸干；8—9 月注意田间排水，应及时排除过多的雨水，确保底畦处及平整的田块不积水；防病治虫，注意用药品种、次数、数量。

（五）采收

一般一次性采收，也可视市场需求状况及时采收青椒或乌红椒、红椒分次采收以减少营养消耗，每亩晒干成品 250~350kg。

第八节 无公害干辣椒栽培技术

干辣椒的栽培，有 3 个主要的要求：一是果实颜色要鲜红，加工晒干后不褪色；二是有较浓的辛辣味；三是干物质含量高。

（一）栽培季节

辣椒除不宜与茄科作物连作以外，对前后茬作物没有严格的要求。北方地区多于春季在保护地播种育苗，于 5 月中旬间终霜期过后在大田定植。

（二）育苗

辣椒在栽培上可分为直播和育苗移栽两种方式。

但生产上多用育苗移栽。辣椒育苗有露地育苗和保护地育苗两种。播种前进行浸种催芽，及时间苗，培育壮苗，提早定植。使其在7—8月高温干旱以前有较多产量。露地育苗的苗龄在60天左右，移栽期推迟，开花挂果晚，单产仍较低。因此多数地区采用保护地育苗。保护地育苗有酿热物温床育苗、薄膜覆盖冷床育苗和穴盘育苗。一般采用温室、温床播种，播种温床要保持床温在20℃以上。苗龄以8~10片真叶展叶，60天左右为宜。

（三）定植密度

干辣椒要增加产量，主要是增加每亩株数及单株结果数。

至于单果重差异不大。因此适当密植是增产的重要措施之一。干辣椒的栽培方式有单作和间作套种两种。少数菜地采用套作。单作多采用单垄，单行条栽或穴栽。北方沙壤土多单行条栽。采用宽窄行种植，双行培土成垄，垄宽116cm，宽行66cm，窄行50cm，穴距26cm。每亩4 200穴左右，每穴种植3株或分株栽丁字形，约13 000株。

（四）施肥

干辣椒虽然不要求早熟，但因生长期长，不能只靠基肥，在定植后到第一层花开放以前，要施肥灌水，促进多分枝，多开花，多结果。

除氮肥外，还要增施磷、钾肥。一般在深翻整地时要重施磷、钾肥作基肥，每亩用过磷酸钙25~50kg，有机肥2 500kg，混匀后穴施或沟施。开花挂果时追一次肥，促进早开花，早坐果、早红熟。辣椒主根不发达，需多次培土成垄，防止倒伏。需改善土壤的通透性和保水、保肥、排涝的能力。一般结合中耕培土3次以上，其高度在16~26cm。

（五）浇水与排水

一般定植后要浇足定植水，使松散土粒与根群充分接触，利于根部充分吸收水肥，促进生长。多雨季节要及时排水防涝。如土壤水分过多，有碍根系生长，会使枝叶黄萎，故栽培上要采取各种排水措施，防治大水浸泡出现死棵现象。

（六）落花落果的防止

温度过高或过低是引起落花的主要原因，所以前期开的花，由于温度较低，影响了授粉及花粉管的伸长，引起脱落；另一方面，如果氮肥施用过多，植株徒长，盛夏温度过高也会引起落花。

6—7月的高温、干旱，也会引起落花、落果和落叶。8—9月雨水多，湿度大，由于水分失调，或者排水不良，土壤空气过少，影响根系的吸收，甚至烂根，也是引起落果与落叶的生理原因。防止的措施综合起来有以下几种：一是选用抗病、抗逆性（耐高、低温和耐寒、耐涝）强的优良品种；二是合理密植，保持良好的通风透光群体结构；三是合理施肥、灌溉，特别在炎热干旱的季节，要及时追肥、灌水，保证肥水充足，并按需要施用氮、磷、钾三要素肥料，特别是氮素肥料，不可过多或过少；四是及时防治病虫害。

（七）采收

果实采收的标准，是要果实全变为深红。近萼片的一端也变红才采收。鲜重亩产一般为 1 000~2 000kg，晒干后约为 150~250kg，高产的可达 500kg。

第九节　无公害七彩椒栽培技术

（一）播种育苗

七彩椒对温度和湿度要求较高，西北地区宜春季种植，一般2月下旬至3月中旬播种育苗，为提高辣椒的成苗率及质量，应选择在温室或小拱棚进行穴盘育苗。种子播前用10%磷酸三钠浸15min消毒后，将种子投入30℃温水中浸泡2~3h，然后置于30℃的环境中催芽，待种子露白后即可播种，每穴播一粒，然后在上面覆盖 0.8cm 厚的基质，最后盖上一层遮阳网，淋透水。待 2/3 种子出苗后撤去遮阳网，并用稀释 600 倍的普力克液喷雾防治猝倒病，每星期淋一次 0.5% 的复合肥水，补充养分，培育壮苗，具 4~5 片真叶时定植。

（二）定植

选择前茬没种过茄科作物的田块，定植前，深耕细耙，施足基肥，每亩施入腐熟鸡粪 1 000kg，复合肥 30kg，起畦，畦面宽 1m，高 25cm，畦面要平整，采用双行定植，株距 30~35cm，品字形定植，株型较大的品种株距为 0.50m，定植时保留根部的基质完整，以防伤根，种后马上浇足定根水，切记大水漫灌。

（三）田间管理

（1）肥水管理。七彩椒定植后要及时查苗补苗，保持土壤的湿润，促进植株的生长，开花前 10 天左右每亩追施氮磷钾复合肥 15kg。第一次采收后，每亩再追施三元复合肥 20kg，尿素 10kg，采用穴施，离根基部 15~20cm 处施肥，以免造成烧根，以后每采收一次均要追肥。

（2）整枝。七彩椒一般为二杈分枝，主枝以下侧枝应及时打掉，主枝上的侧枝适当保留，以利通风透光，减少养分消耗，促进开花结果，增加结果数。为提高抗风抗倒能力，这些观赏辣椒要采用支架栽培或吊绳栽培，插竹竿支架选择在开花前、结合中耕培土进行，每株用交叉两支短竹竿支撑主干。

（3）保果与疏果。七彩椒开花时期温度高于 30℃ 或低于 15℃ 时会引起受粉不良，影响坐果，可用番茄灵液或辣椒素喷花，促进坐果。当结果较多时，可适当采收部分上市，特别是老熟果一定要摘除，减少养分消耗，以免影响植株生长。

（4）采收。七彩椒一般以观赏为主，亦可食用，要根据各自需要决定采收时期。如果是用于观赏的，可采收多余及成熟的辣椒，以保持植株旺盛生长，延长观赏期。如果是食用或加工用的，依据自己的用途，在各时期的不同颜色及成熟度时进行采收。

第九章　辣椒的形态表现与生理病害

第一节　幼苗期的形态表现

一、子叶展开期

在子叶出土以后，真叶展开之前，正常的幼苗形态是两片子叶肥厚，下胚轴距离地面3cm左右。

如子叶瘦小、细长，是因为光照不足，或夜间温度偏高，水分供应过度引起的徒长；如果子叶瘦小，下胚轴很短，是由于温度低，床土的透气性差，也可能是因为水分供应不足。

二、花芽分化期

两片子叶完全展开，第三片真叶正在展开时，即是辣椒的花芽开始分化，同时开始分枝，一般为双杈分枝。在夜间温度低，昼夜温差较大，而营养条件良好时，易出现三杈分枝。

第二节　成苗的形态表现

已经育成的辣椒幼苗，品种之间有明显的差异，一般9~14片叶，已经显蕾，株高18~25cm，子叶完好，真叶厚实而有光泽，带大花蕾，根系颜色为鲜亮的白色，在营养钵内不盘根。如果根须少，茎细长，子叶脱落，叶片大而薄，颜色淡绿，叶柄较长，是徒长苗的表现，这种苗定植后缓苗慢，发棵晚，苗弱，易受病虫的侵染，易落花落果。科学的管理应在播种后，出苗前温度高些，出齐苗后温度降低，分苗后温度高些，缓苗以后白天温度可高些，夜间要低。播种的底水要足，分苗前一般不浇水，分苗前浇水一次，是为了起苗方便，分苗时浇水一次，缓苗在保持水分充足的情况下，水分不可过多。尽量提高温室前屋面的透光率，阴雨天更要争取光照，如子叶提早黄化脱落，真叶的光泽度差，新根少，颜色暗甚至变黄，在营养钵内发生盘根现象，茎细而硬，节间短，叶片小而厚，颜色深，暗绿色，硬而脆，无韧性。多是因为营养面积小，幼苗拥挤，低温干旱或营养钵小，又摆放紧密而形成的老苗。这种苗定植后生长慢，开花结果晚，易早衰。可用防出现徒长苗的方法防止老苗的产生。

第三节　结果期的形态表现

生长发育正常的辣椒植株，结果部位距顶梢约 25cm，开花处距顶梢的部位约 10cm，其间有 1~2 个较大的花蕾，开花节至结果节有 3 片已经充分展开的叶片，节间长 4~5cm。氮磷肥良好时，叶片呈尖端较长的三角形，钾肥充足时，叶片呈宽幅的带圆形。花为长柱花，长柱花授粉良好，果实发育快，可长成肥大的果实。下面是各器官的生理病害表现。

一、花的表现

开花节位距顶梢超过 15cm，枝条直，节间较长，次级分枝粗，花小而且质量差，则是植株徒长的表现。这是由于氮肥和水分充足，夜间温度高，光照弱造成的。栽培的密度过大会徒长。

中柱花和短柱花的出现，说明环境条件差，植株营养不良。可通过摘除长势弱的侧枝，使养分集中供应等方法调整营养生长与生殖生长的平衡，减少中、短柱花。

二、茎的表现

生长迟缓，节间短，节部弯曲，次级分枝小而短，开花节位距顶梢仅 2~3cm，这样的植株使生长受到了抑制。主要是因为夜间温度低，特别是土壤温度低，或土壤板结，通气不良，含氧量少，使根系发育受到抑制所致。结实过多，也会出现此种情况。

三、叶的表现

顶部幼龄也出现凹凸，叶片皱缩，是氮肥施用过多造成的。植株中部的叶片中肋突出，形状如扣着的船，植株下部的叶片扭曲，叶片大，叶柄长，也是氮肥多的表现。受冷害时，叶片上翘，向上反卷。受冻害时，叶片首先出现开水烫过一样的症状，继而出现失水状，最后萎蔫干枯。温度高叶柄长，温度低叶柄短，叶片下垂。

土壤水分多时，叶柄撑开，叶片下垂。这是由于在高湿条件下根系衰弱，地上部的养分和生长素不能运输到根，而积累在根颈以上的部位，所以叶柄偏上生长而叶片下垂。

施肥不当时会造成肥害，追施磷酸二铵过量或方法不当，则表现为沿叶片的主侧脉基部辐射状地出现生理失水，进而黄化。追施尿素的方法不当，则会在叶片上出现点状或不规则状的生理失水，进而黄化。缺氮，植株瘦小，叶绿体形成受阻，叶片颜色由浓绿转成淡绿至黄绿，叶柄、叶基部红色，一般称作"缺绿"，下部叶片黄化。茶黄螨的为害，光照不足，同样可引起叶片的"黄化"。

磷肥不足时，叶片呈暗绿色，有褐斑，老叶变成褐色，叶片的厚度小于正常叶，叶片有时畸形。钾肥不足时，叶片出现斑状的缺绿症状，叶缘和叶尖坏死，叶片小，卷曲皱缩，茎的节间短。

土壤由于酸碱度的不适，使植株吸收铁困难，造成植株缺铁，叶片变为白色或黄白色，而且先出现于嫩叶。缺镁时植株表现出特殊的缺绿症状，先端变黄，颜色转变突然，从叶片的中心开始有黄斑，落叶早。缺铜时叶绿素合成少，叶尖发白。

菊酯类的药物使用不当，在叶片上出现点状或不规则的黄化斑，不受叶的限制。有机磷类药物使用浓度不当，嫩叶新叶变小，向上翻卷，叶肉增厚，叶脉凸起，叶缘有时出现缺刻，叶色发暗。激素或除草剂类的药物使用不当，会使辣椒的嫩叶、新叶扭曲变形，细小，但叶色基本正常。以上这些药害出现以后，可用 400 倍的白糖和 400 倍尿素的混合液喷辣椒植株，7 天 1 次，连喷 2~3 次。

四、果实的表现

白天日照不良，夜间温度低，土壤干燥或栽培密度过大，会形成小果，种子少，有时还会形成僵果。果实短，是因为土壤干燥或土壤湿度过高，影响了根系的吸收机能。果实表面无光泽的原因是高温干旱。果实上形成花青素而出现青紫斑，是因为低温干旱。

辣椒坐果率低和出现周期性，要通过改善环境条件，加强水肥、植株调整、及时采收等方法来缩小这种不利的产量变化幅度。

第十章　灾害性天气与对策

日光温室生产主要在冬季及早春进行，难免出现灾害性天气，如不及时采取对策，就会受到损失。灾害性天气主要有大风、暴风雪、寒流强降温、连续阴天和久阴骤晴等。

第一节　大风天气

冬春遇大风天气，白天揭开草帘后，棚膜遇风出现摔打现象，时间长了膜会破损，作物就会受到冻害，一旦棚膜鼓起，应立即压紧压膜线，临时放半帘压膜即可。夜间遇到大风，容易把草帘吹得七零八落，使屋面暴露出来，加速了散热，作物易受冻害。所以，夜间要把草帘压紧，已被大风吹斜的应及时拉回原位置，最好在温室前部把草帘用木杆或石块压牢固定。

第二节　暴风雨天气

冬季、早春遇降雪天气，在外界气温不很低时，可把草帘拉起来，以免雪融化时湿了草帘，不但影响保温效果，而且拉放不方便。降雪量较大时，草帘不能揭开，要及时清除前屋面积雪，以免积雪压垮前屋面。

第三节　寒流强降温

晴天遇到寒流强降温，即使连续2天不揭开草帘也不会遭受冻害，因为温室内蓄热较多。但是连续阴天后再遇到寒流强降温，因蓄热量较少，就容易降到适应温度以下，造成冻害或低温障碍。遇到这种情况，必须采取补救措施。具体方法要根据温室的保温性和栽培作物而定，可临时扣中小棚，棚面再盖纸或旧膜，也可以进行临时加温，如炉火升温（需设置烟囱，不向室内漏烟），用木炭火升温，应在室外生火，待木炭完全烧红再搬入室内；也可把烧开的开水放入铁桶，在后墙走道放置几个，让蒸汽驱寒加热。临时辅助加温只要作物不受冻害即可。日光温室前底角易受冻害，可在棚内前沿按 1m 距离点燃 1 支蜡烛，以保持前底角不受冻害。

第四节　连阴天气

日光温室的热能量完全来自太阳辐射，阴天的日照也有 4 000~5 000lx，作物光合作用也在进行，气温也有提高，故当遇到连阴天气，只要温度不是很低，就要揭开草帘，温室温度就会升高。温室后部张挂反光幕，阴天也能起到增光的作用，效果颇佳。

第五节　久阴骤晴

日光温室在早春、冬季，遇到灾害性天气，温度下降，连续几天揭不开草帘。突然天气转晴，揭开草帘后由于光照很强，气温迅速上升，空气湿度降低很快，叶片蒸腾加快，而地温较低，根系活动弱，吸收能力很低，会出现水分供不应求，叶片出现萎蔫，叶片越大越严重，开始是暂时萎蔫，如不及时采取措施，就会变成永久萎蔫而枯死。遇到久阴骤晴的情况，揭帘后应注意观察，若出现萎蔫立即盖上草帘，等叶片恢复后再揭开，反复数次直到不再萎蔫，或者放花帘，隔一个拉一个这样反复保险一些，也可在萎蔫的苗子上喷清水或1%的葡萄糖水，或1%白糖水更好。

第十一章 辣椒栽培存在的问题及对策

目前，我国保护地辣椒发展迅速，已成为辣椒栽培的主要形式，但由于总体栽培技术水平不是很高，存在产量不高（稳）、品质下降等问题。这不仅直接影响了农民的经济收入，还阻碍了保护地辣椒的规模化发展。

第一节 存在的主要问题

一、幼苗质量差

保护地辣椒栽培是春提早或秋延后的反季节栽培，北方育苗是在最冷的 1 月和最热的 7 月进行，育苗温度难以控制，低温的冬季易抑制幼苗生长，形成大龄老化苗，高温的夏季易加速幼苗生长，形成徒长细弱苗，导致根系弱，茎细，叶黄，造成定植后不易缓苗，甚至子叶脱落，花蕾不膨大，最后黄化脱蕾脱花。

二、重茬种植

辣椒是浅根系作物，根系弱，根群小，重茬会使植株生长缓慢，病害发生严重，不能正常地开花结实，果实膨大速度慢，果实小，坐果率也明显降低，造成大幅度减产，甚至绝收。

三、施肥不足

辣椒喜肥，要求土壤有机质含量高，但目前作基肥的有机肥达标的不多，每亩普遍少于 2 500kg，尤其是定植后基本不施有机肥，所追化肥次数又少，追肥量也偏低，更没注意氮、磷钾肥的均衡使用，使植株整个生长期处于营养不良状态。

四、忽视植株调节

植株的长势与产量密切相关，不及时整枝打杈，易造成养分大量消耗，同时又影响通风透光，导致植株生长不健壮，营养生长与生殖生长比例失调，单株生产能力下降，造成坐果率低，果实少而小，果形差，产量和品质大大下降。

五、棚室温度过高

辣椒定植后为促进缓苗，往往采取高温闷棚方法，但普遍存在闷棚时间过长（超过1周）尤其是缓苗后至采收初期不及时放风或通风量小、时间短，使棚内温度长时期超过30℃，造成植株徒长，枝细软，叶片浅绿，落花严重。

第二节　解决方法

一、培育壮苗

育苗的关键是控制好温度，地温 20～25℃，气温 28℃左右，播种前要打足底水，真叶未出前尽量不浇水，当幼苗长出 2～3片真叶时及时分苗，定植前 15 天要加强低温炼苗，夜间气温要低于 15℃，并加大放风量，控制水分，冬季育苗一般苗龄 85～90 天，夏季育苗要搞好遮阳降温，防止徒长，苗龄 45 天左右。

二、选好茬口、合理施肥

辣椒栽培选择 3 年内没栽培过茄子、番茄、辣椒、马铃薯等茄科及瓜类作物的田地，选择前茬为豆科或葱蒜类的效果最好，底肥施足肥效长的有机肥，一般每亩施优质农家肥 3 000kg，复合肥 50kg，尿素 10kg，定植后在果实膨大中期开始追肥，每 15 天追施 1 次复合肥及随水追农家肥。

三、及时调整植株，促进健壮生长

本着定植前期促秧、中期壮秧、后期保秧的原则。前期由于棚室温度高，湿度适宜，植株生长速度快，生长前期要及时摘掉底杈，即门椒以下侧枝，生长中期要视植株长势，适当摘除内膛枝及非功能叶片，既利于通风透光，又能调节营养生长与生殖生长的关系。

四、合理施肥

在大棚辣椒的栽培中，轮作的优势有很多，不过由于农民实际的种植条件以及市场等因素，很难实现辣椒的轮作。这就需要我们采取其他的措施。下面介绍合理施肥，也是防止或者减轻大棚辣椒连作障碍发生的重要方法。

化学肥料的施用会使土壤的结构变差，而有机肥的施用不仅能够增加土壤的有机质及微量元素的含量，还能够改善土壤结构、增加保肥、保水、供肥、透气、调温等功能。因此在大棚蔬菜的施肥中，要增加有机肥的施用量。一般每茬每亩施有机肥 1 000~1 500kg 较合适。化学肥料尤其是氮肥用量过高，会明显增加土壤中的可溶性盐和硝酸盐的含量，加重病虫为害，从而使作物的产量和品质受到影响。因此在增施有机肥的基础上要做到合理施用氮磷钾肥。

在这里我们提倡采用测土配方施肥，也就是根据各种蔬菜需肥规律进行土壤供肥来确定肥料的种类和数量。

测土配方的第一步是采集土样。这一步是测土配方的基础，一般在蔬菜收获后进行。采样的关键是选择有代表性的地点，要根据地块的形状选择合理的采样方法。像长方形的地块，我们可以使用蛇形的采样方法进行多点采样；而像近似正方形或圆形的地块我们可以使用梅花形的采样方法。采样深度一般在 20cm 左右，如果种植作物根系较长，可以适当加深取土层，最后将采得的各点土样进行均匀混合就可以送到检验部门进行土壤化验了。化验内容一般为碱解氮、有效磷、速效钾、有机质四项。

也可根据需要对土壤样品作针对性化验，再根据化验结果来决定土壤的施肥配方，配方肥料大多是作为底肥一次性施用，在蔬菜的生长过程中还要进行多次施肥，在施肥过程中总的原则应该是：控氮稳磷增钾。一般每茬蔬菜化肥用量应掌握在氮肥每亩10~15kg，纯磷肥每亩4~6kg，钾肥每亩8~12kg。

第三节　土壤改良

对于大棚蔬菜连作出现的土壤酸化和盐渍化问题要通过土壤改良的方法来消除。不少农户通常使用灌水洗盐的方法。他们在换茬农闲时在棚式的渠中灌满淡水，形成4~6cm深的积水，浸泡6~7天，待土壤盐分充分溶解后再将水排出。这种灌水泡田措施虽然可以把土壤中的一部分盐分随水排出，但同时土壤中的大部分盐分也被淋渐到了地下水中。这种方法虽然达到了降低土壤中可溶性含盐量的目的，但是大棚盐渍化的土壤盐分以硝态氮为主，硝态氮被淋渐到地下后，不仅造成了土壤氮素的损失，还造成了地下水的污染。

因此，在大棚土壤改良中，我们不建议采用这种方法，而主张采用较为有效的换土法，也就是用大田优质肥沃土壤更换蔬菜大棚中地表30~40cm土层，从而改良了蔬菜大棚的土壤。改良土壤除了要消除土壤盐渍化以外，还要注意调整土壤的pH值，使种植土块中的土壤逐步达到或接近多数蔬菜所适宜的中性或偏酸性的方位。在具体措施上，可以分为3种情况：一是对于pH值小于5.5的土壤每亩可用生石灰50kg中和土壤酸性。除此之外还要及时控制氮肥数量，降低土壤中硝态氮含量。二是对于pH值在5.5~6的土壤要施用碱性肥料，如草木灰、钙镁磷肥等，以中和土壤中的部分酸性，提高pH值。三是对于少数pH

值大于7.5的碱性土壤，可适量施用酸性肥料如硫酸铵、硝酸铵、氯化铵、过磷酸钙，使它接近或达到中性范围。

第四节　土壤消毒

通过改良土壤能够有效改善土壤盐渍化和酸化问题从而解决土壤连作障碍的问题。除此之外，土壤的消毒也能缓解土壤连作障碍的发生。消毒的方法有很多种，下面介绍使用最多的药物消毒方法。

氰氨化钙是药物消毒中应用较为普遍的一种，氰氨化钙遇水分解后生成气态的单氰氨和液态的双氰氨，不仅对土壤中的真菌、细菌等有害生物具有广谱性的杀灭作用，可防治多种土传病虫害及地下害虫，而且单氰氨和双氰氨最终都进一步生成尿素，因此它具有无残留、无污染环境的优点。

药物消毒的方法是：首先对收获后的大棚进行清理，清理后要及时浇水，在水下渗后每亩撒施氰氨化钙100~150kg，然后深翻。土壤深翻后要进行温棚处理，以提高棚内的温度，这样才能使氰氨化钙尽快地释放出杀菌杀虫气体，达到消毒的目的。

一、高温焖棚

是对土壤消毒的另外一种方法，用薄膜覆盖密闭棚室利用夏季棚内的高温来杀死土壤中的病菌和虫卵，操作时要选择在晴天的上午进行，向土壤中浇水，关闭棚门，将棚室封闭。夏季焖棚后棚内温度最高可达到70℃以上。焖棚时间一般控制在15~20天就能够杀死土壤中大部分病菌和虫卵。

二、冬季冻棚

病菌和虫卵都有自己的生长温度范围，当冬季外界气温较低时可以采用冻土的方式将大棚内的土壤深翻后，揭去棚膜，利用外界的低温使棚内的病菌不能正常发育最终导致死亡。

三、嫁接

可以连作的茄果类和瓜类蔬菜还可以采用嫁接的方法来消除连作障碍带来的影响。蔬菜嫁接技术就是把蔬菜苗嫁接到与嫁接的蔬菜有较强亲和力、根系发达、生长稳定和健壮的植物品种上，所选的这个植物品种就是砧木。选择的砧木应具有适应当地环境条件，对不良环境抵抗能力强，如抗寒、抗旱、抗盐碱、抗土壤传染病害能力强和不改变蔬菜品质的特点。由于嫁接后原来的蔬菜苗通过砧木的根系吸收土壤中的营养成分、不与土壤直接接触，这样嫁接苗就可以利用砧木品种根部的抗病能力避免土传病害从根部直接侵染，这样就减少了土传病的发病机会。还有就是嫁接后，由于植株根系会比自根苗成倍增长，在相同面积上和自根苗相比多吸收氮钾肥 30%左右，磷肥 80%左右，由于嫁接后的根系能充分吸收养分的特点，可以大大减轻土壤积盐和有害物质对蔬菜根系的侵害。

第五节 无土栽培

对连作障碍的老茬品种还可以因地制宜的发展无土栽培，在栽培上可人工创造良好的根际环境以取代土壤环境，有效防止土壤连作病害及土壤盐分积累造成的生理障碍，充分满足作物对矿质营养、水分、气体等环境条件的需要，栽培用的基本材料又可以循环利用，因此具有省水、省肥、省工、高产优质等特点。

第十二章 无公害辣椒病虫害 综合防治技术

第一节 辣椒病虫害概述

辣椒是富含营养的茄科蔬菜作物，全国各地均有种植，类型和品种复杂多样，种植面积逐年增加。近年来，辣椒已是彭阳县重要的蔬菜作物，种植面积常年稳定在 13.8 万亩，总产量 55 万 t 以上。随着彭阳县农业产业结构调整和蔬菜产业的发展，辣椒的生产还将再上一个新台阶。保护地栽培面积不断扩大，特别是日光温室、水泥拱架大棚和钢架大棚等设施辣椒面积的增加，并与大市场和消费习惯紧密结合，形成大面积具有品牌的保护地种植区域。适合辣椒加工品种的种植面积将逐年扩大，如干椒、辣椒粉、腌制辣椒等，国际市场需求也很大，关键在于提高品质，生态环保。以特色鲜椒品种为主的种植面积和需求有所扩大，如亨椒1号、朗悦206、朗悦208、新冠龙、辣雄8818等，不仅丰富市场的花色品种，而且其营养价值和风味很好，将会越来越受到消费者特别是城市居民的青睐。但是，随着辣椒栽培面积的扩大和栽培方式的多样化，病虫害也渐趋复杂和严重，导致辣椒减产和品质变劣，限制了辣椒生产的持续发展。

辣椒的病害有两大类：一类是由其他生物寄生引起的，有传染现象，称为"侵染性病害"；另一类是由环境因素或自身生理变化引起的，不传染，称为"非侵染性病害"或"生理病害"。

辣椒的侵染性病害种类多，为害大。据不完全统计，全世界已知的有 60 余种，中国有 40 余种。侵染性病害的致病生物有真菌、卵菌、细菌和病毒等多个生物类群，统称为"病原菌"或"病原物"。侵染植物的病原物都是形体非常小的微生物，肉眼难以看到，它们缺乏自主运动的能力，必须随风雨、流水、土壤、昆虫、种子等介质分散传播，着落在植物上，再侵染到植株体内，掠夺营养和水分，引起发病。发病植株表现出肉眼可见的异常变化，这就叫"症状"，症状是诊断病害的重要依据。病原物由接触和侵入植株开始，到表现出症状，就完成了一个侵染过程。在适宜的条件下，病原物在发病植株上生成多种类型的繁殖体，例如真菌的各种孢子。孢子的作用就像高等植物的种子一样能够传宗接代。有些病原物在一个季节能发生多代，有些只发生一代。病原物往往以特定的方式在没有寄主植物的情况下度过冬季或夏季，这称为"越冬"或"越夏"，然后又开始侵害下一季植株。当季第一次侵染称为"初侵染"，因而越季病原物又叫作"初侵染（菌）源，以后发生的各次侵染都叫作"再侵染"。

辣椒的虫害主要是指有害昆虫和有害螨类，有 100 种以上，较重要的有 20 余种。昆虫的一生要经历卵、幼虫、蛹和成虫四个阶段，有些则只有卵、若虫和成虫 3 个阶段。幼虫和若虫要多次蜕皮，每蜕一次皮长大一龄。昆虫从卵产下开始，到成虫并且能够产生后代的整个个体发育过程称为一个世代。各种昆虫完成一个世代的时间和每年发生的代数都不同，有些昆虫一年多代，有些需两年或多年才能完成一代。螨类也有卵、幼螨、若螨、成螨等不同发育阶段。

病虫害的发生与发展过程受到其本身的生物学特性、寄主植物状态以及环境、栽培等多方面因素的影响，掌握其发生规律，对正确制定防治方法是非常重要的。

我国南北各地辣椒病虫害发生的迟早轻重各不相同，但主要种类和发生规律渐趋一致，重点病虫问题十分突出。病害主要分为病毒、真菌、细菌和生理性病害四大类。虫害中则以蛀果类害虫最为重要。所以对辣椒的栽培技术及管理措施的要求将更加规范和严格。要制定和实施无公害辣椒的技术操作规程，规范用水，推广节水灌溉技术，推广使用有机生态肥，选用生物农药防治病虫害，示范推广防虫网、粘虫板等新技术，真正把绿色生态环保、健康无污染的辣椒产品供应到消费者餐桌上，确保从生产源头到餐桌上的食品安全。

辣椒病虫害的综合防治要本着"预防为主，综合防治"的原则，特别是温室大棚定植前采取对温室彻底消毒，防风口设置防虫网，棚内张挂粘虫板等措施预防。必要时再辅以化学防治，合理采用喷雾、灌根、烟熏等方法。最好使用生物药剂进行防治，效果好且无残留。

第二节　辣椒生理性病害防治技术

一、沤根

沤根非病理性病害，而是一种生理性灾害。几乎所有蔬菜幼苗均可受其害，辣椒早春苗床发生较重，尤以育苗技术粗放、气候不良的地方极易发生。

（一）症状

发生沤根的幼苗，长时间不发新根，不定根少或完全没有，原有根皮发黄呈锈褐色，逐渐腐烂。沤根初期，幼苗叶片变薄，阳光照射后白天萎蔫，叶缘焦枯，逐渐整株枯死，病苗极易从土中拔起。

（二）发生条件

沤根多发生在幼苗发育前期，北方多在3—4月发生。辣椒苗沤根的主要原因是苗床土壤湿度过高，或遇连阴雨雪天气，床温长时间低于12℃，光照不足，土壤过湿缺氧，妨碍根系正常发育，甚至超越根系耐受限度，使根系逐渐变褐死亡。

（三）防治方法

防治沤根应从育苗管理抓起，宜选地势高、排水良好、背风向阳的地段作苗床地，床土需增施有机肥兼配磷钾肥。出苗后注意天气变化，做好通风换气，可撒干细土或草木灰降低床内湿度，同时认真做好保温，可用双层塑料薄膜覆盖，夜间可加盖草帘。条件许可，可采用地热线、营养盘、营养钵、营养方等方式培育壮苗。

二、烧根

烧根系栽培技术不良而人为造成的生理性病害。

（一）发生条件

烧根现象多发生在幼苗出土期和幼苗出土后的一段时间，多与床土肥料种类、性质、多少紧密相连，有时也与床土水分和播后覆土厚度有关。如苗床培养土中施肥过多，肥料浓度高则易产生生理干旱性烧根；若施入未腐熟有机肥，经灌水和覆膜，土温骤增，促使有机肥发酵，产生大量热量，使根际土温剧增，也易导致烧根；若施肥不匀，灌水不均以及畦面凹凸不平亦会出现局部烧根；若播后覆土太薄，种子发芽生根后床温高，表土干燥，也易形成烧根或烧芽。

（二）预防方法

苗床应施用充分腐熟的有机肥，氮肥使用不得过量，灰肥应适当少施。肥料施入床内后要同床土掺和均匀，整平畦面，使床土虚实一致，并灌足底水。播后覆土要适宜，消除土壤烧根因素。出苗后宜选择晴天中午及时浇清水，稀释土壤溶液，随后覆盖细土，封闭苗床，中午注意苗床遮阴，促使增生新根。

三、烧苗

烧苗是一种高温生理灾害，烧苗现象发生快、受害重，几小时之内可造成整床幼苗骤然死亡，损失惨重。

（一）症状

烧苗之初，幼叶出现萎蔫，幼苗变软、弯曲，进而整株叶片萎蔫，幼茎下垂，随高温时间延长，根系受害，整株死亡。

（二）发生条件

多发生在气温多变的育苗管理中期，因前期气温低，后期白天全揭膜，一般不易发生烧苗。高温是发生烧苗的主要条件，尤其是幼苗生长的中期，晴天中午若不及时揭膜，实施通风降温，温度会迅速上升，当床温高达40℃以上时，容易产生烧苗现象。烧苗还与苗床湿度有关。苗床湿度大烧苗轻，湿度小烧苗则重。

（三）预防措施

经常注意天气预报，晴天要适时适量做好苗床通风管理，使床温白天保持在20～25℃。若刚发生烧苗，宜及时进行苗床遮阴，待高温过后床温降至适温可逐渐通风。并可适量从苗床一端闭膜浇水，夜间揭除遮阴物，次日再进行正常通风。

四、闪苗

闪苗也是因苗床管理不善，尤其是通风不良造成幼苗生长环境突变而引起的一种生理失衡的病变，它发生于整个幼苗覆盖生长期，尤以缺乏育苗经验的人最易发生此种现象。

（一）症状

揭膜之后，幼苗很快发生萎蔫现象，继而叶缘上卷，叶片局部或全部变白干枯，但茎部尚好，严重时也会造成幼苗整株干枯死亡。因其"闪苗"现象是在揭膜后不久即发生的，好似一闪即伤一样，所以叫"闪苗"。

（二）发生原因

当苗床内外温差较大，且床温超过30℃以上时，猛然大量通风，空气流动加速，引起叶片蒸发量剧增，失水过多，形成生理性干枯。同时因冷风入床内，幼苗在较高的温度下骤遇冷流，也会很快产生叶片萎蔫现象，进而干枯，亦称冷风闪苗或"冷闪"。

（三）预防措施

注意及时通风，当床温上升到20℃时，要适时正确掌握通风量，一般随气温升高通风量由小渐大，通风口由少增多。通风量的大小应使苗床温度保持在幼苗生长适宜范围以内为准。并要准确选择通风口的方位，应使通风口在背风一面。

五、僵苗

僵苗又叫小老苗，是苗床土壤管理不良和苗床结构不合理造成的一种生理性病害。

（一）症状

幼苗生长发育迟缓，苗株瘦弱，叶片黄小，茎秆细硬，并显紫色，虽然苗龄不大，但看似如同老苗一样，故称"小老苗"。

（二）发生原因

苗床土壤施肥不足，肥力低下（尤其缺乏氮肥）、土壤干旱以及土壤质地黏重等不良栽培因素是形成僵苗的主要因素。另则透气性好，但保水保肥很差的土壤，如沙壤土育苗，更易形成小老苗。

（三）防治方法

宜选择保水保肥力好的壤土作为育苗场地。配制床土时，既要施足腐熟的有机肥料，也要施足幼苗发育所需的氮磷钾营养，尤其是氮素肥料尤为重要。并要灌足浇透底墒水，适时巧浇苗期水，使床内水分（土壤持水量）保持在 70%~80%。

六、徒长苗

徒长是苗期常见的生长发育失常现象。徒长苗缺乏抗御自然灾害的能力，极易遭受病菌侵染，同时延缓发育，使花芽分化及开花期后延，容易造成落蕾、落花及落果。定植大田后缓苗差，最终导致减产。

（一）症状

幼苗茎秆细高、节间拉长、茎色黄绿、叶片质地松软、叶身变薄、色泽黄绿、根系细弱。

（二）发生成因

晴天苗床通风不及时、床温偏高、湿度过大、播种密度和定苗密度过大、氮肥施用过量，是形成徒长苗的主要因素。此外阴雨天过多、光照不足也是原因之一。

（三）防治方法

依据幼苗各生育阶段特点及其温度因子，及时做好通风工作，尤以晴天中午更应注意。苗床湿度过大时，除加强通风排湿外，可在育苗初期向床内撒细干土；依苗龄变化，适时做好间苗定苗，以避免相互拥挤；光照不足时宜延长揭膜见光时间。如有徒长现象，可用200mg/kg矮壮素进行叶面喷雾，苗期喷施2次，可控制徒长，增加茎粗，并促使根系发育。矮壮素喷雾宜早晚间进行，处理后可适当通风，禁止喷后1~2天内向苗床浇水。

七、日烧病

日烧病是辣椒常发生的一种生理性病害。

（一）病状

该病因是强烈阳光直射，症状只出现在裸露果实的向阳面上，发病初期病部褪色。略微皱褶，呈灰白色或微黄色。病部果肉失水变薄，近革质、半透明、组织坏死发硬绷紧、易破裂。后期病部为病菌或腐生菌类感染，长出黑色、灰色、粉红色或杂色霉层，病果易腐烂。

（二）传播途径及发病条件

日烧病主要是由阳光灼烧果实表皮细胞，引起水分代谢失调所致。引起日灼的根本原因是叶片遮阴不好，植株株型不好。土壤缺水，天气过度干热，雨后暴晴，土壤黏重，低洼积水等均可引起。植株因水分蒸腾不平衡，引起涝性干旱等因素均可诱发日灼。在病毒病发生较重的田块，因疫病等引起死株较多的地块，过度稀植等，日烧病尤为严重。钙素在辣椒水分代谢中起重要作用，土壤中钙质损失较大，施氮过多，引起钙质吸收障碍等生理因素，也和日烧病的发生有一定的关系。

（三）防治方法

合理密植和间作。大垄双行密植，可使植株相互遮阴，减少果实在阳光下的裸露。与玉米、高粱等高秆作物间作，既可利用高秆作物形成遮阴条件，减轻日灼的为害，还可改善田间小气候，增加空气湿度，减轻干热风的为害。具体做法如下。

1. 合理灌水

结果盛期以后，应小水勤灌，上午浇水，避免下午浇水。特别是黏性土壤，应防止浇水过多而造成的缺氧性干旱。

2. 根外施肥

坐果后施用 0.1％硝酸钙，每 10 天左右施 1 次。连用 2～3 次。

3. 使用遮阳网

可用黑色遮阳网，减弱强光。

八、落叶、落花和落果

又称三落病，是保护地和露地生产上的重要问题。前期有的是花蕾脱落，有的是落花，有的是果梗与花蕾连接处变成铁锈色后落蕾或落花，有的果梗变黄后逐个脱落，有的在生产中后期落叶，使生产遭受严重损失。

（一）发生病因

一是选用品种不对路。二是播种过早或反季节栽培时，辣椒生长期间温度得不到满足。地温低于 18℃时，根系的生理机能下降，8℃时根系停止生长，使植株处于不死不活的状态；气温低于 15℃时，虽能够开花，但花药不能放粉，温度长期上不来，易发生三落现象。三是在生长期间遇有较长时间的连阴天气，光照不足或相对湿度低于 70％，营养过剩或生殖生长失调，植株徒长，水分不足或过多均可导致落花、落蕾或落果。四是土壤肥力不足，管理跟不上，定植后不能早缓快发，进入高温季节枝叶不能封垄，致使地温升高，容易引起开花不实，或落花落蕾。五是病虫为害，严重的容易导致落叶。六是肥害，在苗期或生长期间，施用了未腐熟的有机肥，尤其是未发酵好的鸡粪，会造成烧根或沤根，水分养分不能正常供应，也会引起三落。

（二）防治方法

一是因地制宜，选用适合当地的耐低温、耐弱光或早熟的品种。二是科学地确定适于当地的播种期，以满足辣椒的生育适宜温度需要。既要考虑棚温是否符合要求，也要考虑地温是否能达到18℃以上，生长季节是否能安全过高温季节等问题。尤其是地温更突出，防止徒长或不长。三是注意防治疮痂病、炭疽病、病毒病、烟青虫和茶黄螨等病虫为害。四是采用地膜覆盖的，进入高温季节可中耕培土，防止地表面温度过高，有条件的可用遮阳网覆盖。五是根据植株长势施好促秧肥、攻果肥、返秧肥，采用配方施肥技术，防止生长后期脱肥，叶面追施液肥或植物生长调节剂，补充营养。六是适时采摘，当果实由淡黄转青后时即应采摘。

九、辣椒脐腐病

（一）症状

辣椒脐腐病主要为害果实，初出现暗绿色或深灰色水渍状病斑，后扩展为直径可达 2～3cm 的病斑。随着果实的发育，病部呈灰褐色或白色扁平凹陷状，病部可以扩大到半个果实。病果常提前变红，一般不腐烂。有时湿度过大，即使腐烂也没有臭味。辣椒脐腐病的主要表现症状，病斑为淡褐色，果肉腐烂有明显臭味，有时果实变形，好像在袋子里装满了泥水，俗称"一兜水"。

夏季辣椒容易发生脐腐病，有时还与品种有关。一是种植果皮较薄，果顶较平的及花痕较大的品种易发生脐腐病。二是土壤中钙元素缺乏，或偏施氮肥、钾肥，尤其是氮钾过量时，影响根系对钙元素的吸收，容易诱发脐腐病。三是土壤忽干忽湿，影响土壤中钙的运输也容易导致脐腐病的发生。

（二）防治方法

一是选用抗病品种，夏季温室种植品种宜选用果皮较厚、果面光滑、花痕较少、果顶较尖的品种。二是应选用富含有机质，土层深厚，保水保肥能力强的土壤栽培辣椒。三是进入结果期后，应均衡浇水，防治忽干忽湿，土壤含水量不要变动太大。四是遇有持续高温强光天气，可在中午采取遮阳措施。五是结果盛期，叶面喷施 1% 过磷酸钙溶液或 0.1%~0.2% 硝酸钙溶液，每隔 5~10 天喷 1 次，连喷 2~3 次。

十、辣椒紫斑病

（一）症状

辣椒紫斑病又称花青素症。果实在绿果面上出现紫色斑块，斑块没有固定形状，大小不一。一个果实上紫色少则一块、多则数块。严重时甚至半个果实表面上布满紫斑。有时植株顶部叶片沿中脉出现扇形紫色素，扩展后成紫斑。

（二）发病因素

由于植株根系吸收磷素困难，出现花青素所致。缺磷发生在多年种菜的老菜地中。土壤中水分不足或气温较低，会导致土壤有效磷供应不足或吸收困难，特别是地温低于 10℃，极易造成植株根系吸收磷素困难。

（三）防治方法

保护地春提早或秋延迟栽培时，做好增温、保温工作，把地温提高到 10℃ 以上，就不会再产生花青素形成紫斑。多施农家肥，提高土壤中磷的有效供给。注意施用镁肥，由于缺镁会抑制对磷的吸收。在果实生长期，适时喷布磷酸二氢钾 200~300 倍液。

第三节　辣椒细菌性病害防治技术

辣椒细菌性病害较多，主要有辣椒疮痂病、辣椒软腐病、辣椒叶斑病、辣椒青枯病等。

（一）发病症状

一是辣椒疮痂病，成株期在叶片背面出现水浸状黄绿色斑点隆起，表面粗糙，呈疮痂状。果实被害出现暗绿色隆起的小斑点，呈疱疹状，稍隆起。二是辣椒软腐病，主要是为害果实，病果出现水浸状暗绿色斑，后变褐软腐，有臭味，内部果肉腐烂，果皮变白。三是辣椒叶斑病，主要为害叶片，成株叶片发病，初为水浸状黄绿色小斑点，后扩大渐变为褐色或铁锈色病斑，膜质，大小不等。四是辣椒青枯病，主要为害根部，地上部枝叶表现萎蔫，后期叶片干枯，整株死亡；地下部外表不明显，剥开见维管束变为褐色。

（二）发病条件

以上症状均为细菌所致。病菌随病残体在土壤中存活，通过流水传播，由伤口浸入。高温、高湿发病重，阴雨天或浇水后发病重。

（三）防治方法

一是清除病残体，避免重茬连作，起垄栽培，合理密植，切忌大水漫灌，加强通风散湿。二是药剂防治，辣椒疮痂病、软腐病、叶斑病可用农用链霉素或新植霉素 4 000 倍液，77%可杀得 500 倍液，78%科博 500 倍液，每 5~7 天喷 1 次，连喷 2~3 次。辣椒青枯病发生在根部，可用以上药剂进行灌根即可。

第四节　辣椒真菌性病害防治技术

一、辣椒早疫病

（一）症状

叶上病斑呈圆形，黑褐色，有同心轮纹，潮湿时有黑色霉层。茎受害，有褐色凹陷椭圆形的轮纹斑，表面生有黑霉。苗期发病多在叶尖或顶芽产生暗褐色水渍状病斑，引起叶尖和顶芽腐烂，手感滑溜，幼苗上部腐烂后，形成无顶苗，甚至烂至床土面。病部后期可见墨绿色霉层。成龄植株发病时，多在叶片上产生许多水渍状病斑，发展后为灰白色圆形病斑，病部下陷，稍有木栓化但不穿孔，引起落叶，发病组织表面可见墨色或黑色的霉层。

（二）发病条件

在 26~28℃的高温，空气相对湿度 85%以上时易发病流行。北方炎夏多雨季节，及保护地内通风不良时发病严重。

（三）防治方法

一是选用抗病品种。二是实行轮作倒茬。三是彻底清除病残枯枝。四是冲施根多生增强植株抗病能力。五是药剂防治。用 20%甲基立枯磷乳油 1 000 倍液混合就苗海藻酸碘浸种；苗床用 10%多菌灵可湿性粉剂消毒；68%精甲霜·锰锌水分散粒剂混合就苗海藻酸碘喷施。

二、辣椒晚疫病

（一）症状

幼苗期染病可使嫩茎基部出现似热水烫伤状、不定形的暗褐色斑块，逐渐软腐，幼苗倒伏死亡。成株的根、茎、叶、果实均可受害。一是主根染病初出现淡褐色湿润状斑块，逐渐变黑褐色湿腐状，可导致地上部茎叶萎蔫死亡。二是茎染病多在近地面或分叉处，先出现暗绿色、湿润状不定形的斑块，后变为黑褐色至黑色病斑。病部常凹陷或缢缩，致使上端枝叶枯萎。三是叶片染病出现污褐色，边缘不明显的病斑，病叶很快湿腐脱落。四是果实染病多从蒂部开始，出现似热水烫伤状、暗绿至污褐色、边缘不明显的病斑，可使局部或整个果实腐烂，逐渐失水后成为黑褐色僵果可残留在枝条上。上述各染病部位的病斑在天气潮湿时，表面可长出一层稀疏的白色霉层，这是病菌的孢囊梗和孢子囊。

（二）发病条件

晚疫病是一种流行性很强的病害，条件适宜时，短时间内就可以流行成灾。一是天气条件，多雨、潮湿是关键因素，有利于孢子囊形成、萌发、侵入和菌丝生长；其次是温度，平均温度 26~28℃最有利于发病。二是与茄科或瓜类蔬菜连作发病较重；

地势低、土质黏重、排水不良、通风透光性差、管理粗放、杂草丛生的菜地发病亦较重。三是不同的品种抗性亦有差异。叶缘和叶柄连接处出现病斑，水渍状腐烂；茎基部和茎节分杈处发生病斑，易缢缩折倒，病部以上茎梗也易凋萎死亡。果实蒂部病斑呈暗绿色水渍状软腐，边缘不明显，引起全果腐烂，潮湿时病部覆盖白色霉层，干燥后形成暗褐色僵果。

（三）防治方法

一是轮作倒茬。二是增施有机肥，增强植株抗性。三是棚室用滴灌或暗灌灌水，控湿控温。四是发病早期及时拔除病株或摘除病叶。五是幼苗期喷药，带药定植。六是药剂防治，棚室每次施用45%百菌清烟剂或10%腐霉利烟剂3~3.75kg/hm²；露地喷50%利得可湿性粉剂800倍液，7~10天喷1次，连续3~4次。

三、辣椒菌核病

（一）症状

苗期茎基部呈水渍状病斑，绕茎一周，湿度大时腐烂，无臭味，干燥条件下病部呈灰白色，病苗立枯而死；病斑环绕主茎或侧枝的分杈处，表皮呈灰白色，发病处向上的叶片青萎，果实脐部呈水渍状湿腐，逐步扩至整果腐烂，湿度大时长出白色菌丝团。

（二）发病条件

病菌主要以菌核在土中或混杂在种子中越冬和越夏。萌发时，产生子囊盘及子囊孢子。子囊盘初为乳白色小芽，随后逐渐展开呈盘状，颜色由淡褐色变为暗褐色。子囊盘表面为子实层，由子囊和杂生其间的侧丝组成。每个子囊内含有8个子囊孢子。子囊孢子成熟后，从子囊顶端逸出，借气流传播，先侵染衰老叶片和残留在花器上或落在叶片上的花瓣后，再进一步侵染健壮的叶片和茎。病部产生白色菌丝体，通过接触，进行再侵染。发病后期在菌丝部位形成菌核。病菌菌丝生长发育和菌核形成温度为0~30℃，20℃为最适。菌核没有休眠期，在干燥土壤中可存活3

年，但不耐潮湿，一年后即丧失其生活力，温度在 5~20℃ 和较高的土壤湿度的状况下菌核即可萌发，其中以 15℃ 左右为最适。子囊孢子 0~35℃ 均可萌发，适温 5~10℃，经 48h 后，孢子萌发率可达 90% 以上。本病在温度 20℃ 左右和相对湿度在 85% 以上的环境条件下，病害严重，反之，湿度在 70% 以下，发病轻。早春和晚秋多雨，易引起病害流行。

（三）防治方法

一是与禾本科作物实行 3~5 年轮作。二是彻底清除病残枯枝。三是及时深翻，覆盖地膜，防止菌核萌发出土。对已出土的子囊盘要及时铲除，严防蔓延。四是进行土壤消毒。五是上午闭棚提温，下午放风排湿。六是 55℃ 温水浸种杀菌。七是药剂防治：用 50% 异菌脲可湿性粉剂拌种；40% 五氯硝基苯 10g/m² 拌细干土 1kg，撒在土表，耙入土中后播种；棚室 45% 百菌清烟剂防治。

四、辣椒炭疽病

（一）症状

黑色炭疽病：果实、叶片病斑褐色，生黑色小点，果实破裂，叶子脱落，茎及果梗干燥时裂开。黑点炭疽病：成熟果实受害严重，病斑小黑点较大，色更深，潮湿溢出黏质物。红色炭疽病：果实病斑圆形水渍状凹陷，病斑上产生轮状排列的小黑点。

（二）发病条件

病菌发育温度范围为 12~23℃，高温高湿有利于此病发生。如平均气温 26~28℃，相对湿度大于 95% 时，最适宜发病和侵染，空气相对湿度在 70% 以下时，难以发病。病菌侵入后 3 天就可以发病。地势低洼、土质黏重、排水不良、种植过密通透性差、施肥不足或氮肥过多、管理粗放引起表面伤口，或因叶斑病落叶多，果实受烈日暴晒等情况，都易于诱发此病害，都会加重病害的侵染与流行。

（三）防治方法

一是实行轮作。二是选用抗病品种。三是增施有机肥，增强抗病力。四是控湿并预防果实日灼。五是彻底清除病残枯枝。六是药剂防治。用55℃温水浸种；50%多菌灵可湿性粉剂加50%福美双可湿性粉剂，按种子重量的0.3%的药量拌种后播种；70%甲基硫菌灵可湿性粉剂600~800喷施。7~10天喷1次，连续2~3次。

五、辣椒污霉病

（一）症状

叶面出现污褐色霉点，后形成煤烟状物，严重整个植株布满黑色霉层，影响光合作用。病叶枯黄脱落，果实提前成熟，不脱落。大棚等保护地内污霉病发生先局部，后逐渐蔓延。

（二）发病条件

病菌以菌丝和分生孢子在病叶上或在土壤中及植物残体上越冬，翌年产生分生孢子，借风雨、粉虱等传播蔓延，湿度大、粉虱多易发病。

（三）防治方法

一是选用抗病品种。二是彻底清除病残枯枝。三是通风排湿。四是药剂防治。用50%甲基硫菌灵可湿性粉剂500倍液混合赛生海藻酸碘喷施。10天喷1次，连续2~3次；及时防治蚜虫、粉虱及介壳虫。

六、辣椒绵腐病

（一）症状

茎基部，初呈暗褐色病斑，后逐渐扩大，稍缢缩腐烂，其上有白色绢丝状的菌丝体长出，而导致植株死亡。成株期主要为害果实，引起果腐，在潮湿条件下病部生大量白霉。

（二）发病条件

病菌以卵孢子在土壤表层越冬，病残体分解后卵孢子也可单独在土壤中存活。本病多发生在雨季，下水头或积水处病重。

（三）防治方法

一是选择地势高燥，排水良好地块种植。地势低平，应高畦栽培，最好地膜覆盖。二是注意密度不要过密、及早搭架，整枝打杈，中期适度打去植株下部老叶，降低株间湿度。三是合理施肥，避免偏施、过施氮肥，增施钾肥、雨后排水，确保雨后、灌水后地面无积水。四是防止生理裂果和防治其他病虫害。五是果实成熟后及时采收，精心贮运。六是发病初期药剂防治，可用25%甲霜灵可湿性粉剂 800 倍液或 64%杀毒矾可湿性粉剂 500 倍液或 40%乙膦铝可湿性粉剂 300 倍液或 58%甲霜灵锰锌可湿性粉剂 500 倍液或 72.2%普力克水剂 600 倍液或 72%克露可湿性粉剂 500 倍液或 77%可杀得可湿性微粒粉剂 600 倍液或 30%绿得保胶悬剂 500 倍液。

七、辣椒枯萎病

（一）症状

茎基部皮层出现水浸状腐烂，叶片凋萎并脱落，后期全株枯死。根系呈水浸状软腐。病株在晴天中午萎蔫，早晚和阴天恢复正常，数天后病株变黄枯死，严重时植株成片死亡；湿度高时，病部产生白色或蓝绿色的霉状物。

（二）发病条件

病菌发育适温为 27~28℃，土温 28℃时最适于发病，土温 21℃以下或 33℃以上病情扩展缓慢。土壤偏酸（pH 值 5~5.6）、植地连作、移栽或中耕伤根多、植株生长不良等，有利于发病。病菌主要以厚垣孢子在土壤中越冬，或进行较长时间的腐生生活。通过灌溉水传播，从茎基部或根部的伤口、根毛侵入，进入维管束，堵塞导管，致使叶片枯萎，田间积水，偏施氮肥的地块发病重。病菌发育适温为 24~28℃，最高 37℃，最低 17℃。在适宜条件下，发病后 15 天即有死株出现，潮湿，特别是雨后积水条件下发病重。

（三）防治方法

一是选用抗病品种。二是实行轮作倒茬。三是选择排水良好的壤土或沙壤土地块栽培，不要选择地势低洼的地块。避免大水漫灌，雨后及时排水。四是土壤处理，保护地栽培时，可在夏季高温季节利用太阳能进行高温土壤消毒，先起垄铺上地膜，密闭棚室，使土温升高，保持地表以下20cm处温度达45℃以上，保持20天。该方法还可杀死土壤中的其他病菌及害虫。五是药剂防治。定植前用敌克松可湿性粉剂1 000倍液进行上壤消毒；恶毒灵3 000倍液浸根10~15min后移栽，50%抗枯灵可湿性粉剂1 000倍液混合就苗海藻酸碘喷施；50%琥胶肥酸铜可湿性粉剂400倍液灌根。

八、辣椒根腐病

（一）症状

病株枝叶特别是顶部叶片稍见萎蔫，傍晚至次日早晨恢复，症状反复数日后，叶片全部萎蔫，但叶片仍呈绿色。病株的根茎部及根部皮层呈淡褐色及深褐色腐烂，易剥离露出木质部；横切茎可见维管束变褐色，后期潮湿时可见病部长出白色至粉红色霉层。

（二）发病条件

辣椒根腐病的病原菌为腐皮镰孢菌，在土壤可以存活10年以上，传播渠道主要靠肥料、工具、雨水及流水传播。辣椒根腐病的发生与温度关系密切，22~26℃最适合发病。

（三）防治方法

一是轮作倒茬。二是彻底清除病残枯枝。三是科学管理，防止积水，保持土壤半干半湿状态。四是使用充分腐熟的有机肥，中后期追肥，采用配制好的复合肥母液随浇水时浇施，或顺垄撒施后浇水，防止人为管理造成辣椒根部受伤。五是药剂防治，定植时用抗枯灵可湿性粉剂900倍浸根10~15min；定植缓苗后，用恶霉灵可湿性粉剂3 000倍浇灌，每天1次，连灌2次；50%甲基硫菌灵可湿性粉剂500倍液混喷施。7天喷1次，连续2~3次。

九、辣椒叶枯病

（一）症状

辣椒叶枯病，主要为害叶片。叶片出现散生的褐色小点，扩大成病斑，中间灰白色，边缘暗褐色，直径 2~10mm 不等。湿度大时叶背生有致密灰黑色至近黑色绒状物，病斑上有暗褐色细线圈，病斑外围有浅黄色晕圈。病斑中央坏死处常脱落穿孔，病叶易脱落。病害由下部向上扩展，病斑越多，落叶越严重，严重时整株叶片脱光成秃枝。

（二）发病条件

病菌随病残体在土壤中越冬，借助气流传播，6 月中下旬为发病高峰期，高温高湿，通风不良，偏施氮肥，植株前期生长过旺，田间积水等条件下易发病。

（三）防治方法

一是培养壮苗，育苗过程中注意通风，严格控制苗床的温湿度。二是加强管理，合理施用氮肥，增施磷钾肥，喷施植宝素、爱多收等叶面肥。定植后注意中耕松土，雨季及时排水。三是彻底清除病残枯枝。四是药剂防治，发病初期喷洒 64%杀毒矾可湿性粉剂 500 倍液或 50%甲霜灵可湿性粉剂 600 倍液或 50%多菌灵可湿性粉剂 500 倍液或 50%苯菌灵可湿性粉剂 1 000 倍液或 75%甲基托布津可湿性粉剂 600 倍液或 40%杜邦福星乳油 8 000~10 000倍液或 50%退菌特可湿性粉剂 500~1 000倍液或克星丹 500 倍液或 50%混杀硫悬乳剂 500 倍液，每 7 天喷 1 次，连喷 2~3 次。

十、辣椒灰霉病

（一）症状

病菌可危及植株叶片、茎、花和果实，以挂果期受害最重。苗期茎部受害，在幼茎基部产生水渍状病斑，病部密生灰色霉层，可散出灰色粉末物质，病苗极易倒伏和枯死。叶受害，多从叶尖开始，从叶尖向基部呈"V"形扩展，病斑呈黄褐色，并有深褐色轮纹产生，病部扩大后，可以引起整个叶片枯死，病部也产生较多灰色霉层。花被侵染后，组织萎缩变为褐色，表面产生很多灰色霉层。果实发病，先从花器开始，残留的柱头或花瓣被侵染后向果柄、果面扩展，被害处果面变为灰白色，软腐，潮湿时病部产生灰绿色霉层，摘病果时，会飞散出大量的粉尘物质。

（二）发病条件

病原菌主要以菌体、菌核或分生孢子随病残体在土壤中越冬，也可在棚室内蔬菜上继续为害越冬后，病菌通过气流、雨水、水滴及农事操作传播到辣椒上，引起发病。发病后病部产生的病菌又通过上述方式进一步传播，引起频繁的再侵染。低温高湿的环境是灰霉病发生流行的主要原因。只要温度适宜，相对湿度达到80%以上，便开始发病，若连续阴雨，田间湿度大，田间易造成灰霉病流行。栽培措施对大棚辣椒灰霉病的发生影响也很大。例如，棚室地势低洼潮湿，光照不足，氮肥施用过多，植物生长过旺，田间定植密度大，大水漫灌，管理粗放，未及时整枝、打顶、中耕、除草，这些措施都会加速病害的蔓延。

（三）防治方法

一是摘除病果，减少病菌传播体。二是收获后、种植前要清理田间病残体。三是夏季歇棚期高温闷棚杀死病菌。四是发病后要及时摘除病叶和病果、病花等，并将其带出田间深埋或烧毁。五是药剂防治，移栽前用50%速克灵可湿性粉剂1 500倍液或用50%多菌灵可湿性粉剂500倍喷淋幼苗定植后可以结合用药。幼果形成后浇催果水前喷一次50%速克灵可湿性粉剂1 500倍液。在低温阴雨季节，应多用烟剂，少用水剂。还有选用多种农药交替使用，以提高效率。

十一、辣椒叶霉病

（一）症状

辣椒叶霉病主要为害叶片。叶面上初现浅黄色不规则形褪绿斑，叶背病部初生白色霉层，不久变为灰褐色至黑褐色绒状霉，即病原菌的分生孢子梗和分生孢子，随病情扩展，叶片由下向上逐渐变成花斑，严重时变黄干枯。

（二）发病条件

病菌主要以菌丝体和分生孢子随病残体遗留在地面越冬，翌年气候条件适宜时，病组织上产生分生孢子，通过风雨传播，分生孢子在寄主表面萌发后从伤口或直接侵入，病部又产生分生孢子，借风雨传播进行再侵染。植株栽植过密，株间生长郁闭，田间湿度大或有白粉虱为害易诱发此病。

（三）防治方法

一是收获后及时清除病残体，集中深埋或烧毁。二是栽植密度应适宜，雨后及时排水，注意降低湿度。三是增施磷钾肥，促进果实发育，减轻病害。四是药剂防治。发病初期可用50%多菌灵可湿性粉剂500~1 000倍液、70%甲基托布津可湿性粉剂1 000倍液、75%百菌清可湿性粉剂600倍液、64%杀毒矾可湿性粉剂400~500倍液或65%甲霜灵可湿性粉剂1 000倍液等药剂进行防治。

十二、辣椒黑斑病

（一）症状

一般果实上生1个大病斑，直径10~20mm。以侵害果实为主，初侵染时形成退色小斑点，随着扩大逐渐变淡褐色或黄褐色，形状不规则，中间稍凹陷。潮湿时病部散生密密麻麻的小黑点，严重时连片成黑色霉层。病斑在扩展过程中，常愈合成大坏死斑，使病果干枯。

（二）发病条件

主要在病残体上越冬。其发生与日灼病有联系，多发生在日灼处，即第二寄生物。风雨天雨滴飞散和雨水反溅，可促使病害的发生，辣椒收获后病菌随病残体留在栽培地越冬，成为翌年的侵染源。病菌以菌丝体随病残体在土壤中越冬，条件适宜时为害果实引起发病。病部产生分生孢子借风雨传播，进行再侵染。病菌多由伤口侵入，果实被阳光灼伤所形成的伤口最易被病菌利用，成为主要侵入场所。病菌喜高温、高湿条件，温度在 23~26℃，相对湿度 80%以上条件有利于发病。

（三）防治方法

一是加强水肥管理，尤其在开花结果期应及时、均匀浇水，保持地面湿润，增施磷钾肥，促进果实发育，减轻病害。二是采取地膜栽培，采取地膜栽培能促进植株根系发育，增强抗性，有利于阻止病害的传播。三是及时防治病虫害，防止因炭疽病、病毒病、疮痂病及蚜虫、螨类为害引起的早期落叶。四是进行地膜覆盖栽培，栽培密度要适宜。加强肥水管理，促进植株健壮生长。五是防治其他病虫害，减少日烧果产生，防止黑斑病病菌借机侵染。发病病果要及时摘除。收获后彻底清除田间病残体并深翻土壤。六是药剂防治。发现病果及时摘除，并选喷下列药剂防治。（速净）30~50ml+（沃丰素）25ml+大蒜油 15ml 对水 15kg，定期喷雾。治疗：（速净）100~250ml+大蒜油 15ml+（沃丰素）25ml 对水 15kg 连喷 2~3 次，3 天喷施 1 次，控制后改为预防。

十三、辣椒褐斑病

（一）症状

褐斑病主要为害辣椒叶片。在叶片上形成圆形或近圆形病斑，初为褐色，后渐变为灰褐色，表面稍隆起，周缘有黄色的晕圈，斑中央有一个浅灰色中心，四周黑褐色，严重时病叶变黄脱落。茎部也可染病，症状类似。

（二）发病条件

病菌可在种子上越冬，也可以菌丝块在病残体上或以菌丝在病叶上越冬，成为翌年初侵染源。病害常始于苗床。高温高湿持续时间长，有利于该病扩展。病菌以菌丝体随病残体在土壤中越冬，种子也能带菌越冬。田间发病后病部产生分生孢子，借风雨、灌溉水和工具传播蔓延。病菌喜温暖高湿条件，20~25℃适宜发病。相对湿度 80%开始发病，湿度愈大发病愈重。植株生长不良易发病。

（三）防治方法

一是采收后彻底清除病残株及落叶，集中烧毁。二是与其他蔬菜实行隔年轮作。三是药剂防治。病害常发期用（速净）30ml 对水 15kg 喷雾，5~7 天 1 次。治疗：（速净）50ml+（大蒜油）15~20ml 对水 15kg 喷雾，3~5 天 1 次，连打 2~3 次，打住后，转为预防。

十四、辣椒黄萎病

（一）症状

辣椒黄萎病多发生在辣椒生长中后期，叶脉间的叶肉组织变黄。随后，植株发育受阻，茎基部的木质维管束组织变褐，然后沿茎上部扩展至枝条下端，最后致全株萎蔫、叶片枯死脱落。该病扩展较慢，通常只造成病株矮化、节间缩短、生长停滞，严重时叶片落光成光秆。

（二）发病条件

病菌以休眠菌丝、厚垣孢子和微菌核随病残体在土壤中越冬，成为翌年的初侵染源。借风、雨、流水、人畜及农具传播。从根部的伤口，或直接从幼根表皮或根毛侵入，后在维管束内繁殖，并扩展到枝叶。苗期和定植后环境气温低于 15℃的持续时间长时易发病。

（三）防治方法

一是选育抗病品种，尤应注意在一些抗逆性较强的品种中及重病田中寻找抗病品种或抗病单株。二是实行轮作。三是药剂防治，田间发现病株后及时进行防治，发病初期采用以下杀菌剂或配方进行防治：80%多·福·锌可湿性粉剂 800 倍液；20%二氯异氰尿酸钠可溶性粉剂 400 液；70%甲基硫菌灵可湿性粉剂 500~600 倍液+50%克菌丹可湿性粉剂 400~500 倍液。

十五、辣椒白粉病

（一）症状

主要为害叶片，老熟或幼嫩的叶片均可被害，正面呈黄绿色不规则斑块，无清晰边缘，白粉状霉不明显，背面密生白粉，较早脱落。

（二）发病条件

病菌以闭囊壳随病叶在地表越冬。越冬后产生分生孢子，借气流传播。一般以生长中后期发病较多，露地多存活。8月中下旬至9月上旬天气干旱时易流行。病菌可在温室内存活和越冬，病菌从孢子萌发到侵入约20多个小时，病害发展很快，往往在短期内大流行。10~30℃病菌均可以活动，最适温度20~25℃。相对湿度45%~75%发病快，低于25%时分生孢子也能萌发引起发病，超过95%则病情显著受抑制。

（三）防治方法

一是选用抗病品种。二是选择地势较高、通风、排水良好地种植。三是增施磷、钾肥，生长期避免氮肥过多。四是药剂防治，发病初期及时用药剂防治，50%硫悬浮剂500倍液、75%百菌清可湿性粉剂500倍液、70%代森锰锌可湿性粉剂400倍液。内吸杀菌剂有50%多菌灵可湿性粉剂500倍液、70%甲基托布津可湿性粉剂1 000倍液、15%粉锈宁（三唑酮）乳油1 000倍液、40%福星乳油8 000~10 000倍液、10%世高水分散性颗粒剂2 000~3 000倍液、25%腈菌唑乳油500~600倍液。复配剂有：40%多硫悬浮剂400~500倍液。农业抗菌素有2%武夷菌素水剂150倍液。此外还有一些保护地专用杀菌剂：45%百菌清烟剂250g/亩、5%百菌清粉尘剂1kg/亩等。

第五节　辣椒病毒病防治技术

（一）症状

常见的辣椒病毒病有花叶、黄化、坏死和畸形4种症状。

（1）花叶分为轻型花叶和重型花叶两种类型。轻型花叶病叶初现明脉轻微褪绿，半透明或现浓淡绿相间的斑驳，病株无明显畸形或矮化，不造成落叶；重型花叶除表现褪绿斑驳外，叶面凹凸不平，叶脉皱缩畸形形成线形叶，引起生长缓慢，果型变小畸形，植株严重矮化。

（2）黄化。病叶明显变黄，出现落叶、早衰现象。

（3）坏死。病株部分组织变褐坏死，表现为条斑、顶枯、坏死斑驳及环斑等。

（4）畸形。病株变形，如叶片变成线状，即蕨叶（又称蕨叶病）病株矮小，易落花，分枝多，呈丛枝状，一般一种症状只发生在一株辣椒上，但有时也发现几种不同症状同时在一株上出现，引起落花、落叶、落果，严重影响辣椒的产量和质量。

（二）传播途径和发病条件

辣椒病毒病传播途径随其毒源种类不同而异，可分为虫传和接触传染两大类。借虫传的病毒主要有黄瓜花叶病毒，马铃薯Y病毒及苜蓿花叶病毒，其发生与蚜虫的发生情况关系密切，特别是在高温干旱的天气，不仅可以促进蚜虫传毒，还会降低寄主的抗病性；烟草花叶病毒靠接触及伤口传播，通过土壤和种子，整枝打杈等农事操作传染，此外，定植晚、连作地、低洼地及缺肥地易引起该病流行。

（三）防治方法

一是实行轮作倒茬。二是选用抗病品种。三是用无病土育苗，做好肥水管理。四是药剂防治，播前将种子用10%磷酸三钠浸种20~30min；分苗定植前喷0.1%~0.3%硫酸锌溶液预防；定植后半月开始喷20%病毒A 500倍液。每隔7天喷1次，连续3次；从苗期起就要及时、连续防蚜。

第十三章　辣椒主要的虫害及其防治

第一节　温室白粉虱

一、分布与为害

棚室白粉虱又叫"小白蛾子"，是保护地辣椒生产中的一种重要害虫。温室白粉虱属同翅目粉虱科，是一种多食性刺吸害虫，它以其幼虫、成虫的针状口器吸食植物汁液，由于个体群集数量大，大量吸食造成叶片失绿、萎蔫，甚至死亡。同时成虫和幼虫还能排出大量蜜露，引起煤污病的发生，污染叶片和果实。另外还能传播病毒病。

二、生活史和习性

温室白粉虱在野外各虫态均可越冬。在温室里，各虫态均可越冬。在棚室内越冬的白粉虱是第二年露地辣椒的主要虫源。夏季为害严重，秋季又转到棚室内为害和越冬。成虫是唯一活泼的虫态，对黄色具有强烈的趋性，喜欢群集在植株上部嫩叶背面产卵，可两性生殖也可孤雌生殖。25~35℃的条件下适合成虫活动。

三、防治方法

一是加强栽培管理，合理安排茬口。二是培育无虫苗，将生产棚室与育苗棚室分开。育苗前用敌敌畏等药剂熏蒸灭虫。在通风口处设置尼龙纱网，避免外来虫源飞入棚室。棚室门要经常关闭，防止白粉虱飞入。三是黄板诱杀，在棚内挂黄板，每亩设40块左右，可诱杀大量成虫。四是人工施放丽蚜小蜂。五是药剂喷雾防治，发现有虫后及时喷药。喷药最好在早晨进行，先喷叶面，后喷叶背。由于白粉虱世代重叠，需用药几次，一般5~7天一次，可选用的药剂和浓度如下：25%扑虱灵乳油1 500~2 000倍液；2.5%天王星乳油2 000倍液；25%灭螨猛乳油1 000~1 500倍液；205速灭杀丁乳油1 000倍液；2.5%功夫乳油5 000倍液；215增效马乳油4 000倍液；20%灭扫利乳油2 000倍液。另外，还可选用225敌敌畏熏蒸剂在大棚内熏蒸，每亩用量0.5kg，傍晚收工前密闭熏蒸，效果更好。

第二节　棉铃虫和烟叶蛾

一、分布与为害

棉铃虫和烟夜蛾两种害虫食性较杂，都为害辣椒。两种害虫都以幼虫蛀食辣椒的蕾、花、果实，也可食害嫩茎、叶和芽。蛀果是造成减产的主要原因。

二、生活史及习性

在北方棉铃虫1年发生3~4代，以蛹在土中越冬。成虫对黑光有趋性，对糖醋趋性很弱。烟青虫在北方1年发生2代。习性与棉铃虫相似，但对糖蜜趋性强，对光趋性弱。

三、防治方法

一是农业防治，结合田间管理，及时整枝打杈，摘除虫卵，及时摘除虫果。二是生物防治，在棉铃虫卵高峰后4~6天连续喷洒Bt-1细菌杀虫剂200~300倍液，或棉铃虫核型多角体病毒，对3龄前幼虫有较好的防治效果。三是化学防治，在孵化盛

期至幼虫 2 龄尚未蛀果前施药。可选用的药剂和浓度如下：21%
灭杀毙 2 000 倍液；2.5%氯氟菊酯乳油 5 000 倍液；205 杀灭菊
酯 3 000 倍液；205 灭多威乳油 1 500 倍液；355 硕丹乳油 1 500 倍
液，205 虫死净可湿性粉剂 2 000 倍液。

第三节　红蜘蛛

一、分布与为害

为害辣椒的红蜘蛛都属于蛛形纲叶螨科。为害时以成螨或若
螨在受害植物叶背吸取植物汁液，受害叶片部分形成枯黄色细
斑，叶子失绿变色，严重时整个叶片干枯脱落。

二、生活习性

以成虫、若虫、卵在寄主的叶片下，土缝里或附近杂草上越
冬。温湿度与红蜘蛛数量消长关系密切，尤以温度影响最大，当
温度在 28℃左右，湿度 35%~55%，最有利于红蜘蛛发生，但温
度高于 34℃，红蜘蛛停止繁殖，低于 20℃，繁殖受抑。红蜘蛛
有孤雌生殖习性，未受精的卵孵化为雄虫。卵孵化时，卵壳开
裂，幼虫爬出，先静在叶片上，经蜕皮后进入第 1 龄虫期。幼虫
及前期若虫活动少，后期若虫活跃而贪食，有趋嫩的习性，虫体
一般从植株下部向上爬，边为害边上迁。

三、防治方法

一是铲除田间杂草，合理轮作。二是天气干旱时，注意灌
溉，增加田间湿度，可减轻红蜘蛛的发生。三是药剂防治，可用
10%吡虫啉可湿性粉剂 1 500 倍液，15%哒螨铜乳油 2 000 倍液，
1.85 农克螨乳油 2 000 倍液，20%灭扫利乳油 2 000 倍液，73%克
满特乳油 3 000 倍液，50%阿波罗悬浮剂 5 000~6 000 倍液喷雾
防治。

第四节 蚜 虫

一、为害与分布

为害时成虫或幼虫以其刺吸式口器群集在植物叶背或嫩茎上吸食植物汁液，造成植物叶片卷曲皱缩，生长不良。另外，蚜虫还能传播多种病毒。

二、生活习性

蚜虫腹部有管状突起（腹管），蚜虫具有一对腹管，用于排出可迅速硬化的防御液，成分为甘油三酸脂，腹管通常管状，长常大于宽，基部粗，吸食植物汁液，为植物大害虫。不仅阻碍植物生长，形成虫瘿，传布病毒，而且造成花、叶、芽畸形。生活史复杂，在夏季营孤雌生殖，卵胎生，产幼蚜。植株上的蚜虫过密时，有的长出两对大型膜质翅，寻找新宿主。夏末出现雌蚜虫和雄蚜虫，交配后，雌蚜虫产卵，以卵越冬，最终产生干母。温暖地区可无卵期，蚜虫有蜡腺分泌物，所以许多蚜虫外表像白羊毛球。蚜虫的繁殖力很强，一年能繁殖 10~30 个世代，世代重叠现象突出。雌性蚜虫一生下来就能够生育。而且蚜虫不需要雄性就可以繁殖。蚜虫与蚂蚁有着和谐的共生关系。蚜虫带吸嘴的小口针能刺穿植物的表皮层，吸取养分。每隔一两分钟，这些蚜虫会翘起腹部，开始分泌含有糖分的蜜露。工蚁赶来，用大颚把蜜露刮下，吞到嘴里。一只工蚁来回穿梭，靠近蚜虫，舔食蜜露，就像奶牛场的挤奶作业。蚂蚁为蚜虫提供保护，赶走天敌；蚜虫也给蚂蚁提供蜜露，这是一个合作两利的交易。

三、防治方法

一是人工防治。秋、冬季及时清理残枝落叶，集中烧毁，降低越冬虫口，减少越冬虫卵。二是保护天敌。蚜虫的天敌很多，有瓢虫、草蛉、食蚜蝇和寄生蜂等，对蚜虫有很强的抑制作用。尽量少施广谱性农药，避免在天敌活动高峰时期施药，有条件的可人工饲养和释放蚜虫天敌。三是选用抗虫品种。四是利用银灰色反光塑料薄膜忌避蚜虫。五是黄板诱杀。六是药物防治。发现大量蚜虫时，及时喷施农药。用50%马拉松乳剂1 000倍液或50%杀螟松乳剂1 000倍液或50%抗蚜威可湿性粉剂3 000倍液或2.5%溴氰菊酯乳剂3 000倍液或2.5%灭扫利乳剂3 000倍液或40%吡虫啉水溶剂1 500~2 000倍液等，喷洒植株1~2次；用（1：6）~（1：8）的比例配制辣椒水（煮半小时左右），或用（1：20）~（1：30）的比例配制洗衣粉水喷洒，或用1：20：400的比例配制洗衣粉、尿素、水混合溶液喷洒，连续喷洒植株2~3次；对桃粉蚜一类本身披有蜡粉的蚜虫，施用任何药剂时，均应加入1%肥皂水或洗衣粉，增加黏附力，提高防治效果。

第五节　茶黄螨

一、为害与分布

茶黄螨是为害辣椒的害螨之一，食性极杂，寄主植物广泛，近年来对辣椒上的为害日趋严重。以成螨和幼螨集中在辣椒幼嫩部分刺吸为害。受害叶片背面呈灰褐或黄褐色，油渍状，叶片边缘向下卷曲；受害嫩茎、嫩枝变黄褐色，扭曲变形，严重时植株顶部干枯；果实受害果皮变黄褐色。成、幼螨集中在寄主幼芽、嫩叶、花、幼果等幼嫩部位刺吸汁液，尤其是尚未展开的芽、叶和花器。被害叶片增厚僵直、变小或变窄，叶背呈黄褐色、油渍状，叶缘向下卷曲。幼茎变褐，丛生或秃尖。花蕾畸形，果实变褐色，粗糙，无光泽，出现裂果，植株矮缩。由于虫体较小，肉眼常难以发现，且为害症状又和病毒病或生理病害相似，生产上要注意辨别。

二、生活习性

茶黄螨主要靠爬行、风力、农事操作等传播蔓延。幼螨喜温暖潮湿的环境条件。成螨较活跃，且有雄螨负雌螨向植株上部幼嫩部位转移的习性。卵多产在嫩叶背面、果实凹陷处及嫩芽上，经2~3天孵化，幼（若）螨期各2~3天。雌螨以两性生殖为主，也可营孤雌生殖。茶黄螨是喜温性害虫，发生为害最适气候条件为温度16~27℃，相对湿度45%~90%。

三、防治方法

一是消灭茶黄螨越冬虫源，铲除田边杂草，清除残株败叶。二是培育无虫壮苗。三是尽量消灭保护地的茶黄螨，清洁田园，以减轻次年在露地蔬菜上为害。四是定植前喷药灭螨，另外可选用早熟品种，早种早收，避开害螨发生高峰。五是药剂防治，在发生初期可选用35%杀螨特乳油1 000倍液喷雾，或用5%尼索朗乳油2 000倍液喷雾或用5%卡死克乳油1 000~1 500倍液喷雾，或用20%螨克1 000~1 500倍液喷雾，兼防白粉虱可选用2.5%天王星乳油喷雾，或25%的灭螨猛可湿性粉剂1 000~1 500倍液或40%的环丙杀螨醇可湿性粉剂1 500~2 000倍液药剂进行喷雾，茶黄螨喷药重点主要是植株上部嫩叶、嫩茎、花器和嫩果，注意轮换用药。一般每隔7~10天喷1次，连喷2~3次。

第六节　美洲斑潜蝇

一、为害与分布

成虫和幼虫均可为害植物。雌虫以产卵器刺伤寄主叶片，形成小白点，并在其中取食汁液和产卵。幼虫蛀食叶肉组织，形成带湿黑和干褐区域的蛇形白色斑；成虫产卵取食也造成伤斑。受害重的叶片表面布满白色的蛇形潜道及刻点，严重影响植株的发育和生长。美洲斑潜蝇为害症状，幼虫和成虫的为害可导致幼苗全株死亡，造成缺苗断垄；成株受害，可加速叶片脱落，引起果实日灼，造成减产。幼虫和成虫通过取食还可传播病害，特别是传播某些病毒病，降低辣椒的类食用价值。

二、生活习性

一年可发生 10~12 代，具有暴发性。以蛹在寄主植物下部的表土中越冬。一年中有 2 个高峰，分别为 6—7 月和 9—10 月。美洲斑潜蝇适应性强，寄主范围广，繁殖能力强，世代短，成虫具有趋光、趋绿、趋黄、趋蜜等特点。每年 4 月气温稳定在 15℃左右时，露地可出现美洲斑潜蝇被害状。成虫以产卵器刺伤叶片，吸食汁液。雌虫把卵产在部分伤孔表皮下，卵经 2~5 天孵化，幼虫期 4~7 天。末龄幼虫咬破叶表皮在叶外或土表下化蛹，蛹经 7~14 天羽化为成虫。每世代夏季 2~4 周，冬季 6~8 周。美洲斑潜蝇等在我国南部周年发生，无越冬现象。世代短，繁殖能力强。

三、防治方法

一是加强植物检疫，保护无虫区，严禁从有虫地区调用菜苗。二是发现受害叶片随时摘除，集中沤肥或掩埋。三是土壤翻耕，充分利用土壤翻耕及春季地膜覆盖技术，减少和消灭越冬和其他时期落入土中的蛹。四是清洁田园，作物收获完毕，田间植株残体和杂草及时彻底清除。作物生长期尽可能摘除下部虫道较多且功能丧失的老叶片。五是利用美洲斑潜蝇成虫的趋黄性，可采用在田间插黄板涂机油或贴粘蝇纸进行诱杀。六是药剂防治，施药时间一般选在 9—11 时。一般每隔 7~10 天施药 1 次。2%天达阿维菌素乳油 2 000 倍液、1.8%爱福丁乳油 2 000 倍液、48%天达毒死蜱 1 500 倍液等药剂。如果发现受害叶片中老虫道多，新虫道少，或虫体多为黑色，可能被天敌寄生或已经死亡，可考虑不施药。喷药宜在早晨或傍晚，注意交替用药。

第七节 蓟 马

一、为害与分布

蓟马是一种靠吸取植物汁液为生的昆虫，在动物分类学中属于昆虫纲缨翅目。幼虫呈白色、黄色或橘色，成虫则呈棕色或黑色。蓟马以成虫和若虫锉吸植株幼嫩组织（枝梢、叶片、花、果实等）汁液，被害的嫩叶、嫩梢变硬卷曲枯萎，叶面形成密集小白点或长形条斑，植株生长缓慢，节间缩短；幼嫩果实被害后会硬化，疤痕呈银白色，用手触摸，有粗糙感；在成熟果实上呈深红或暗红色，平滑有光泽。严重时造成落果，严重影响产量和品质。

二、生活习性

蓟马的成长历程一年四季均有发生。春、夏、秋三季主要发生在露地，冬季主要发生在温室大棚中，辣椒等作物上。发生高峰期在秋季或入冬的11—12月，翌年3—5月则是第二个高峰期。雌成虫主要进行孤雌生殖，偶有两性生殖，极难见到雄虫。卵散产于叶肉组织内，每雌产卵22~35粒。雌成虫寿命8~10天。卵期在5—6月为6~7天。若虫在叶背取食到高龄末期停止取食，落入表土化蛹。蓟马喜欢温暖、干旱的天气，其适温为23~28℃，适宜空气湿度为40%~70%，湿度过大不能存活，当湿度达到100%，温度达31℃时，若虫全部死亡。

三、防治方法

一是早春清除田间杂草和枯枝残叶，集中烧毁或深埋，消灭越冬成虫和若虫。加强肥水管理，促使植株生长健壮，减轻为害。二是利用蓟马趋蓝色的习性，在田间设置蓝色粘板，诱杀成虫，粘板高度与作物持平。三是药剂防治，常规使用吡虫啉、啶虫脒等常规药剂，防效逐步降低，目前国际上比较推广以下防治方法是使用25%噻虫嗪水分散粒剂3 000~5 000倍液灌根，减少病毒病的发生，同时减少地下害虫为害。也可以使用蓟袭喷雾，但要提高使用量，如用800倍液喷雾，同时可与微乳剂类的阿维菌素相混使用。四是根据蓟马昼伏夜出的特性，建议在下午用药。蓟马隐蔽性强，药剂需要选择内吸性的或者添加有机硅助剂，而且尽量选择持效期长的药剂。如果条件允许，建议采用药剂熏棚和叶面喷雾相结合的方法。

第八节　棉铃虫

一、为害与分布

棉铃虫广泛分布在中国及世界各地，蔬菜种植区均有发生。棉铃虫是棉花蕾铃期重要钻蛀性害虫，主要蛀食蕾、花、铃，也取食嫩叶。成虫体长4~18mm，翅展30~38mm，灰褐色。前翅具褐色环纹及肾形纹，肾缝前方的前缘脉上有二褐纹，肾纹外侧为褐色宽横带，端区各脉间有黑点，后翅黄白色或淡褐色，端区褐色或黑色。

二、生活习性

成虫白天隐藏在叶背等处，黄昏开始活动，取食花蜜，有趋光性，卵散产于棉株上部。幼虫5~6龄。初龄幼虫取食嫩叶，其后为害蕾、花、铃，多从基部蛀入蕾在内取食，并能转移为害。受害幼蕾苞叶张开、脱落，被蛀青铃易受污染而腐烂。老熟幼虫吐丝下垂，多数入土作土室化蛹，以蛹越冬。已知有赤眼蜂、姬蜂、寄蝇等寄生性天敌和草蛉、黄蜂、猎蝽等捕食性天敌。幼虫有转株为害的习性，转移时间多在夜间和清晨，这时施药易接触到虫体，防治效果最好。另外土壤浸水能造成蛹大量死亡。

三、防治方法

一是秋耕冬灌、中耕灭蛹。二是利用棉铃虫在土内越冬时间较长、深度较浅、容易翻动的特点，通过深翻破坏蛹室，再经冬前灌溉增加湿度，可使大部分在地中越冬的蛹死亡。再配合春季铲埂灭蛹，可有效压低越冬蛹基数。三是利用棉铃虫的趋光性，安装黑光灯、高压汞灯或其他灯具诱捕成虫。四是生物制剂防治棉铃虫对人类安全，不污染环境，不会使棉铃虫产生抗药性，但受环境条件影响较大，可根据气候、虫情与其他措施配合运用。五是保护和利用天敌。利用中华草蛉、广赤眼蜂、小花蝽等自然天敌，控制其为害。也可用棉铃虫性信息素诱杀成虫。六是药剂防治，在棉铃虫发生前期，应选用卵、虫兼治药剂。后期选用杀虫效果好的药剂。选用21%灭杀毙乳油6 000倍液、90%敌百虫1 000倍液、50%辛硫磷1 500倍液或10%二氯苯醚菊酯（即除虫菊精）2 000倍液防治。

第九节　地老虎

一、为害与分布

为害蔬菜的主要是小地老虎和黄地老虎，分布最广、为害严重的是小地老虎。多食性害虫，主要以幼虫为害幼苗。幼虫将幼苗近地面的茎部咬断，使整株死亡，造成缺苗断垄。成虫盛发期遇有适量降雨或灌水时常导致大发生。土壤含水量在15%～20%的地区有利于幼虫生长发育和成虫产卵。黄地老虎多在地势较高的平原地带发生，如灌水期与成虫盛发期相遇为害就重。前一年秋雨多、田间杂草也多时，常使越冬基数增大，翌年发生为害严重。

二、生活习性

成虫的趋光性和趋化性因虫种而不同。小地老虎、黄地老虎、白边地老虎对黑光灯均有趋性；对糖酒醋液的趋性以小地老虎最强；黄地老虎则喜在大葱花蕊上取食作为补充营养。卵多产在土表、植物幼嫩茎叶上和枯草根际处，散产或堆产。3龄前的幼虫多在土表或植株上活动，昼夜取食叶片、心叶、嫩头、幼芽等部位，食量较小。3龄后分散入土，白天潜伏土中，夜间活动为害，常将作物幼苗齐地面处咬断，造成缺苗断垄。有自残现象。大地老虎以3~6龄幼虫在表土或草丛中越夏和越冬。

三、防治方法

一是清洁田园，铲除菜地及地边、田埂和路边的杂草。二是实行秋耕冬灌、春耕耙地、结合整地人工铲埂等，可杀灭虫卵、幼虫和蛹。三是用糖醋液或黑光灯诱杀越冬代成虫，在春季成虫发生期设置诱蛾器（盆）诱杀成虫。也可采用鲜草或菜叶每亩20~30kg，在菜田内撒成小堆诱集捕捉。四是撒施毒土，用2.5%敌百虫粉剂每亩1.5~2kg加10kg细土制成毒土，顺垄撒在幼苗根际附近。五是毒饵，诱杀多在3龄后开始取食时应用，每亩用2.5%敌百虫粉剂0.5kg或90%晶体敌百虫1 000倍液均匀拌在切碎的鲜草上，或用90%晶体敌百虫加水2.5~5kg，均匀拌在50kg炒香的麦麸油渣上制成的毒饵于傍晚在菜田内每隔一定距离撒成小堆。六是在虫龄较大、为害严重的菜田，可用80%敌敌畏乳油或50%辛硫磷乳油或50%二嗪农乳油1 000~1 500倍液灌根。七是药剂防治，可用90%晶体敌百虫800~1 000倍液、50%辛硫磷乳油800倍液、50%杀螟硫磷1 000~2 000倍液、20%菊杀乳油1 000~1 500倍液、2.5%溴氰菊酯（敌杀死）乳油3 000倍液喷雾防治。

第十节 蝼蛄

一、为害与分布

蝼蛄在土中咬食刚播下的种子和发芽的种子，或把幼苗的嫩茎咬断，根茎部受害后成乱麻状，使植株发育不良或干枯而死。蝼蛄的发生与环境有密切关系，常栖息于平原、轻盐碱地等低湿地带，特别是沙壤土和多腐殖质的地区。

二、生活习性

蝼蛄通常栖息于地下，夜间和清晨在地表下活动。潜行土中，形成隧道，使作物幼根与土壤分离，因失水而枯死。蝼蛄食性复杂，为害谷物、蔬菜及树苗。某些种类还取食其他土栖动物。如蛴螬、蚯蚓等。

三、防治方法

一是施用充分腐熟的有机肥料，可减少蝼蛄产卵。做苗床前，每公顷以50%辛硫磷颗粒剂375kg用细土拌匀，撒于土表再翻入土内。用50%辛硫磷乳油0.3kg拌种100kg，可防治多种地下害虫，不影响发芽率。二是毒饵诱杀。用90%敌百虫原药1kg加饵料100kg，充分拌匀后撒于苗床上，可兼治蝼蛄和蛴螬及地老虎。三是灯光诱杀，一般在闷热天气，20—22时用黑光灯诱杀。

第十一节 蛴螬

一、为害与分布

蛴螬，别名白土蚕、核桃虫。成虫通称为金龟甲或金龟子。

为害多种植物和蔬菜。咬食幼苗嫩茎，薯芋类块根被钻成孔眼，当植株枯黄而死时，它又转移到别的植株继续为害。此外，因蛴螬造成的伤口还可诱发病害。其中植食性蛴螬食性广泛，为害多种农作物，喜食刚播种的种子、根、块茎以及幼苗，是世界性的地下害虫，为害很大。

此外，某些种类的蛴螬可入药，对人类有益。成虫交配后10~15天产卵，产在松软湿润的土壤内，以水浇地最多，每头雌虫可产卵100粒左右。蛴螬年生代数因种、因地而异。

二、生活习性

蛴螬一到两年1代，幼虫和成虫在土中越冬，成虫即金龟子，白天藏在土中，20—21时进行取食等活动。蛴螬有假死和负趋光性，并对未腐熟的粪肥有趋性。幼虫蛴螬始终在地下活动，与土壤温湿度关系密切。当10cm土温达5℃时开始上升土表，13~18℃时活动最盛，23℃以上则往深土中移动，至秋季土温下降到其活动适宜范围时，再移向土壤上层。

三、防治方法

一是农业防治，实行水、旱轮作。二是不施未腐熟的有机肥料，精耕细作，及时镇压土壤，清除田间杂草，大面积春、秋耕，并跟犁拾虫等。三是秋冬翻地可把越冬幼虫翻到地表使其风干、冻死或被天敌捕食，机械杀伤，防效明显，同时，应防止使用未腐熟有机肥料，以防止招引成虫来产卵。四是药剂处理土壤。用50%辛硫磷乳油每亩200~250g，加水10倍喷于25~30kg细土上拌匀制成毒土，顺垄条施，随即浅锄，或将该毒土撒于种沟或地面，随即耕翻或混入厩肥中施用。五是药剂拌种，用50%辛硫磷、50%对硫磷或20%异柳磷药剂与水和种子按1：30：（400~500）的比例拌种或用种子重量2%的35%克百威种衣剂包衣，还可兼治其他地下害虫。六是毒饵诱杀。每亩地用25%对硫磷或辛硫磷胶囊剂150~200g拌谷子等饵料5kg，或

50%对硫磷、50%辛硫磷乳油 50~100g 拌饵料 3~4kg，撒于种沟中，亦可收到良好防治效果。有条件地区，可设置黑光灯诱杀成虫，减少蛴螬的发生数量。七是人工捕杀。施农家肥前应筛出其中的蛴螬；定植后发现菜苗被害可挖出土中的幼虫；利用成虫的假死性，在其停落的作物上捕捉或振落捕杀。八是药剂防治，在蛴螬发生较重的地块，用 80%敌百虫可溶性粉剂和 25%西维因可湿性粉剂各 800 倍液灌根，每株灌 150~250ml，可杀死根际附近的幼虫。

第十四章 无公害辣椒的干制技术

第一节 人工烘干技术

程序如下：辣椒挑选分级→辣椒装盘→烘盘装炉→烘烤→回潮→半成品→分级→包装→成品。

烘烤的能源有木柴、煤炭和电力三种。烘烤过程分为：封闭升温期、间歇通风排湿期、持续通风排湿期和干燥完成期 4 个阶段，具体烘烤方法如下。

正确掌握烘烤温度。陕西省线椒育种组经过多年的试验，认为 46~55℃是辣椒烘烤的最佳温度区间。辣椒装炉后，大火升温达 50℃，开始通风，然后保持烘房内温度 50~55℃，实行连续通风，直到辣椒全部烘干为止。为了获得更好的外观商品性状，在适合范围内，还可调节不同时期的温度，一般在辣椒含水量降至 50%前，可选取用 46~50℃的慢温烘烤，之后用 50~55℃进行较快升温烘干。总之，果实中含水量高时烘烤升温应当慢些，水分含量少时，升温可稍快，既使辣椒保存和形成更多的香味物质，提高食味品质，又防止辣椒干颜色的褐变反应发生。

适时适量通风排湿。鲜红辣椒含水量在 80%左右，烘烤时会有大量的水分释放排出，直接影响辣椒干的颜色。因此要注意加强烘房的通风排湿管理，使辣椒保持稳定适宜的失水速度。通风排湿的控制以干湿温度差为标准，一般湿球温度维持在 38~39℃，温度差保持在 6℃以上（不含 6℃）。当湿球温度超过 40℃或两球温度差在 4~6℃时说明烘房内相对湿度较高，要及时通风排湿。若湿球温度在 37℃以下或温度差在 10℃以上，表示相对湿度较低，适当控制排湿，使湿球温度稳定在 38~39℃。

及时进行椒盘倒位。烘房内温度分布有差异，要及时将高温处的椒盘与低温处的椒盘及时倒位。通常采用流水式烘干法，含水量高的鲜椒，在较低温度下先行脱水，随后逐渐向温度较高处转移。脱水完成后，端出辣椒干。

烘烤后的辣椒干，含水量很低、质地焦脆，极易破碎。必须反向吸收一定量的水分，才能进一步作业，这种烘干反向吸水的过程为"回潮"。具体有三种方法。

自然回潮。辣椒干取出后，堆放在场地上借助露水回潮。该方法一直作为标准方法被推荐。

人工喷水回潮。将辣椒干平堆在地面上，每层椒干厚 6~7cm 为宜，用喷雾器逐层喷水。喷水后用塑料薄膜把椒干堆垛盖好，保温保湿，待辣椒干达到回潮水分标准即可。

蒸汽回潮。当烘房内辣椒烘干后，关闭通风处，将自来水引入加热处，使之变为水蒸气，开动鼓风机，将热蒸汽均匀地分散在烘房内，使辣椒干较快回潮。

第二节　辣椒自然干制

自然干制辣椒技术简便，商品外形美观，鲜红光亮。果实内在营养含量高，品味与食感均比人工烘烤要好，深受客商欢迎，目前仍是国内外最好的烘干方法。自然干燥法大体上可分为两大类，一类是"阴干"，一类是"晒干"。

一、阴干

阴干是在避雨遮阳的荫棚下，借助辣椒干内外水汽压差和风力进行干制的方法。"阴干"的辣椒质量处于最优水平，但符合出口标准的商品率较低，仅 60%左右，而人工干制的成品率为80%左右。自然阴干的方法很多，贵州、云南等省采用荫棚干制法。如竹棚阴干法、檐廊阴干法和塑料棚架阴干法等，山东普遍沿用堆垛阴干法。

二、晒干

自然晒干法以日照充足，空气相对湿度低的地方应用较多，主要在我国西部地区，四川、湖南也在应用。田间阳光照射，辣椒红素发生光解反应，辣椒干外观色泽变得暗淡，红中发白，商品性较差，应用逐渐减少。

第十五章　辣椒储存与保鲜

辣椒包括辣椒和甜椒。辣椒有辣味，包括辣、麻辣和微辣；甜椒无辣味，味感发甜。在生长条件正常的情况下，根据其形状又可分为圆椒（或叫团椒和尖椒或叫长辣椒）。圆椒有柿子椒、灯笼椒、圆椒等；尖椒有羊角椒、长羊角椒、牛角椒、线辣椒和圆锥椒等。辣椒是营养丰富、人们喜食的一种果菜，在世界各地普遍栽培。我国栽培面积较大，类型和品种较多，除生产干椒外，也是夏秋季节的主要鲜食蔬菜之一。辣椒生长的季节性较强，上市比较集中，而旺季过后，供应量明显减少。如能将其供应期延长，对增加蔬菜的供应种类，满足市场需求具有重要意义。

第一节　辣椒贮藏前的农业技术措施

一、贮藏用辣椒品种的选择

辣椒的种类很多，多以甜椒耐贮，尖椒不耐贮。辣椒不同品种的耐藏性差异很大。作为贮藏或长途运输的辣椒在种植或采购时，一定要注意品种的选择。一般以角质层厚、肉质厚、色深绿、皮坚光亮的晚熟品种较耐贮藏。近年来的研究表明，麻辣三道筋、辽椒 1 号、世界冠军、茄门椒、巴彦、12-2、牟农 1 号、二猪嘴、冀椒 1 号等品种耐藏性较好。由于各地种植的品种差异较大，品种的更新换代速度较快，很难按品种的耐藏性和抗病性来选择贮藏用品种。

二、加强栽培管理和田间病虫害防治

采前因素对果实耐藏性、抗病性有很大影响。果实采收后的生理状态，包括耐藏性和抗病性，是在田间生长条件下形成的。无疑，果实的生育特性、田间气候、土壤条件和管理措施等，都会对果实的品质及贮藏特性产生直接或间接的影响。生长条件不仅影响果实的质量，影响到耐藏性及抗病性，还影响到产品表面附着或潜伏的病原菌生长数量，这也是与贮藏有关的一个重要因素。栽培条件的好坏直接影响辣椒的耐贮性。通过田间栽培管理，合理施肥、灌水，注意多施有机肥或复合肥料，控制各种田间病虫害等措施生产出优质耐藏的产品是保证贮藏成功的又一关键。

病虫害防治必须从田间种植开始，并持续至果实被消费。在采收前的 10~15 天可喷施适当的杀菌剂，如甲基托布津、克菌丹、乙膦铝、代森锰锌等，以尽可能消除从田间带来的病菌。

三、选择适宜采收期

包括采收成熟度和采收季节。辣椒果实的成熟度与耐贮性有很重要的关系。长期贮藏应选用果实已充分膨大，营养物质积累较多，果肉厚而坚硬，果面有光泽尚未转红的绿熟果；色浅绿，手按觉软的未熟果及开始转色或完熟的果实均不宜长贮；已显现红色的果实，由于采后衰老很快，也不宜长期贮藏。不仅辣椒果实的成熟度与耐贮性有很重要的关系，其采收季节对耐贮性也很重要，以晚秋果最耐长期贮藏。选择晚秋果贮藏，还要重视收获前的天气变化，选择连续晴天的日子采收。秋收果要在霜前收，受霜冻或冷害的辣椒不能用于贮藏或长途运输。秋后的拉秧果不耐藏。

四、采前停止灌水

采前 5~7 天停止灌水也不遇雨，其耐贮性会大大提高。若采前大量灌水，使辣椒体内的水分和重量增加，但辣椒本身的干物质如糖、维生素、色素等物质没有增加，会导致采收后辣椒呼吸强度提高，水分消耗加快，易发生机械伤害。含水量高也易引起微生物侵染，容易腐烂，使贮藏过程中损耗增加。

夏季采摘一般应在晴天的早晨或傍晚气温和菜温较低时进行。一天中，以10时前采收为宜，此时的温度低，田间热在果实中积累少。如用土窖贮藏，采后应放阴凉处一昼夜，作为预冷时期。雨天、雾天或烈日暴晒天不宜采收，否则容易造成腐烂。

五、入贮前精选果实

辣椒采收时应选择充分膨大、果肉厚而坚硬、果面有光泽、健壮的绿熟果。剔除病、虫、伤果，因为这些果极易腐烂并会传染其他好果。采摘辣椒要用平头锋利的剪刀或刀片从离层处剪折果柄，离层以上再带一截辣椒秧效果会更好，紧靠离层下剪或出现散乱梗易引起腐烂。果梗由细变粗的半梗处抗病力较强，半梗或无梗会大大减轻由果梗导致的果实腐烂。采收要卫生、精细、避免摔、砸、压、碰撞以及因扭摘用力造成的损伤。避免挑选过程中的指甲伤。装运中注意避免机械伤。采下后最好轻轻放入贮藏专用的周转木箱、塑料箱、纸箱，箱内衬纸或塑料袋，果与果摆紧，但不要用手硬塞。

第二节　辣椒的采后生理和贮藏特性

辣椒为原产于热带的浆果，加之含水量高，因此易发生低温伤害，采后极易腐烂和败坏。辣椒采后有后熟过程，可由青绿色逐渐转为红色或黄色，由硬变软。辣椒成熟过程的呼吸高峰不明显或逐渐下降，有少量的乙烯释放或不释放乙烯。辣椒的含糖量约5%，冰点约在-0.8℃。收获后的辣椒极易失水，由此使得果梗变干，甚至果实出现干皱萎蔫，所以贮藏时要求保湿；同时，辣椒对水分特别敏感，贮藏过程中的结露、遇雨或灌溉后立即采收贮藏，均会在贮藏中造成快速而毁灭性的腐烂。在正常（温度 10~12℃）贮藏条件下，辣椒贮藏前期腐烂主要表现在果肉部分，后期腐烂由果梗受侵染程度决定。控制果梗部位的腐烂，可控制辣椒贮藏腐烂和延长贮藏期。辣椒在 0℃以上不适宜温度（如小于9℃）会产生冷害，其冷害症状可在果皮、种子和花萼三个部位表现。种子和花萼主要是褐变的发生和发展速度；果皮的冷害症状比较复杂，包括果色变暗、光泽减少、表皮产生不规则的下陷凹斑，严重时产生连片的大凹斑，果实不能正常后熟等。另外，受冷害后其抗病力也大大降低，特别是在高湿条件下极易感染黑霉（交链孢菌），造成黑腐病，移入室温中迅速溃烂败坏。已发生冷害的辣椒在冷库内有时不表现症状，而移至室温中 2~3 天即表现出典型的冷害症状。

辣椒采收后质量变化很快，通常要立即冷藏，在田间温度下，只要拖延几个小时，就会对贮藏质量产生影响，在天气炎热时更为严重。辣椒贮藏病害仅靠冷藏不能完全控制，需用药剂处理来控制。目前，采用国家农产品保鲜研究中心研制的 CT-6 辣椒专用保鲜剂是较理想的选择。

第三节　辣椒贮藏的基本条件

一、温度

控制温度是辣椒贮藏的基本条件。辣椒果实对低温很敏感，低于9℃时易受冷害，而在高于13℃时又会衰老和腐烂，贮藏适温为9~12℃。一般夏季辣椒的贮藏适温为 10~12℃，冷害温度9℃；秋季的贮藏适温为9~11℃，冷害温度8℃。采用双温（两段温度）贮藏，将会使辣椒贮藏期大大延长。

二、湿度

保证湿度也是辣椒贮藏的重要条件。辣椒贮藏适宜的相对湿度为 90%~95%。辣椒极易失水，湿度过低，会使果实失水、萎蔫。采用塑料密封包装袋，可以很好地防止失水。但另一方面，辣椒对水分又十分敏感，密封包装中湿度过高，出现结露，会加快病原菌的活动和病害的发展。因此，装袋前需彻底预冷，保持湿度稳定，使用无滴膜和透湿性大的膜，加调湿膜，可以控制结露和过湿。

三、气体

应用气调贮藏是提高辣椒保鲜效果的好方法。气调贮藏适宜的气体指标一般为氧气 2%~7%，二氧化碳 1%~2%。包装内过高的二氧化碳积累会造成萼片褐变和果实腐烂。目前，国内外多采用 PVC 或 PE 塑料小包装进行气调冷藏，但贮藏中二氧化碳浓度往往偏高，需用二氧化碳吸收剂降低其浓度。

四、防腐

辣椒贮藏必须做好防腐处理，否则将会造成大量腐烂。即便采收后的辣椒立即放在适宜的温度下也只能是较短期的存放，如要长期贮藏必须在入贮时进行防腐。可以说，防腐和其他贮藏条件相结合，是辣椒贮藏中两个不可分割的重要环节。辣椒的防腐处理分为两个时段。一是采前 10~15 天的果实防腐，二是采后入贮贯穿整个贮藏期的防腐。辣椒的防腐部位主要集中在果梗和果实受伤部位。

总之，保持适温，防止失水，控制病害，避免二氧化碳伤害是辣椒贮藏技术的关键。

第四节　贮藏方式和管理措施

一、辣椒的贮藏方式

辣椒的民间贮藏方式很多，如缸藏、沟藏、窖藏等。这些方式主要是利用秋冬自然低温和一些简单的设施进行贮藏，具有简便易行、成本低廉的优点。但受地区和季节的限制，并由于温湿度等条件不易控制，损耗较大，一般仅适于一家一户的小规模贮藏。近年来传统的窖藏有了较大的改进，并发展了节能微型机械冷库贮藏以及透气膜小袋自发气调贮藏等新技术。这些方式由于能够较好地控制温度、湿度和气体等条件，不受季节和地区的限制，贮藏效果好，但投资大些。

二、管理措施

①选择防腐保鲜剂；②选择简易气调保鲜膜；③采前喷一次防腐药剂；④适时采收，注意采前农业措施；⑤贮前窖库消毒；⑥及时入贮；⑦合理摆放；⑧温度管理；⑨湿度管理；⑩简易气调管理；⑪防腐保鲜剂的合理使用。

第五节　贮藏主要病害及防治措施

辣椒主要贮藏病害有灰霉病、果腐病（交链孢腐烂病）、根霉腐烂病、炭疽病、疫病和细菌性软腐病等。其中真菌病害发生概率最多的为灰霉病、根霉腐烂病和果腐病等，细菌病害为软腐病。

辣椒灰霉病，发病初期在果实表面出现水浸状灰白色褪绿斑，随后在其上面产生大量土灰色粉状物，病斑多发生在果实肩部。辣椒根霉腐烂病引起果实软烂。病菌从果梗切口处侵入，病果多从果柄和萼片处开始腐烂，并长出污白色粗糙疏松的菌丝和黑色小球状孢子囊。辣椒果腐病是在果面产生圆形或近圆形凹陷斑，有清晰的边缘。病斑上生有绒毛状黑色霉层。辣椒软腐病，发病初期产生水浸状暗绿色斑，后变为褐色，有恶臭味。温湿度条件及管理不当造成的冷害和气体伤害等都是促成发病的因素。病害的防治措施与这些因素密切相关。

一、田间防病和正确采收

采后贮藏病害与田间病害是同一病原菌，如灰霉病、果腐病、疫病、炭疽病和软腐病等。发生这些病害的或在田间就已感病，虽然收获时看不出来，但很可能病菌已侵入而暂时处于潜伏状态，这种果实在采收之后会大量发病。另外，像根霉腐烂病这种在田间不致病，只在采后引起腐烂的病害，其病原菌在田间也可大量繁殖。因此，田间防病和杀菌的各种措施对减少采后腐烂都很有效。上述病害中，很多病原菌是在果体有伤口时才能侵入，因此避免机械损伤是有效的防病措施之一。采收时用剪子或刀片剪断果柄，使切口平滑整齐，容易愈合，可减轻发病。

二、环境消毒

仓库、采收器具、果筐、果箱都可能是侵染源，所以在使用之前都要进行消毒。常用的环境消毒剂有硫黄、漂白粉等。

三、贮藏期间的药剂处理

贮藏过程中病菌会大量生长繁殖，为害受伤或逐步衰老的果实。天津农产品保鲜中心研制的 CT-6 辣椒专用保鲜剂，可有效地抑制各种微生物生长繁殖，大大降低果实腐烂率。

第六节　辣椒贮藏注意事项

1. 辣椒极易失水萎蔫
2. 辣椒对水分十分敏感
3. 辣椒对低温很敏感
4. 辣椒对二氧化碳十分敏感
5. 辣椒易腐烂

第十六章　农药应用技术

第一节　农药的基本知识

一、农药的概念

农药是重要的农业生产资料和救灾物资，农药主要是指用来防治为害农林牧业生产的有害生物和调节植物生长的化学药品，但通常也把改善农药有效成分的物理化学助剂包括在内。施用农药，相对于其他防治措施，具有高效、速效、方便、适应性广、经济效益显著等特点。现代农业如不使用农药，很难达到高产稳产的要求，但大量使用农药，将会造成环境污染、人畜中毒、有害生物产生抗性等严重后果。因此，农药的使用量应控制在合理的范围内，并配合使用其他方法。

二、农药的分类

（一）按其防治对象、作用方式分

1. 杀虫剂

这类药剂是用来防治农、林、卫生、储粮及畜牧等方面害虫的农药。

（1）按其成分及来源可分为无机杀虫剂、有机杀虫剂、微生物杀虫剂和植物性杀虫剂。

（2）按杀虫剂的作用方式可分为胃毒剂、触杀剂和内吸剂等。

2. 杀菌剂

用来防治植物病害的药剂称作杀菌剂。

（1）按化学成分可分为无机杀菌剂、有机杀菌剂、微生物杀菌剂和物理性杀菌剂

（2）按作用方式可分为保护剂和治疗剂。

3. 除草剂

除草剂是一类用来防除农田杂草，而又不影响作物正常生长的药剂。

按除草剂对植物作用的性质分类。

（1）灭生性除草剂。这类除草剂对植物无选择性，苗草不分，凡接触药剂的植物都受到伤害致死，如百草枯、草甘膦等。

（2）选择性除草剂。在一定的范围内，除草剂有选择性，能够毒杀某种或某一类杂草，而不伤害作物，如2，4-D丁酯、二甲四氯等。

按杀草作用方式分类。

（1）内吸性除草剂。除草剂使用后，能被杂草的根、茎、叶、芽鞘等部位吸收，并能在杂草体内传导至整个植株各部分，使杂草生长发育受到抑制、破坏或死亡。

（2）触杀性除草剂。除草剂接触杂草后并不在体内传导，而是杀伤接触部位，特别是绿色部位，使杀草枯死。

按除草剂的使用方法分类。

可分为土壤处理剂和茎叶处理剂。

此外，农药还有杀螨剂、杀线虫剂、杀鼠剂和植物生长调节剂等。

（二）按来源不同分

1. 无机农药（矿物源农药）

无机农药是由天然矿物原料加工制成的农药。主要有砷酸钙、砷酸铅、磷化铝、石灰硫黄合剂、硫酸铜、波尔多液等。它们的有效成分都是无机化学物质。这一类农药作用比较单一，品种少，药效低，且易发生药害，所以目前绝大多数品种已被有机

合成农药所代替，但波尔多液、石灰硫黄合剂等仍在广泛应用。由于这类农药易溶于水，因此容易使作物发生病害。

无机杀菌剂是近代植物病害化学防治中广泛使用的一类杀菌剂。

19 世纪 80 年代后，大规模使用的是波尔多液等铜制剂和石硫合剂等硫制剂，主要防治果树和蔬菜病害。该类杀菌剂作用方式为保护剂。在植物感病前施药，使病原菌孢子萌发受到抑制或被杀死从而使植物避免病原菌侵染受到保护。百余年来，在病害防治中发挥了重要作用，病原菌对其未产生抗药性，今后仍将在生产中应用。

2. 生物源农药（天然有机物、抗生素、微生物）

指直接利用生物活体或生物代谢过程中产生的具有生物活性的物质或从生物体提取的物质作为防治病、虫、草害和其他有害生物的农药。具体可分为植物源农药、动物源农药和微生物源农药。如 Bt、除虫菊素、烟碱、大蒜素、性信息素、井冈霉素、农抗 120、浏阳霉素、链霉素、多氧霉素、阿维菌素、芸薹素内酯、除螨素、生物碱等。

（1）植物源农药。

①烟草。可防治蚜虫、蓟马、椿象等。②茴蒿素。用 0.65%水剂 450~700 倍液喷雾，防治蚜虫和螨类。③绿保威。用 0.5%乳油 1 000~2 000倍液喷雾防治食叶毛虫。④苦皮藤素。用 0.2%乳油和 0.15%微乳剂防治食叶毛虫效果很好。⑤草木灰。1 份草木灰在 5 份水中浸泡24h，过滤后防治蚜虫。⑥9281。也叫绿树神医、菌迪，是由中西药和生物液复配而成。在病疤上划道后涂刷 4~5 倍液治疗果树腐烂病。

我国登记的 40 种植物源农药分别是烟碱、苦参碱、印楝素、鱼藤酮、松脂合剂、除虫菊素、丁子香酚、蛇床子素、菇类蛋白多糖、苦皮藤素、大蒜素、楝素、苦皮滕素、野燕枯、苦豆素、藜芦碱、川楝素、茴蒿素、百部碱、苦皮藤素、松脂合剂、蜕皮素 A、蜕皮酮、螟蜕素、香芹酚、海葱苷、毒鼠碱、吲哚乙酸类、赤霉素、芸薹素内酯、植物细胞分裂素、脱落素等。

植物源农药具有如下突出的优点：一是由于它们所含的有效成分为天然物质，而不是人工合成的化学物质，施用后在自然界有其顺畅的降解途径，对环境污染小。二是由于植物杀虫剂杀虫成分较多、作用方式独特，使害虫较难产生抗药性。三是它们一般具有选择性强，对人、畜及天敌毒性低，开发和使用成本相对较低的特点。

植物源农药也有一些缺点，如多数天然产物化合物结构复杂，不易合成或合成成本太高；活性成分易分解，制剂成分复杂，不易标准化；大多数植物源农药发挥药效慢，导致有些农民朋友认为所使用的农药没有效果。喷药次数多，残效期短，不易为农民接受；由于植物的分布存在地域性，在加工厂地的选择上受到的限制因素多；植物的采集具有季节性等。

植物源农药一般为水剂，受阳光或微生物的作用后容易分解，半衰期短，残留降解快，被动物取食后富集机制差。因此，大量使用植物源农药一般不会产生药害，相应会减少农药对环境的污染，是真正的无公害农药。同时，植物源农药对作物还具有营养作用，可提高农产品的营养价值。

（2）动物源与特异性农药。

①灭幼脲3号。防治食叶毛虫；防治金纹细蛾可用1 000~2 000倍液于成虫产卵前喷雾（叶背喷到）；用20%灭幼脲3号1 500倍液，对桃小食心虫卵的杀伤率达100%。灭幼脲类杀虫剂对大多数鳞翅目害虫有特效，对鞘翅目、半翅目多数害虫也有效。②蛾螨灵。是灭幼脲3号和15%扫螨净的复配剂。除灭幼脲3号的防治对象外，还可防治红蜘蛛。③定虫隆（抑太保）。用5%乳油1 000~2 000倍液喷雾，防治食心虫。④噻嗪酮（优乐得、灭幼酮）。用25%可湿性粉剂1 500~2 000倍液喷雾，15天后再喷1次，防治介壳虫、叶蝉和飞虱。⑤卡死克。防治果树红蜘蛛，可在开花前用5%乳油1 000~1 500倍液喷雾，夏季用500~1 000倍液喷雾。也常用于卷叶蛾、食心虫的防治。⑥米

满。可用于卷叶虫、食叶害虫的防治。⑦抗蚜威。用50%可湿性粉剂2 000~3 000倍液喷雾防治蚜虫。⑧灭蚜松。用50%可湿性粉剂1 000~1 500倍液喷雾防治蚜虫、螨类、蓟马等。

（3）微生物源农药。

①农抗120。4%果树专用型600~800倍液喷雾可防治苹果白粉病、苹果和梨树锈病、炭疽病、斑点落叶病。用10倍液涂抹病疤防治腐烂病效果很好。农抗120中含有十多种氨基酸，施用后还能起到壮树的作用。②多抗霉素（多氧霉素、宝丽安）。用10%可湿性粉剂1 000倍液喷雾防治苹果斑点落叶病；于苹果树现蕾期至落花后10天喷雾，连喷3次防治苹果霉心病。③抗生素S-921。刮除病疤后涂抹 20~30 倍液可防治果树腐烂病。④抗菌剂402。刮除病疤后涂抹80%乳油40~50倍液可治疗苹果和梨轮纹病。⑤浏阳霉素。用10%乳油1 000倍液喷雾可防治红蜘蛛。⑥白僵菌。用粗菌剂2kg（或高孢粉0.2g）加25%对硫磷微胶囊0.15kg，对水150kg喷洒树盘后覆草，消灭桃小食心虫出土幼虫。⑦Bt（苏云金杆菌），用Dt乳剂的500倍液树上喷雾，可防治食叶毛虫、食心虫的幼虫等。同时，Bt还可防治苹果舟形毛虫、舞毒蛾、刺蛾等食叶性害虫及棉铃虫、桃小食心虫、玉米螟等。⑧阿维菌素（齐螨素、虫螨光）。用1%的阿维虫清乳油4 000倍液喷雾防治红蜘蛛，特别对难以防治的二斑叶螨有很好的效果。⑨昆虫病原线虫。用1m³含有60万~80万条线虫的水溶液喷洒树盘，消灭食心虫出土幼虫。

三、生物农药的优缺点

生物农药的优点

生物农药与化学农药相比，其有效成分来源、工业化生产途径、产品的杀虫防病机理和作用方式等诸多方面，有着许多本质的区别。生物农药更适合于扩大在未来有害生物综合治理策略中的应用比重。概括起来生物农药主要具有以下几方面的优点。

（1）选择性强，对人畜安全。目前已市场开发并大范围应用成功的生物农药产品，它们只对病虫害有作用，一般对人、畜及各种有益生物（包括动物天敌、昆虫天敌、蜜蜂、传粉昆虫及鱼、虾等水生生物）比较安全，对非靶标生物的影响也比较小。

（2）对生态环境影响小。生物农药控制有害生物的作用，主要是利用某些特殊微生物或微生物的代谢产物所具有的杀虫、防病、促生功能。其有效活性成分完全存在和来源于自然生态系统，它的最大特点是极易被日光、植物或各种土壤微生物分解，是一种来于自然，归于自然正常的物质循环方式。因此，可以认为它们对自然生态环境安全、无污染。

（3）可以诱发害虫流行病。一些生物农药品种（昆虫病原真菌、昆虫病毒、昆虫微孢子虫、昆虫病原线虫等），具有在害虫群体中的水平或经卵垂直传播能力，在野外一定的条件之下，具有定殖、扩散和发展流行的能力。不但可以对当年当代的有害生物发挥控制作用，而且对后代或者翌年的有害生物种群起到一定的抑制，具有明显的后效作用。

（4）可利用农副产品生产加工。目前国内生产加工生物农药，一般主要利用天然可再生资源（如农副产品的玉米、豆饼、鱼粉、麦麸或某些植物体等），原材料的来源十分广泛、生产成本比较低廉。因此，生产生物农药一般不会产生与利用不可再生资源（如石油、煤、天然气等）生产化工合成产品争夺原材料。

四、生物杀虫剂

1. Bt 乳剂

即苏云金杆菌，是一种杀虫细菌。主要是胃毒作用，对人、畜和天敌无毒，不污染环境，对药用植物无药害。害虫吞食后造成败血症死亡。剂型有可湿性粉剂，可用 500~1 000 倍液，防治药用植物上的刺蛾、尺蠖、豆天蛾、造桥虫、菜青虫、小菜蛾、棉铃虫、地老虎、蛴螬等多种害虫。

2. 阿维菌素

又名齐螨素、爱福丁、农哈哈、虫螨克，是一种广谱、高效的具有杀虫、杀螨、杀线虫活性的大环内酯类杀虫抗生素，兼有触杀和胃毒作用，无内吸性。每亩用含 0.5g 有效成分的阿维菌素即能杀灭害虫，对人、畜十分安全。常用剂型为 1.8%、1.0% 乳油，用于防治枸杞、佛手等药用植物的锈螨、瘿螨、潜叶蛾、蚜虫等，使用时稀释成 2 000~5 000 倍液。

3. 白僵菌

是一种杀虫真菌。利用其活性孢子接触害虫后产生芽管，透过表皮侵入体内长成菌丝并不断增殖，使害虫新陈代谢紊乱而死亡，害虫体内水分被吸干而呈僵状。有含活孢子 100 亿/g 和 1 000 亿/g 的粉剂，可用于防治蛀果蛾、卷叶蛾、叶蝉、蛴螬等害虫。

4. 病毒制剂

昆虫病毒制剂具有高度特异性的寄生范围，不易引起生态平衡的破坏；能形成包涵体，尤其是核型多角体病毒和颗粒体病毒，稳定性好；对靶标昆虫具有高度的毒性，能引起区域性的昆虫流行病；对植物没有任何药害，安全试验证明对人、家禽及水生生物等无害。目前生产上应用的杀虫病毒制剂有：甘蓝夜蛾核型多角体病毒、棉铃虫核型多角体病毒、甜菜夜蛾核型多角体病毒、小菜粉蝶颗粒体病毒等。以上这些昆虫病毒制剂可用于防治药用植物上发生的害虫，有很好的投入产出比及生态和环境效益。

5. 灭幼脲

是一种昆虫生长调节剂，属特异性杀虫剂。害虫接触或取食后，抑制表皮几丁质的合成，使幼虫不能正常蜕皮而死亡。主要表现为胃毒作用，也有一定的触杀作用，无内吸性，对鳞翅目和双翅目幼虫有特效，毒性低，对人、畜和天敌安全。剂型为 25%、50%胶悬剂，应用时稀释成 1 500~2 000 倍液防治刺蛾、天幕毛虫、舞毒蛾等。

6. 吡虫啉

又名一遍净、蚜虱净、康复多，具有高效、广谱、低毒、低残留等特点，且害虫不易产生抗性，对人、畜、植物、天敌安全。害虫接触药剂后中枢神经传导受阻而麻痹死亡，属触杀、胃毒、内吸性杀虫剂。剂型有2.5%、10%可湿性粉剂及5%乳油，稀释成2 000~6 000倍液，用于防治药用植物上的蚜虫、木虱、卷叶蛾等害虫。

7. 烟碱

是从烟草中分离出的杀虫剂。其溶液或蒸气可渗入害虫体内，使其神经迅速中毒而死亡，主要表现为触杀作用，也有一定的熏蒸和胃毒作用，对植物安全，残效期短，对人、畜有一定毒性。剂型主要为40%硫酸烟碱水剂，应用时稀释成800~1 000倍液，防治药用植物的蚜虫、叶螨、叶蝉、卷叶虫、食心虫等。

8. 其他

还有浏阳霉素、华光霉素、扑虱灵、杀蚜素、杀螨素、微孢子虫、杀灭菊酯、川楝素、苦参碱等生物杀虫剂。

五、生物杀菌剂

1. 农抗120

对人、畜低毒，无残留，不污染环境，对植物和天敌安全，并有刺激植物生长的作用。剂型有2%、4%水剂，用200倍液喷雾可防治药用植物的白粉病、炭疽病、枯萎病等。

2. 多抗霉素

又叫多氧霉素，对多种真菌病害有效，杀菌谱广，低毒，无残留，无环境污染，对人、畜、天敌和植物安全。剂型有1.5%、10%可湿性粉剂，用500~1 000倍液喷雾可防治药用植物的斑点病、轮纹病、灰霉病、霜霉病、褐斑病等。

3. 武夷菌素BO-10

为内吸性强的广谱、高效、低毒杀菌剂，对真菌的抑制活性强，对革兰氏阳性菌、阴性菌有抑制作用，对药用植物的白粉病、灰斑病、茎枯病及假单孢菌等有很好的防治效果，对人、畜及天敌安全。

4. 农用链霉素

对细菌性病害效果较好，杀菌谱广，有内吸性。剂型为10%可湿性粉剂，稀释成500~2 000倍液喷雾，防治药用植物的细菌性软腐病、腐烂病、疫病、霜霉病及细菌性穿孔病，对人、畜低毒，但对鱼类毒性较高。

5. 其他

还有井冈霉素、春雷霉素、公主岭霉素、木霉菌制剂、胶霉素、土霉素等。

六、生物农药的施药方法

1. 浓度适宜、科学间隔

细菌性杀虫剂一般每公顷用活孢子数在 100 亿/g 以上的菌粉 2 200~2 500g，虫口量大、世代重叠、虫龄不齐，单位面积 1 次用药量大、间隔期短。苏云金杆菌防治小菜蛾、大菜粉蝶间隔 10~15 天，防治三化螟间隔 5~6 天。

2. 喷洒均匀

生物农药一般以胃毒为主，均匀喷施可提高防效。粉剂使用前称取所用药量，加入少量水搅成糊状，再对入所需水量；乳剂使用前要充分摇匀，根据每公顷用药量对入所需水量 750~1 000kg，搅匀即可。在溶液中加入 0.1% 的洗衣粉、皂角或茶籽粉作黏着剂有利于提高喷施效果。

3. 正确配方、混合使用

生物农药杀虫、防病针对性强，农药混配可扩大应用范围、提高药效，特别是在暴食性害虫成灾时，十分必要。但不宜和碱性农药、内吸性有机磷杀虫剂混配，禁止与杀菌剂、抗病毒剂混用。在配方混用时，应做到随配随用，不可久放。

七、使用注意事项

细菌农药是一种生物制剂农药，杀虫率高，不污染环境，不毒害人、畜，不诱发害虫产生抗药性。但细菌性农药的杀虫作用与细菌数量和活性相关，在使用时对气象条件要求很严格。要提高细菌生物农药防效，使用时必须注意以下问题。

1. 把握住温度

在喷施时，务必控制在理想的 20℃ 适温以上，其奥妙在于这类农药的活性成分是由蛋白质晶体和有生命的芽孢所组成，一旦在低于上述温度下喷施，那么芽孢在害虫机体内的繁殖速度十分缓慢，而且蛋白质晶体也很难发挥其作用，往往施后显不出防治效果。据试验资料表明，在 25~30℃ 条件下，喷施后的生物农药效果要比在 10~15℃ 时的杀虫效率高出 1~2 倍。

2. 把握湿度

生物农药对湿度的要求也极为严格。环境湿度越大，喷施生物制剂农药的药效越显著，特别是对粉状生物制剂农药尤为明显。其原因是细菌的芽孢极不耐干燥的环境条件，所以，只有在高湿度的条件下，其药效才能得到充分发挥。

3. 避免强光

增强芽孢活力、充分发挥药效。太阳光中的紫外线对芽孢有致命的杀伤作用，科学试验表明，阳光直射 30min，竟会杀死 50% 的芽孢，照射 1h 后，其芽孢死亡率高达 80%，而且紫外线的辐射对伴孢晶体还能产生变形降效作用，因此，要选择在 16 时以后或者阴天使用，效果会大大发挥。

第二节　无公害农药、禁用农药、限用农药

一、无公害农药

无公害农药是指用药量少，防治效果好，对人畜及各种有益生物毒性小或无毒，要求在外界环境中易于分解，不造成对环境及农产品污染的高效、低毒、低残留农药。包括生物源、矿物源（无机）、有机合成农药等。使用无公害农药，每亩用药量必须从实际出发，通过试验，确定经济有效的使用浓度和药量，不宜

过高过低，一般要求杀虫效果 90% 以上，防病效果 80% 以上称为高效农药；使用（LD50）致死中量值超过 500kg/kg 体重的低毒农药；采收的商品蔬菜要注意农药安全间隔期，使其农药残留量务必低于国家规定的允许标准。

无公害农药包括以下几种。

1. 生物源农药

指直接利用生物活体或生物代谢过程中产生的具有生物活性的物质或从生物体提取的物质作为防治病、虫、草害和其他有害生物的农药。具体可分为植物源农药、动物源农药和微生物源农药。如 Bt、除虫菊素、烟碱、大蒜素、性信息素、井冈霉素、农抗 120、浏阳霉素、链霉素、多氧霉素、阿维菌素、芸薹素内酯、除螨素、生物碱等。

2. 矿物源农药（无机农药）

有效成分起源于矿物的无机化合物的总称。主要有硫制剂、铜制剂、磷化物。如硫酸铜、波尔多液、石硫合剂、磷化锌等。而毒性较大、残留较高的砷制剂、氟化物等不在本推荐范围之内。

3. 有机合成农药

限于毒性较小、残留低、使用安全的有机全成农药。推荐经过多年应用证明使用安全的菊酯类、部分中、低毒性的有机磷、有机硫等杀虫剂、杀菌剂及部分中、低毒性的二苯醚类除草剂等等。如氯氰菊酯、溴氰菊酯、乐果、敌敌畏、辛硫磷、多菌灵、百菌清、甲霜灵、粉锈宁、扑海因、甲硫菌灵、抗蚜威、禾草灵、稀杀得、禾草克、果尔、都尔、吡虫啉、蚜虱净、扑虱蚜、三唑锡、桃小灵、阿克泰等。高残留的有机氯类农药、二次中毒的氟乙酰胺、代谢物为"三致"物的乙撑硫脲等诸类农药不在推荐之列。

二、禁用农药和限用农药（2011 最新国家禁用农药）

1. 禁止和限制使用的农药（33 种）

六六六，滴滴涕，毒杀芬，二溴氯丙烷，杀虫脒，二溴乙烷，除草醚，艾氏剂，狄氏剂，汞制剂，砷、铅类，敌枯双，氟乙酰胺，甘氟，毒鼠强，氟乙酸钠，毒鼠硅，甲胺磷，甲基对硫磷，对硫磷，久效磷，磷胺，苯线磷，地虫硫磷，甲基硫环磷，磷化钙，磷化镁，磷化锌，硫线磷，蝇毒磷，治螟磷，特丁硫磷。

注：苯线磷、地虫硫磷、甲基硫环磷、磷化钙、磷化镁、磷化锌、硫线磷、蝇毒磷、治螟磷、特丁硫磷等 10 种农药自 2011 年 10 月 31 日停止生产，2013 年 10 月 31 日起停止销售和使用。

2. 在蔬菜、果树、茶叶、中草药材上不得使用和限制使用的农药名单（17 种）

禁止甲拌磷、甲基异柳磷、内吸磷、克百威、涕灭威、灭线磷、硫环磷和氯唑磷在蔬菜、果树、茶叶和中草药材上使用。禁止氧乐果在甘蓝和柑橘树上使用。禁止三氯杀螨醇和氰戊菊酯在茶树上使用。禁止丁酰肼（比久）在花生上使用。禁止水胺硫磷在柑橘树上使用。禁止灭多威在柑橘树、苹果树、茶树和十字花科蔬菜上使用。禁止硫丹在苹果树和茶树上使用。禁止溴甲烷在草莓和黄瓜上使用。除卫生用、玉米等部分旱田种子包衣剂用外，禁止氟虫腈在其他方面的使用。

3. 禁止的原因

（1）有机氯杀虫剂。禁用原因高残毒。

（2）有机磷杀虫剂。禁用原因高毒、剧毒。

（3）氨基甲酸酯杀虫剂。禁用原因高毒、剧毒或代谢物高毒。

（4）二甲基甲脒杀虫剂。禁用原因慢性毒性、致癌。

（5）卤代烷类熏蒸杀虫剂。禁用原因致癌、致畸、高毒。

（6）有机砷杀菌剂。禁用原因高残毒。

（7）有机汞杀菌剂。禁用原因高残毒、剧毒。

（8）取代苯类杀菌剂。禁用原因致癌、高残毒无公害蔬菜禁用农药品种

三、无公害辣椒禁用农药

无公害茄果类蔬菜（番茄、茄子、青椒）禁用农药品种为杀虫脒、氰化物、磷化铅、六六六、滴滴涕、氯丹、甲胺磷、甲拌磷（3911）、对硫磷（1605）、甲基对硫磷（甲基1605）、内吸磷（1059）、治螟磷（苏化203）、杀螟磷、磷胺、异丙磷、三硫磷、氧化乐果、磷化锌、克百威、水胺硫磷、久效磷、三氯杀螨醇、涕灭威、灭多威、氟乙酰胺、有机汞制剂、砷制剂、西力生、赛力散、溃疡净、五氯酚钠等。

第三节　农药的剂型

农药加工后的产品称为农药制剂，制剂的具体形态称为剂型。

一、农药助剂

任何农药剂型都是在原药的基础上添加各种助剂加工而成的。凡与农药原药混用或通过加工过程与原药混合，能改善剂型理化性质、提高药效的物质统称为农药助剂。

常用的助剂按其作用可分为以下几种。

1. 填料

用来稀释农药原药以减少原药用量，使原药便于机械粉碎，增加原药的分散性，是制造粉剂或可湿性粉剂的填充物质，如黏土、陶土等。

2. 湿展剂

可降低水的表面张力，使水易于在固体表面湿润与展布的

助剂。

3. 乳化剂

能使原来不相溶的液体（如油与水），其中一种液体以极小的液珠稳定的分散在另一种液体中，形成乳浊液，起这种作用的助剂称为乳化剂。

4. 溶剂

溶解农药原药的有机溶剂，多用于加工乳油等。

此外，分散剂、黏着剂、稳定剂、防解剂、增效剂等助剂在农药加工上已有较广泛的应用，对改进农药性能起到了良好的作用。

二、常用的农药剂型

1. 粉剂

粉剂是指把原药与填料按一定比例混合，经机械粉碎而制成的粉状物。

2. 可湿性粉剂

可湿性粉剂是指含有原药、填料及湿润剂和分散剂的粉状农药制剂，加水可稀释成稳定的可供喷雾的悬浮液。

3. 乳油

乳油是指将原药按一定的比例溶解在有机溶剂中，并加入一定量的乳化剂与其他助剂，配制成一种均相透明的油状液体，它与水混合成后形成稳定的乳状液。

乳油的特性如下。

（1）由于乳化剂的作用，药液较容易在农作物上湿润、黏着，并使药剂容易渗透到植物与昆虫体内。所以乳油的药效较同种药剂其他剂型要高。

（2）乳油一般能能制成有效成分较高，施用时可直接对水稀释，使用方便的药剂。

（3）溶剂、助剂与乳化剂不会与原药发生反应，并能很好的形成均相溶液、物理与化学性质都比较稳定。

（4）乳油组成简单，加工容易，工艺流程与生产过程不复杂，设备成本低，为大量生产提供了有利的条件。

乳油也有劣势。由于乳油中使用了大量有机溶剂，使得乳油在加工、贮运时安全性较差。同时，由于溶剂多用芳烃类化合物，对环境污染较大。

三、农药十大技术指标含义

衡量农药质量的主要技术指标有可湿性粉剂应有外观、有效成分含量、悬浮率、润湿性、pH 值、水分、筛析等；悬浮剂应有外观、有效成分含量、悬浮率、pH 值、筛析、倾倒性等；乳油应有外观、有效成分含量、乳液稳定性、pH 值、水分等；烟剂应有外观、有效成分含量、成烟率、pH 值、水分、燃烧时间等。

1. 外观

不同农药剂型有不同的外观要求。如乳油（稳定的均匀液体，无可见的悬浮物和沉淀）、可湿性粉剂（自由流动的疏松粉末，不应有团块）、悬浮剂（应是流动的均匀悬浮液，长期存放可有少量沉淀或分层，但置于室温下用手摇动应能恢复原状，不应有结块）。

2. 有效成分含量

即施用农药时起药效作用的成分。如有效成分含量达不到标准要求，则施药后效果不好。

3. 悬浮率

是指有效成分在悬浮液中保持悬浮一定时间和均匀分散的能力。悬浮性好的产品在对水使用时，可使所有的有效成分都均匀地悬浮在水中，能够均匀一致地喷洒在作物上。

4. 乳液稳定性

即农药液珠在水中分散的均匀性和稳定性。乳剂类农药一般对水稀释后喷施，要求液珠能在水中较长时间地均匀分布；油水不分离，使乳液中的有效成分、浓度保持均匀一致，避免药害发生。

5. 润湿性

农药样品撒到水面至完全润湿所需要的时间。限制润湿时间的目的是使农药能很快润湿，分散为均匀的悬浮液体。

6. pH 值

主要是保证产品中有效成分的稳定，减小分解；防止产品物化性质的改变或使用时发生药害；避免包装材料的腐蚀。

7. 筛析

制定此项指标的目的：一是限制不溶粒子含量，以免造成施药时堵塞喷头和过滤器；二是控制产品度范围，以增加悬浮率。

8. 水分

限制水分含量的目的一是减小产品中有效成分的分解作用，二是使固体农药制剂保持良好的分散状态。

9. 倾倒性

规定此项指标的目的是保证产品能够均匀、平稳地从容器中倒出。

10. 成烟率

规定此项指标的目的是保证烟剂产品点燃成烟后，有足够的有效成分挥发、蒸发或升华，而不大量分解。

第四节　农药的使用方法

农药的施用，既要达到防治病虫、杂草为害，又要注意人、畜及有益生物和作物的安全，还要经济、简便。因此，应针对防治对象的特点，选择药剂种类和剂型，还应有正确的农药施用方法。目前，生产实践中常用的农药施用方法主要有以下几种。

一、喷粉法

喷粉法是利用喷粉器械将农药均匀地撒布于防治对象、活动场所及寄主表面的一种施药方法。其优点是使用比较方便，不受水源限制，功率高。其缺点是药效差，粉粒易飘移，污染环境，因此喷粉法的使用在逐年减少。

二、喷雾法

喷雾法是利用器械将药液雾化为细小雾滴，并将其均匀地覆盖在防治对象及寄主表面的施药方法。按照每亩喷施药液量的多少，可将农药的喷雾方法分为五类。

高容量喷雾：每亩施药液量>40L。

中容量喷雾：每亩施药液量 10~40L。

低容量喷雾：每亩施药液量 1~10L。

超低容量喷雾：每亩施药液量<0.33L。

目前国内外喷施药液量均向低容量喷雾发展，这是因为小容量喷雾的单位面积药量少，工效高，消耗低，防治及时，且对环境影响小。

三、拌种法

拌种法是在农作物播种前，将种子与药粉或药液搅拌均匀，使种子表面形成一层药膜，然后再进行播种的方法。主要用于防治地下害虫、作物苗期害虫以及种子带菌的病害等。

四、撒施法

撒施法是将颗粒剂、毒土或其农药制剂撒施于地面或水面的一种施药方法。

五、土壤处理法

土壤处理法是将药物均匀施于地表，然后耕耙，使药剂分散在土壤耕作层内。此法主要用于防治地下害虫、土传病害及杂草。

六、毒饵

毒饵是利用防治对象喜食的食物为饵料，再加入一定比例的胃毒剂配成含毒饵料。毒饵的施用方法多是根据防治对象活动规律，将毒饵施于田间或其出没场所。主要用于防治地老虎、蝼蛄、害鼠等。

七、熏蒸法

熏蒸法指利用药剂挥发的有效成分来防治病虫害。可用于防治仓库害虫，也适用于大棚和温室病害的防治，如百菌清烟剂防治黄瓜霜霉病等。

此外，根据农药特定的施用要求，还有浸种法、浸苗法、泼浇法、灌根法、土壤穴施、沟施等。

第五节　农药的稀释及计算方法

绝大多数农药制剂在使用之前都需要加水或加填充剂，稀释至一定浓度后才能使用，以做到施药均匀，提高药效，防止药害。任何一种农药，起药效作用的只是其中的有效部分。我国农药制剂名称中第一部分即为有效成分的含量，第二部分即农药品种名称，第三部分为剂型名称。如40%久效磷乳油。计算农药的稀释浓度或有效成分的用量，都要以农药的有效成分含量作为基础。常用的农药浓度表示方法有以下几种。

一、农药浓度的表示方法

表示100份药液（或药粉）中所含农药有效成分的份数，符号是"%"，又分为质量分数、体积分数和质量浓度。

质量分数：表示100个质量单位药剂中所含农药有效成分的质量。

体积分数：指100个体积单位药液中所含农药有效成分的体

积数。

质量浓度：一般指 1L 药液中所含有效成分的千克数。如 0.025kg/L 敌杀死乳油，即表示 1L 制剂中含溴氰菊酯 0.025kg。

（1）倍数法。稀释倍数是指一份农药制剂经稀释后成为原来量的多少倍。该法一般反映的是制剂的稀释倍数，而不是农药有效成分的稀释倍数。在实践应用中，当稀释倍数少于 100 倍时，需加稀释剂的份数为稀释倍数减去 1；当稀释倍数在 100 倍以上时，稀释倍数即为需加的稀释剂份数。

（2）单位面积有药量。指每亩田块需施入农药有效成分的量，单位面积有效成分量的表示方法具有许多优点，它可以使不同有效成分含量的某种农药在用药量换算上具有统一标准，所以是目前值得提倡的方法。

二、质量分数（体积分数）分数与倍数法之间的换算

稀释后的有效成分含量（%）＝农药制剂浓度/稀释倍数×100

三、农药稀释的计算方法

（1）质量分数（体积分数）或质量浓度的计算。

一定量的某一农药制剂被稀释后，总有效成分的量不变。即：制剂浓度×制剂药量＝稀释后药液的浓度×稀释后的总药液量

由此可得：

所需制剂的药量（%）＝稀释后的药液浓度×稀释后的总药液量/制剂浓度×100

稀释后的药液浓度（%）＝制剂浓度×制剂药量/稀释后的总药液量×100

（2）倍数稀释计算法。

稀释倍数在 100 倍以下时：稀释剂用量＝农药制剂量×（稀释倍数-1）

稀释倍数在 100 倍以上时：稀释剂用量＝农药制剂量×稀释倍数

当已知药械容积大小和稀释倍数，欲求所需制剂量时：所需农药制剂量＝药械可盛的药液量/稀释倍数。

第六节　农药的混合使用

将两种或两种以上农药或将农药与植物营养物质混配施用，通常称农药混用。混用的农药品种可以是杀菌剂之间、杀虫剂之间以及杀菌剂与杀虫剂之间等其他农药之间混用。随着防治有害生物的需要和农药品种类型的增加而发展起来的农药混用，其目的大都为扩大防治范围，提高药效，减少防治次数。

一、农药的混用形式

（1）根据农田有害生物的发生情况，选择适当的农药品种和剂型现混现用。

（2）根据生产需要，经最佳配比选择、室内毒力测定和配方研究后，再经工厂加工生产成一定剂型的混合制剂，供用户直接使用。

二、农药混用的原则

（1）各单剂有不同的作用机制，没有交互抗性。

（2）各单剂之间有增效作用。

（3）各单剂之间比例适当，持效期相当。

（4）具有负交互抗性关系的农药混用，对延缓抗性最理想。

三、农药混用后的毒力表现

1. 相加作用

即农药混用时对有害生物的毒力等于混用农药各单剂单独使用时的毒力之和。

2. 增效作用

即农药混用对有害生物的毒力大于混用农药各单剂单独使用时的毒力总和。

3. 拮抗作用

即农药混用时对有害生物的毒力低于混用农药各单剂单独使用时毒力总和。

四、农药混合使用可能出现的问题

1. 物理性状恶化

这种情况发生在不同制剂的现混现用时。

2. 化学分解

各种农药都有它自身的化学性质，农药混用不当会出现化学分解，使药效降低。

3. 毒性增加

有些农药混用能增加对人畜的毒性，特别是作用机制不同的药剂混用增毒加重，则使用更不安全。

4. 产生药害

农药混用后物理性状恶化，不但使药效降低而且常常产生药害，混用后产生化学反应，也可产生药害。

5. 药剂浪费

农药混用不当或使用不当会造成药剂浪费。

第七节　正确认识农药标签

一、仔细、认真阅读农药标签

从一定意义上讲，使用者能否安全、有效地使用农药，在很大的程度上取决于对标签上的内容是否看懂并完全理解，掌握主要内容。因此，为了用好农药，不出差错，避免造成意外的伤害和损失，在使用农药前一定要仔细、认真地阅读标签和使用说明书。

二、农药标签的基本内容

农药标签上的内容应准确无误、全面地反映包装内农药主品的性能、应用技术及注意事项等各项内容。我国规定农药标签应包括以下内容。

三、农药名称

包括有效成分含量、通用名称的剂型，进口农药要有中文商品名。要用醒目大字表示。

（1）农药登记证号、主品标准号、生产许可证号。

（2）净重（g 或 kg），或净容量（ml 或 L）。

（3）生产厂名、地址、邮政编码及电话等。

（4）农药类别及标志色带。

按用途分类，如杀虫剂、杀菌剂等，并在标签下部用不同颜色的标志带表示不同类别的农药。

四、使用说明

登记作物、防治对象、施药时间、用药量和施药方法；限用范围与其他物质或农药混用禁忌。

五、毒性标志及注意事项

毒性标志，用以表示农药毒性级别；中毒主要症状及急救措施；安全警句；安全间隔期，指最后一次施药至收获期前的时期；贮存的特殊要求；生产日期和批号；质量保证期。

六、注意识别农药标签上的标志

1. 色带

目前，我国规定在标签下部有一条与底边平行的不同颜色的色带，用来表示不同类别的农药，如色带颜色为红色代表是杀虫剂；黑色的是杀菌剂；绿色的为除草剂；蓝色的为杀鼠剂；深黄色的为植物生长调节剂。这对文化水平较低的、阅读标签内容有困难的农民来讲，记住这些颜色所代表的农药类别，有助于识别和保管农药，避免误用农药。

2. 毒性标志

农药是有毒化学品，为安全起见，在标签上印有农药毒性分级标志，使之一目了然，以引起使用者的注意。按我国农药毒性分级标准，将农药毒性分为剧毒、高毒、中等毒、低毒四级。在标签上用标志表示和用文字注明。

第八节　伪劣农药的识别

一、了解农药的特性

农药作为精细化工产品，生产工艺复杂，技术要求高，要准确进行定性、定量鉴定不是一般使用者所能及的。它由国家专门设立的农药鉴定单位来承担。对于广大用户来说，买一次农药跑一次药检所显然是不现实的，也难以办到。如何用最简单的设备，最简易的识别方法来大致判断其真伪和优劣，以达到认购准确，用药得法，最重要的是首先做到了解欲购农药的特性和功能。

就农药的特性而言，主要包括物理性质、化学性质两个方面。

其物理性质主要是指识别对象是流体、固体还是粉状、乳油，有什么特殊气味，在火焰上能否然烧或溶化，在常温下能否气化或升华等。

其化学性质主要是指与常用化学试剂的反应现象，产生什么颜色，有无沉淀发生，放出什么气（体）味等。

就农药的功能而言，主要是指欲购对象是杀虫剂还是杀菌剂，是除草剂还是植物调节剂。杀虫剂可毒杀的主要害虫是什么，用药浓度是多少时可产生毒杀作用；杀菌剂治什么或抑制什么病原菌；除草剂除什么草，浓度多大时间多长即可对何种草发生药害；植物生长调节剂是助长剂还是抑制剂，有无敏感植物等。

二、包装物识别

国家对各种农药的包装及标志作了如下规定。

1. 包装

（1）农药的包装形式应符合贮存、运输、销售及使用的要求。

（2）农药的包装材料应保证在正常的贮存、运输中不破损，并符合相应标准的要求。

（3）农药的外包装材料应坚固耐用，保证内部物质不受破坏。可采用的外包装材料有木材、金属、合成材料、复合材料、带防潮层的纸板、麻织品及经运输部门、用户同意的其他包装材料。

（4）农药的内包装材料应坚固耐用，不与农药发生化学反应，不溶胀，不渗漏，不影响产品的质量。可采用的内包装材料有：玻璃、塑料、金属等。

（5）农药根据剂型、用途、毒性及物理化学性质进行包装。流体农药制剂每箱净重不超过15kg，固体农药制剂每袋不得超过25kg。液体农药原药每件净重不得超过250kg，固体农药原药每件净重不得超过100kg。

（6）瓶装液体农药的包装容器要有合适的盖和外盖，桶装液体农药原药的桶盖要有衬垫，拧紧盖严以免渗漏。

（7）盛装液体农药的玻璃瓶、塑料瓶装入外包装后。用防震材料填紧，避免互相撞击而造成破损。

（8）农药采用小包装时，应将小包装装入适于贮存、运输的小包装容器中。

（9）农药外包装容器中必须有合格证、说明书。

2. 标志

（1）标志方法。包装容器上粘贴标签，标签直接印刷、标打。

（2）标志部位。

金属桶或其他桶类	圆柱形面
瓶（玻璃或塑料）	圆柱形面
袋或小包	正面、侧面
箱（包括木、纸板箱等）	正面、侧面

3. 标志内容

见前节标志的基本内容。

三、药剂外观识别

这是继包装物检查后进行的检查项目，就是打开包装，直接观察药剂的色泽、形态。一般液体农药应为透明液体，上无浮油，下无沉淀物，取一滴放入水中，即迅速乳化，变成乳状液体。粉剂农药一般均为松散状态，不结块。可湿性粉剂放入水中，摇动后即变成乳状液体。总之，通过视觉观察农药的可见物理特性，凡与其固体有性质不一致的，则认为是不合格品或假冒伪劣产品。

四、生物鉴别

也就是通过目标病原物的反应来鉴定农药的真伪。作为试验生物的选择有两种，一种是对某些农药易产生药害的敏感作物，另一种试验生物就是欲购农药的防治对象。

第九节　农药的毒性

影响农药毒性的物理因素有农药定额挥发性、水溶性、脂溶性等，化学因素有农药本身的化学结构、水解程度、光化反应、氧化还原以及人体体内某些成分的反应等。农药毒性可分为急性毒性、亚急性毒性、慢性毒性。急性毒性指农药一次进入动物体内后短时间引起的中毒现象，是比较农药毒性大小的重要依据之一。亚急性毒性指动物在较长时间内（一般连续投药观察三个月）服用或接触少量农药而引起的中毒现象。慢性毒性指小剂量农药长期连续用后，在体内或者积蓄，或是造成体内机能损害所引起的中毒现象。在慢性毒性问题中，农药的致癌性、致畸性、致突变（"三致"）等特别引人重视。农药的毒性大小常用农药对试验动物的致死中量 LD50、致死中浓度 LC50、无作用剂量（NOEL）表示。

农药毒性标准划分

农药是防治农林花卉作物病、虫、鼠、草和其他有害生物的化学制剂，使用极为广泛。所有农药对人、畜、禽、鱼和其他养殖动物都是有毒害的。使用不当，常常引起中毒死亡。不同的农药，由于分子结构组成的不同，因而其毒性大小、药性强弱和残效期也就各不相同。

农药对人、畜的毒性可分为急性毒性和慢性毒性。所谓急性毒性，是指一次口服、皮肤接触或通过呼吸道吸入等途径，接受了一定剂量的农药，在短时间内能引起急性病理反应的毒性，如有机磷剧毒农药 1605、甲胺磷等均可引起急性中毒。慢性毒性是指低于急性中毒剂量的农药，被长时间连续使用，接触或吸入而进入人畜体内，引起慢性病理反应，如化学性质稳定的有机氯高残留农药 666、滴滴涕等。

怎样衡量农药急性毒性的大小呢？衡量农药毒性的大小，通常是以致死量或致死浓度作为指标的。致死量是指人、畜吸入农药后中毒死亡时的数量，一般是以每千克体重所吸收农药的毫克数，用 mg/kg 或 mg/L 表示。表示急性程度的指标，是以致死中量或致死中浓度来表示的。致死中量也称半数致死量，符号是 LD50，一般以小白鼠或大白鼠做试验来测定农药的致死中量，其计量单位是每千克体重毫克。"mg"表示使用农药的剂量单位，"千克体重"指被试验的动物体重，体重越大中毒死亡所需的药量就越大，其含义是每1kg体重动物中毒致死的药量。中毒死亡所需农药剂量越小，其毒性越大；反之所需农药剂量越大，其毒性越小。如1605 LD50为6mg/kg体重，甲基1605的LD50为15mg/kg体重，这就表示1605的毒性比甲基1605要大。甲胺磷 LD50 为 18.9～21mg/kg 体重，敌杀死 LD50 为 128.5 至138.7mg/kg体重。说明甲胺磷毒性比敌杀死大。

根据农药致死中量（LD50）的多少可将农药的毒性分为以下五级。

1. 剧毒农药

致死中量为1～50mg/kg体重。如久效磷、磷胺、甲胺磷、苏化203、3911等。

2. 高毒农药

致死中量为51～100mg/kg体重。如呋喃丹、氟乙酰胺、氰化物、401、磷化锌、磷化铝、砒霜等。

3. 中毒农药

致死中量为101～500mg/kg体重。如乐果、叶蝉散、速灭威、敌克松、402、菊酯类农药等。

4. 低毒农药

致死中量为501～5 000mg/kg体重。如敌百虫、杀虫双、马拉硫磷、辛硫磷、乙酰甲胺磷、二甲四氯、丁草胺、草甘膦、托布津、氟乐灵、苯达松、阿特拉津等。

5. 微毒农药

致死中量为5 000mg/kg体重以上。如多菌灵、百菌清、乙膦铝、代森锌、灭菌丹、西玛津等。因此，广大花农在购买农药防治花卉的病、虫、鼠、草害时，一定要事先了解所购农药毒性的大小，按照说明书上的要求，在技术人员的指导下使用，千万不可粗心大意。

第十节　农药污染

指农药或其有害代谢物、降解物对环境和生物产生的污染。

农药施用后，一部分附着于植物体上，或渗入植株体内残留下来，使粮、菜、水果等受到污染；另一部分散落在土壤上（有时则是直接施于土壤中）或蒸发、散逸到空气中，或随雨水及农田排水流入河湖，污染水体和水生生物。农产品的残留农药通过饲料，污染禽畜产品。农药残留通过大气、水体、土壤、食品，最终进入人体，引起各种慢性或急性病害。易造成环境污染及为害较大的农药，主要是那些性质稳定、在环境或生物体内不易降解转化，而又有一定毒性的品种，如滴滴涕（DDT）等持久性高残留农药。为此，研究筛选高效、低毒、低残留和高选择性（即非广谱的）新型农药，已成为当今的重要课题。

农药污染是农药及其在自然环境中的降解产物，污染大气、水体和土壤，破坏生态系统，引起人和动物急性或慢性中毒的现象。农药分有机农药和无机农药。污染主要由有机氯农药、有机磷农药和有机氮农药等造成。造成农药污染的原因很多，如长期使用一些禁用的高毒高残留农药，或在作物上滥施乱用农药等。

各类农药并非都有残留毒性问题（见农药残留），同一类型不同品种的农药对环境的为害也不一样。农药的不同加工形式对农药在作物表面上的铺展和覆盖能力，对喷出的药液（或药粉）能否稳定地粘着在作物表面上，以及对农药能否穿透植物表面角质层又不致很快散失等都会产生影响，从而使农药对作物污染的程度产生差异。此外，农药的不同剂型在土壤中流失、渗漏和吸附的物理性质并不相同，因而它们在土壤中的残留能力也有差异。

农药污染主要是有机氯农药污染、有机磷农药污染和有机氮农药污染。人从环境中摄入农药主要是通过饮食。植物性食品中含有农药的原因，一是药剂的直接沾污，二是作物从周围环境中吸收药剂。动物性食品中含有农药是动物通过食物链或直接从水体中摄入的。环境中农药的残留浓度一般是很低的，但通过食物链和生物浓缩可使生物体内的农药浓度提高至几千倍，甚至几万倍（见农药污染对健康的影响）。

一、农药对土壤、农作物的污染

由于农药的大量、大面积使用，不当滥用，以及农药的不可降解性，已对地球造成严重的污染，并由此威胁着人类的安全。

1962—1971 年，在越南战争中，美国向越南喷洒了 6 434L 落叶剂——2,4-D（2,4-二氯苯氧基乙酸）和 2,4,5-T（2,4,5-三氯苯氧基乙酸）。在 2,4-D 和 2,4,5-T 中还含有剧毒的副产物二噁英类化合物。其结果是造成大批越南人患肝癌、孕妇流产和新生儿畸形。这证明了有机氯农药有严重的毒害作用。此后，美国和其他西方国家便陆续禁止在本国使用有机氯农药，中国也在 1983 年禁止有机氯农药的生产和使用。

据统计，中国每年农药使用面积达 1.8 亿 hm^2 次，20 世纪 50 年代以来使用的 666 达到 400 万 t、DDT 50 多万 t，受污染的农田 1 330 万 hm^2。农田耕作层中 666、DDT 的残留量分别为 $0.72×10^{-6}mg/kg$ 和 $0.42×10^{-6}mg/kg$；土壤中累积的 DDT 总量约为 8 万 t。粮食中有机氯的检出率为 100%，小麦中 666 含量超标率为 95%。

20 世纪 80 年代禁止生产和使用有机氯农药后，代之以有机磷、氨基甲酸酯类农药，但其中一些品种比有机氯的毒性大 10 倍甚至 100 倍，农药对环境的排毒系数比 1983 年还高，而且，这些农药虽然低残留，但有一部分与土壤形成结合残留物，虽然可暂时避免分解或矿化，但一旦由于微生物或土壤动物活动而释放，将产生难以估计的祸害。

二、农药对环境的污染

由于农药的施用通常采用喷雾的方式，农药中的有机溶剂和部分农药飘浮在空气中，污染大气；农田被雨水冲刷，农药则进入江河，进而污染海洋。这样，农药就由气流和水流带到世界各地，残留土壤中的农药则可通过渗透作用到达地层深处，从而污染地下水。

据世界卫生组织报道，伦敦上空 1t 空气中约含 10μg DDT，雨水中含 DDT （7 ~ 400）× 10^{-12} mg/kg，全世界生产了约 1 500 万 t DDT，其中约 100 万 t 仍残留在海水中。中国南方某省 1994—1998 年，渔业水域受污染面积达 45 万多 hm^2，污染事故 800 多起。水域中的农药通过浮游植物—浮游动物—小鱼—大鱼的食物链传递、浓缩，最终到达人类，在人体中累积。

三、农药对生态的破坏

农药的不当滥用，导致害虫、病菌的抗药性。据统计，世界上产生抗药性的害虫从 1991 年的 15 种增加到的 800 多种，中国也至少有 50 多种害虫产生抗药性。抗药性的产生造成用药量的增加，乐果、敌敌畏等常用农药的稀释浓度已由常规的 1/1 000 提高到 1/500~ 1/400，某些菊酯类农药稀释倍数也由 3 000~ 5 000 倍提高到 1 000 倍左右。

20 世纪 80 年代初，中国各地防治棉田的棉铃虫和棉蚜只需用除虫菊类杀虫剂防治 2~3 次，每次用药量 450ml/hm^2，就可以全生长季控制为害；到了 90 年代，棉蚜对这类杀虫剂的抗药性已超过 1 万倍，防治已无效果，棉铃虫也对其产生几百倍到上千倍的抗药性，防治 8 ~ 10 次，甚至超过 20 次、每次用 750ml/hm^2，防治效果仍大大低于 80 年代初。

大量和高浓度使用杀虫剂、杀菌剂的同时，杀伤了许多害虫天敌，破坏了自然界的生态平衡，使过去未构成严重为害的病虫害大量发生，如红蜘蛛、介壳虫、叶蝉及各种土传病害。此外，农药也可以直接造成害虫迅速繁殖，80 年代后期，湖北使用甲胺磷、三唑磷治稻飞虱，结果刺激稻飞虱产卵量增加 50%以上，用药 7~10 天即引起稻飞虱再猖獗。这种使用农药的恶性循环，不仅使防治成本增高、效益降低，更严重的是造成人畜中毒事故增加。

长期大量使用化学农药不仅误杀了害虫天敌，还杀伤了对人类无害的昆虫，影响了以昆虫为生的鸟、鱼、蛙等生物；在农药生产、施用量较大的地区，鸟、兽、鱼、蚕等非靶生物伤亡事件也时有发生。世界野生动物基金会 1998 年发表报告说，若以 1970 年地球生物指数为 100，则 1995 年已下降到 68，在短短的 25 年中，地球上 32%的生物被毁灭。在此期间，海洋生物指数下降 30%。

第十一节　农药残留

农药残留（Pesticide residues），是农药使用后一个时期内没有被分解而残留于生物体、收获物、土壤、水体、大气中的微量农药原体、有毒代谢物、降解物和杂质的总称。

施用于作物上的农药，其中一部分附着于作物上，一部分散落在土壤、大气和水等环境中，环境残存的农药中的一部分又会被植物吸收。残留农药直接通过植物果实或水、大气到达人、畜体内，或通过环境、食物链最终传递给人、畜农药残留问题是随着农药大量生产和广泛使用而产生的。第二次世界大战以前，农业生产中使用的农药主要是含砷或含硫、铅、铜等的无机物，以及除虫菊酯、尼古丁等来自植物的有机物。第二次世界大战期间，人工合成有机农药开始应用于农业生产。到目前为止，世界上化学农药年产量近 200 万 t，有 1 000 多种人工合成化合物被用作杀虫剂、杀菌剂、杀藻剂、除虫剂、落叶剂等类农药。农药尤其是有机农药大量施用，造成严重的农药污染问题，成为对人体健康的严重威胁。

导致和影响农药残留的原因有很多，其中农药本身的性质、环境因素以及农药的使用方法是影响农药残留的主要因素。

一、农药性质与农药残留

现已被禁用的有机砷、有机汞等农药，由于其代谢产物砷、汞最终无法降解而残存于环境和植物体中。

六六六、滴滴涕等有机氯农药和它们的代谢产物化学性质稳定，在农作物及环境中消解缓慢，同时容易在人和动物体脂肪中积累。因而虽然有机氯农药及其代谢物毒性并不高，但它们的残毒问题仍然存在。

有机磷、氨基甲酸酯类农药化学性质不稳定，在施用后，容易受外界条件影响而分解。但有机磷和氨基甲酸酯类农药中存在着部分高毒和剧毒品种，如甲胺磷、对硫磷、涕灭威、克百威、水胺硫磷等，如果被施用于生长期较短、连续采收的蔬菜，则很难避免因残留量超标而导致人畜中毒。

另外，一部分农药虽然本身毒性较低，但其生产杂质或代谢物残毒较高，如二硫代氨基甲酸酯类杀菌剂生产过程中产生的杂质及其代谢物乙撑硫脲属致癌物，三氯杀螨醇中的杂质滴滴涕，丁硫克百威、丙硫克百威的主要代谢物克百威和 3-羟基克百威等。

农药的内吸性、挥发性、水溶性、吸附性直接影响其在植物、大气、水、土壤等周围环境中的残留。

温度、光照、降水量、土壤酸碱度及有机质含量、植被情况、微生物等环境因素也在不同程度上影响着农药的降解速度，影响农药残留。

二、使用方法与农药残留

一般来讲，乳油、悬浮剂等用于直接喷洒的剂型对农作物的污染相对要大一些。而粉剂由于其容易飘散而对环境和施药者的为害更大。

　　任何一个农药品种都有其适合的防治对象、防治作物，有其合理的施药时间、使用次数、施药量和安全间隔期（最后一次施药距采收的安全间隔时间）。合理施用农药能在有效防治病虫草害的同时，减少不必要的浪费，降低农药对农副产品和环境的污染，而不加节制地滥用农药，必然导致对农产品的污染和对环境的破坏。

　　农残的为害

　　农药进入粮食、蔬菜、水果、鱼、虾、肉、蛋、奶中，造成食物污染，为害人的健康。一般有机氯农药在人体内代谢速度很慢，累积时间长。有机氯在人体内残留主要集中在脂肪中。如DDT在人的血液、大脑、肝和脂肪组织中含量比例为 1∶4∶30∶300；狄氏剂为 1∶5∶30∶150。由于农药残留对人和生物为害很大，各国对农药的施用都进行严格的管理，并对食品中农药残留容许量作了规定。如日本对农药实行登记制度，一旦确认某种农药对人畜有害，政府便限制或禁止销售和使用。

三、农药残留限量

　　世界卫生组织和联合国粮农组织（WHO/FAO）对农药残留限量的定义为，按照良好的农业生产（GAP）规范，直接或间接使用农药后，在食品和饲料中形成的农药残留物的最大浓度。首先根据农药及其残留物的毒性评价，按照国家颁布的良好农业规范和安全合理使用农药规范，适应本国各种病虫害的防治需要，在严密的技术监督下，在有效防治病虫害的前提下，在取得的一系列残留数据中取有代表性的较高数值。它的直接作用是限制农产品中农药残留量，保障公民身体健康。在世界贸易一体化的今天，农药最高残留限量也成为各贸易国之间重要的技术壁垒。

　　最大残留限量（Maximum residues limits，MRLs）指在生产或保护商品过程中，按照农药使用的良好农业规范（GAP）使用农药后，允许农药在各种食品和动物饲料中或其表面残留的最大浓度。最大残留限制标准是根据良好的农药使用方式（GAP）和在毒理学上认为可以接受的食品农药残留量制定的。

最大农药残留限制的标准主要应用于国际贸易，是通过FAO/WHO 农药残留联席会议（Joint FAO/WHO Meeting on Pesticide Residues，JMPR）的估计而推算出来的：农药及其残留量的毒性估计；回顾监控实验和全国食品操作中监督使用而搜集的残留量数据，监测中数据产生了最高的国家推荐、授权以及登记的安全使用数据。为了适应全国范围内害虫控制要求的不同要求情况，最大农药残留限制标准将最高水平的数据继续在监控实验中进行重复，以确定它是有效的害虫控制手段。参照日允许摄入量（ADI），通过对国内外各种饮食中残留量的估计和确定，表明与"最大残留限量标准"相一致的食品对人类消费是安全的。

四、农药残留问题

世界各国都存在着程度不同的农药残留问题，农药残留会导致以下几方面为害。

（一）农药残留对健康的影响

食用含有大量高毒、剧毒农药残留的食物会引起人、畜急性中毒事故。长期食用农药残留超标的农副产品，虽然不会导致急性中毒，但可能引起人和动物的慢性中毒，导致疾病的发生，甚至影响到下一代。

（二）药害影响农业生产

由于不合理使用农药，特别是除草剂，导致药害事故频发，经常引起大面积减产甚至绝产，严重影响了农业生产。土壤中残留的长残效除草剂是其中的一个重要原因。

（三）农药残留影响进出口贸易

世界各国，特别是发达国家对农药残留问题高度重视，对各种农副产品中农药残留都规定了越来越严格的限量标准。许多国家以农药残留限量为技术壁垒，限制农副产品进口，保护农业生产。2000 年，欧共体将氰戊菊酯在茶叶中的残留限量从 10mg/

kg 降低到 0.1mg/kg，使中国茶叶出口面临严峻的挑战。

五、农残的控制

1. 注意栽培措施

一要选用抗病虫品种；二要合理轮作，减少土壤病虫积累；三要培育壮苗，合理密植，清洁田园，合理灌溉施肥；四要采用种子消毒和土壤消毒，杀灭病菌；五要采用灯诱、味诱等物理方法，诱杀害虫。例如，黄板诱杀蚜虫、粉虱、斑潜蝇等；灯光诱杀斜纹夜蛾等鳞翅目及金龟子等害虫；专用性诱剂诱杀小菜蛾、斜纹夜蛾、甜菜夜蛾等害虫。

2. 采取生物防治方法

充分发挥田间天敌控制害虫进行防治。首先选用适合天敌生存和繁殖的栽培方式，保持天敌生存的环境。比如果园生草栽培法，就可保持一个利于天敌生存的环境，达到保护天敌的目的。其次要注意，农作物一旦发现害虫为害，应尽量避免使用对天敌杀伤力大的化学农药，而应优先选用生物农药。常用生物农药种类有 Bt 生物杀虫剂和抗生素类杀虫杀菌剂，如浏阳霉素、阿维菌素、甲氧基阿维菌素、农抗 120、武夷菌素、井冈霉素、农用链霉素等。昆虫病毒类杀虫剂，如奥绿 1 号。保幼激素类杀虫剂，如灭幼脲（虫索敌）、抑太保。植物源杀虫剂，如苦参素、绿浪等。

3. 选用低毒、低残留的化学农药

农作物生长后期，在生物农药难以控制时，可用这类农药进行防治。适用的农药主要有多杀菌素（菜喜）、安打、虫酰肼（美满、阿赛卡）、虫螨腈（除尽）、氟虫腈（锐劲特）、伏虫隆（农梦特）、菊酯类、农地乐、除虫净、辛硫磷、毒死蜱（新农宝、乐斯本）、吡虫啉（蚜虱净）、扫螨净、安克、杀毒矾、霜腺锰锌（克露、克丹）、霉能灵、腐霉利、敌力脱、扑海因、嘧菌胺（施佳乐）、甲霜灵、可杀得、大生 M-45、多菌灵等。严禁使用高毒高残留农药，如 3911、呋喃丹、甲基 1605、甲胺磷、

氧化乐果等。农药在使用中要注意，选用对口农药，适时使用农药。严格控制浓度和使用次数，采用合理的用药方法。注意不同种类农药轮换使用，防止病虫产生抗药性。严格执行农药使用安全间隔期。

六、解决农药残留问题的策略

1. 合理使用农药

解决农药残留问题，必须从根源上杜绝农药残留污染。中国已经制定并发布了七批《农药合理使用准则》国家标准。准则中详细规定了各种农药在不同作物上的使用时期、使用方法、使用次数、安全间隔期等技术指标。合理使用农药，不但可以有效地控制病虫草害，而且可以减少农药的使用，减少浪费，最重要的是可以避免农药残留超标。有关部门应在继续加强《农药合理使用准则》制定工作的同时，加大宣传力度，加强技术指导，使《农药合理使用准则》真正发挥其应有的作用。而农药使用者应积极学习，树立公民道德观念，科学、合理使用农药。

2. 加强农药残留监测

开展全面、系统的农药残留监测工作能够及时掌握农产品中农药残留的状况和规律，查找农药残留形成的原因，为政府部门提供及时有效的数据，为政府职能部门制定相应的规章制度和法律法规提供依据。

3. 加强法制管理

加强《农药管理条例》《农药合理使用准则》《食品中农药残留限量》等有关法律法规的贯彻执行，加强对违反有关法律法规行为的处罚，是防止农药残留超标的有力保障。

七、预防农药残留超标

1. 掌握使用剂量不同的农药有不同的使用剂量

同一种农药在不同防治时期用药量也不一样，而且各种农药对防治对象的用量都是经过技术部门试验后确定的，对选定的农药不可任意提高用药量，或增加使用次数，如果随意增加用药量，不仅造成农药的浪费，还产生药害，导致作物特别是蔬菜农药残留。而害怕农药残留，采用减少用药量的方法，又达不到应有的防治效果。为此在生产中首先应根据防治对象，选择最合适的农药品种，掌握防治的最佳用药时机；其次要严格掌握农药使用标准，既保证防治效果，又降低了残留。

2. 掌握用药关键时期

根据病虫害发生规律、为害特点应在关键时期施药。预防兼治疗的药剂宜在发病初期应用，纯治疗也是在病害较轻时应用效果好。防治病害最好在发病初期或前期施用。防治害虫应在虫体较小时防治，此时幼虫集中，体小，抗药力弱，施药防治最为适宜。过早起不到应有的防治效果，过晚农药来不及被作物吸收，导致残留超标。

3. 掌握安全间隔期

安全间隔期即最后一次使用农药距离收获时的时间，不同农药由于其稳定性和使用量等的不同，都有不同间隔要求，间隔时期短，农药降解时间不够造成残留超标。如防治麦蚜虫用 50%的抗蚜威，每季最多使用 2 次，间隔期为 15 天左右。

4. 选用高效低毒低残留农药

为防治农药含量超标，在生产中必须选用对人畜安全的低毒农药和生物剂型农药，禁止剧毒、高残留农药的使用。

5. 交替轮换用药

多次重复施用一种农药，不仅药效差，而且易导致病虫害对药物产生抗性。当病虫草害发生严重，需多次使用时，应轮换交替使用不同作用机制的药剂，这样不仅避免和延缓抗性的产生，而且有效地防止农药残留超标。

第十二节　合理使用农药

合理使用农药要做到安全、有效、经济、即在掌握农药性能的基础上，科学使用，充分发挥其药效作用，既有效防治病虫草害，又保证对人畜、作物及其他有益生物安全。合理使用农药，应注意掌握以下几条原则。

一、对症下药，明确防治对象

选择农药时，要弄清防治对象的生理机制和为害特点，以及农作物的品种、生育时期等，田间发生的病虫害种类多种多样，每一种对不同药剂的反应都不尽相同，即使是同一类的不同种群也有很大差别。在弄清了防治对象之后，再选择出适宜的农药品种。例如，防治三化螟，可用巴丹、噻嗪啶、呋喃丹等。

二、搞好病虫调查，抓住关键时期施药

施前一定要认真进行病虫调查，掌握防治适期，在最佳防治时期施药。否则施药过早，药效与病虫防治期不吻合，起不到控制为害的作用。施药晚了效果差，不仅起不到控制作用而且造成农药浪费。因此，喷药应把握好"火候"，选择病虫草害的薄弱环节或对农药的敏感期，一般杀虫剂应掌握在孵化盛期至幼虫3龄前，目前使用的杀菌剂，多属于保护性的，治疗效果较差。因此，防治病害，应在发病前或发病初用药，如果等到病害已经流行再施药，则很难取得好的防效。

三、不能随意增加用药量或加大用药浓度

很多农民错误地认为，增加用药量或加大用药浓度防效就会提高，因此，不按说明要求而随意增加用药量的现象普遍存在。此外，农民在配药时不用量具，只用瓶盖随意量取，缺乏数量概念，造成使用药量大大超标，这样做不仅造成浪费，同时也容易产生药害。环境遭到严重污染，为害人畜安全。

四、避免长期单一使用同一类农药

在使用农药过程中，一旦发现某种农药防效好，就长期连续

使用，即使防效下降也不更换，认为防效下降就是农药含量低了，没有认识到这是长期单一使用一种农药造成病原生物抗药性逐年增加的后果。如 1978 年用灭扫利 6 000 倍液防治红蜘蛛，防效 98% 以上，现在用 1 000 倍液防效不到 50%。全国已有 30 多种害虫、10 多种病害对农药产生了抗性，农民用增加用药量的方法来提高防治效果，结果入为筛选了抗药性更强的后代，继续提高用药浓度，病虫抗药性进一步提高，造成恶性循环，也不解决问题。因此，在使用农药过程中，必须注意几种农药的交替轮换使用，或合理混配，从而延长农药使用年限，提高防治效果。

五、混合使用农药，注意合理搭配

应选用作用机制不同的农药交替使用或根据农药的理化性质合理混配使用，这样不但能提高防治效果，还能延缓病虫抗药性的产生。混配农药要注意以下几个问题：①农药混合后的药效提高的或效果互不影响的，可以混用；②农药混合后对农作物产生药害的不能混用。

六、注意农药的安全间隔期

安全间隔期是指根据农药在作物上消失、残留、代谢等制定的最后一次施药离作物收获的相隔日期。安全间隔期内禁止施药。安全间隔期的长短与农药种类、剂型、施药浓度等因素有关。在使用过程中，千万不要超过标准中规定的最高施药量，做到用药量适宜，要尽量减少用药次数，在病虫发生严重年份，按标准中规定的最多施药次数还不能达到防治要求的，应更换农药品种，切不可任意增加施药次数。

第十三节　安全使用农药

在使用农药的过程中，由于操作者缺乏防毒科学知识和未采取安全预防措施，在农药配制和喷洒过程中忽视安全防护，不按规程操作，而造成人体过多接触农药，发生农药中毒事故。

农药进入人体有三条途径，即消化道、呼吸道和皮肤。据中国农业科学院植物保护研究所的科研人员对人体污染量的调查测定：在密闭作物田间（棉田、保护地黄瓜等）采用大容量喷雾方法喷洒农药，约有2%的药剂沉积到施药者身上，施药人员皮肤污染的农药量为呼吸道吸入量的1 000倍；除人为因素外，经消化道和呼吸道中毒的机会很少，而皮肤吸收中毒则占中毒人数的90%以上。因而，防止皮肤污染是防止农药入侵人体的关键。

一、农药使用中发生操作人员中毒的主要原因

农药使用过程中，由于忽视安全防护，操作不当，施药方法不正确，使操作人员大量接触农药，发生中毒事故，其中主要原因如下。

（1）配制农药时不小心手脚接触药剂或药液溅到人员皮肤和面部，没有及时用清水和肥皂清洗；配药时人在下风向，吸入农药过多。

（2）任意提高配制的药液浓度，不仅增加了中毒的机会，还容易增加作物药害的产生。

（3）施药方法不正确。喷洒农药时不是顺风向顺序或隔行施药，而是逆风向施药，以致药剂被风吹到操作者身上或被吸入人体，加之有些操作人员的衣服被药液淋湿也不及时更换。

（4）配药和施药人员不注意个人安全防护。在配药、施药时不穿好长袖衣裤和鞋袜、不戴防毒口罩和塑料手套，甚至袒胸露背赤足，也有的在喷药后，未经清水、肥皂洗手、洗脸就吃瓜果、喝水或吸烟等。

（5）高温炎热天气用药，最易发生中毒事故。天气热、气温高，加速了农药的挥发，提高了空气中农药的浓度；气温高时，人体散热机能增强，皮肤毛细血管扩张，血流加快，皮肤吸收量增大，农药更容易进入人体。

（6）施药器械漏水、漏粉，喷雾器喷头堵塞后，徒手拧，

直接用嘴吹，增加了农药污染皮肤或经口腔进入人体的机会。

（7）施药人员如是儿童、老年人、三期（即月经期、孕期、哺乳期）妇女、体弱多病、皮肤损伤、精神不正常、对农药敏感者等，接触农药后都较易发生中毒。

（8）误入施药不久的田间进行农事操作，皮肤沾染药剂或吸入药剂挥发的蒸气而引起中毒。

二、如何安全合理使用农药

要想安全合理使用农药，首先要对农药有科学认识，其次要选用设计合理、质量高的施药器械，采用正确的施药方法和施药时机。

1. 正确理解农药

尽量选用毒性低的农药品种，首先应认识到农药是一类有毒物质，特别是那些高毒、剧毒农药，例如对硫磷、甲胺磷等，只要几滴药液进入人体，就会发生农药中毒事故，因而应按照《农药贮运、销售和使用防毒规程》安全合理施药。另一方面，不能错误地认为农药毒性越大药效就越好，有些农药毒性很大（例如无机砷杀虫剂），药效却很差，而有些农药毒性很小（例如氰戊菊酯、溴氰菊酯、抗蚜威、扑虱灵和磺酰脲类除草剂等），药效却很高。所以，施药前，应首先向当地植保技术部门咨询，根据病虫害发生类型，尽量选用毒性低的农药品种。

2. 安全配制农药

配制药液时，要注意安全防护。操作过程中要轻轻打开瓶塞或药粉袋，脸要避开药瓶口和药袋口，细心量取，不能随意增加用量。称好的药剂要慢慢倒入药液箱中，用木棍轻轻地搅匀。严防药液溅出、粉尘飞扬。

3. 掌握安全施药技术

施药过程中的安全措施。主要就是设法减少操作过程中人体皮肤与农药接触，另一方面就是提高农药有效利用率，减少流失到环境中的农药比例。

（1）严禁用喷雾法喷洒剧毒农药。目前，我国农药市场上高毒、剧毒农药品种较多，例如克百威（呋喃丹）、涕灭威（铁灭克）、甲拌磷（三九一）等，为安全起见，这些农药严禁喷雾使用，只允许加工成颗粒剂或供拌种使用，但不少地区的农民把克百威、涕灭威颗粒剂用水浸泡，用其药液喷雾，药效虽好，但极易发生人身中毒事故。

（2）禁止用地面超低容量喷雾法喷洒高毒农药。超低容量喷雾技术所用的药液浓度高，所产生的雾滴细小，雾滴直径一般在 $15\sim75\mu m$，容易飘移，极易造成对人体皮肤和呼吸道、眼睛等部位的污染。

（3）选用设计合理、质量高的施药器械。为避免人与农药接触，提高农药使用率，现在的施药机具有很多有关安全使用方面的设计，例如增大药液箱加液口直径和适当的过滤网安装深度，避免加液过程中药液溅出；喷杆喷雾机上安装自洁过滤装置，防止喷头堵塞，基本避免了作业过程中人对喷头的清洗工作，这些设计都不同程度地减少了人与农药接触的机会。因而，从安全使用农药角度考虑，消费者应该购买这类设计合理的施药器械。

施药器械质量低劣，喷雾过程中发生药液滴漏，不但浪费农药和降低防治效果，滴漏的药剂将直接污染操作者的皮肤。我国目前手动喷雾器中药液滴漏问题特别突出，操作者的背部、四肢经常被药液弄湿。这样的喷雾器坚决不能使用。消费者在购买喷雾器时一定要选购机械部定点企业生产的高质量喷雾器。

（4）正确处理喷头堵塞。施药过程中经常遇到喷头堵塞，此时切忌急躁，要按规程进行排除。首先，立即关闭喷杆上的开关，防止药液从喷头或开关处流出，再戴上橡胶或塑料手套，缓慢拧开喷头帽，取出喷头片，用毛刷或草秆疏通喷孔，清除杂质；清理完毕后，细心安上喷头片，拧紧喷头帽；脱下手套，用肥皂水洗手。注意不可用嘴对着喷头吹，不可拿着喷杆乱敲，避免药液飞溅到身上。

（5）采用正确的喷洒方法。有了高质量的施药器械，还应采取正确的喷洒方法。喷洒农药时，操作人员应站在上风向隔行喷药。对于背负式机动喷雾喷粉机，操作人员行走方向应与风向垂直或成夹角，采用水平沉积法施药，避免左右摆动喷药；使用手动喷雾器应尽量采用后退行走喷雾的方法。总之，尽量避免人体与药剂接触。

（6）降低施液量。我国目前人们还习惯于大容量喷雾法，一般每亩地施液量超过40L，研究表明，这种大容量喷雾法，药液流失严重，不仅农药有效利用率低，对操作者污染也较严重。我国手动喷雾器上配有1.6、1.3、1.0、0.7mm孔径的喷头片，孔径小的喷头片的喷雾角为50°，而孔径大的喷头片的喷雾角则为100°，由于大孔喷头片喷雾面积大，对靶性差，对施药人员污染就大。经测定，使用小孔喷头片对人的污染比用大孔喷头片要减少80%以上。采用小孔喷头片可以降低施液量，不仅可以提高农药有效利用率，还可以降低对操作者的污染。

（7）选择合适时机施药。田间施药，应在风力较小时进行，风速超过每秒5m（三级风以上）或风向不定时禁止施药；高温季节喷撒农药最好在早、晚进行，一般宜在8—10时、16—20时喷药。

（8）施药器械要及时清洗、保养。喷药结束后，要及时清洗施药器械，并更换漏水处的垫圈。中国农业科学院植物保护研究所的调查表明，我国手动喷雾器械滴水、漏水的原因中，半数以上是由于喷杆、开关、喷头等连接处垫圈破损而造成，因而为安全施药，应定期更换喷雾机具各连接部位的垫圈。

三、安全防护

为了减少或避免农药中毒事故，采取各种防护借施是很重要的。施药人员应按以下要求作好安全防护工作。

（1）在农药的贮运、配制、施药、清洗过程中，应穿戴必要的防护用具（如长袖衣裤、口罩、塑料手套等），尽量避免皮肤与农药接触。施药人员操作机具时严禁进食、喝水和抽烟。施药后，吃东西前要洗手，避免农药经口进入人体。

（2）田间施药前，要检查药械是否完好，以免施药过程中药液跑、冒、滴、漏。喷药时喷头堵塞，不要用嘴去吹喷头。要用清水和牙签、草秆或细毛刷清洗喷头。

（3）施药时，人要站在上风处，实行作物隔行施药操作。避免逆风喷药。

（4）施药后，要及时更换工作服，及时清洗手、脸等暴露部分的皮肤，及时清洗工作服和施药器械。

（5）如果药液沾到皮肤上，应立即停止作业，用肥皂及大量清水（不要用热水）充分冲洗被污染的部位。但清除敌百虫药剂的污染不要使用肥皂，以免敌百虫遇碱性肥皂后转化为毒性更高的敌敌畏。由于敌百虫有较高的溶水性，所以，只要用清水充分冲洗就可以了。

眼睛中不慎溅入了药液或药粉，必须立即用大量清水冲洗一段时间。

只要对农药有一个正确认识，采取适当的安全防护，使用高质量的喷药器械，采用安全的施药技术，就可以减少甚至避免农药中毒事故的发生。

第十七章　试验示范研究与应用

彭阳县秸秆生物反应堆技术试验总结

秸秆生物反应堆技术是近年宁夏回族自治区主要推广的农业新技术之一，该技术旨在改善作物生长环境、促进生长发育、提高光合效率、增强防病抗病能力，在实现作物高产、优质和绿色生产方面具有重要意义。

一、基本情况

彭阳县是全区地膜玉米种植大县，每亩地膜玉米可产秸秆3~4t，全县约有上百万 t 的玉米秸秆，除少量被畜牧养殖利用外，绝大多数秸秆变成了污染环境的垃圾材料。随着近几年设施农业的迅速发展壮大，瓜果蔬菜产业面临诸多挑战，土壤生态恶化，病虫害发生较为严重，加之农药、激素、化肥的使用不断增加，导致农业生态环境不断恶化，产品质量安全问题日益突出，这已成为当前彭阳县农业发展和农产品进入国内外市场的一大潜在危机。因此，蔬菜产业的发展亟需开辟新的途径。

2016 年，彭阳县有效搭乘宁夏蔬菜标准园创建活动的快车，在新集乡白河村拱棚辣椒标准化生产核心区设立了拱棚辣椒生物反应堆试验 18 栋，古城温沟日光温室秸秆生物反应堆技术2 栋共计 20 栋。实验结果表明，每栋温室、大棚，可利用秸秆4 000kg，可使大棚辣椒提前 7~10 天上市，增产 25%以上，增收 42.35%，这样，不但能有效解决秸秆浪费和环境污染问题，而且还可实现增效、增收，因此，秸秆生物反应堆技术的应用无疑是解决当前设施蔬菜产品质量安全问题的一条有效途径。采用该技术，能改善彭阳县大棚辣椒生产条件，促进辣椒生长发育，进而获得高产、优质、无公害的有机农产品，可有效地突破大棚辣椒连作障碍，是一项极具推广价值的农业实用技术。

二、示范方法

（一）示范类型

2012 年示范日光温室秸秆生物反应堆技术 2 栋，采用行间内置式技术，塑料大棚秸秆生物反应堆技术 18 栋，其中行下内置式技术示范 10 栋、行间内置式技术示范 8 栋。

（二）示范材料

行下内置式和行间内置式秸秆生物反应堆技术亩均使用秸秆生物反应堆技术专用菌种 10kg、尿素 8kg、玉米秸秆 4 000kg，亩材料费 800 元。

（三）操作方法

按照秸秆生物应堆技术开沟、铺秸秆、撒菌种、覆土、浇水、打孔和定植等几个关键技术步骤操作，其沟宽 40cm，深 30cm，沟与沟的中心距离为 130cm，秸秆（干秸秆）厚度约为 30cm，秸秆在沟的两端各出槽 10～15cm，菌种与秸秆比例 1：400，覆土厚度 30cm，浇水以湿透秸秆为宜，浇水后 3～4 天覆膜并用 φ12#钢筋打孔三行，行距 25～30cm，孔距 20cm，15 日后定植作物。

三、示范效果

根据实验结果表明，利用塑料大棚秸秆生物反应堆技术可使辣椒提前上市 5～7 天，20cm 处土壤温度增加 2～3℃，棚内气温提高 3～5℃，抗病能力增强，病虫害明显减少，农药用量减少 30%，使辣椒的生育期提前 7 天左右，前期增产 30%，全生育期增产 25% 以上，增收 42.35%。即每栋棚增产 915.6kg、增收

1 504.7元，折合亩增产 1 130.4 kg、亩增收 1 846.1 元。因此，该技术值得大力推广。

秸秆生物反应堆技术效果主要体现在以下 3 个方面。

一是环境调控作用明显。通过试验对比，秸秆生物反应堆技术能明显改善作物生长环境。示范温室比对照 2—4 月平均提高棚温 1.8℃，20 cm 土层地温提高 2.5℃；土壤结构明显改善，容重降低，孔隙度增加；示范大棚作物（辣椒）植株节间粗短、长势壮、叶片厚、表面有光泽，作物光合效率明显提高，辣椒始花期提前 5 天，采收期提前 5~7 天，最早采收时间为 6 月 11 日，较对照提前 10 天。

二是病虫害防治效果明显。根据观察对比，示范大棚（三年连作辣椒、两年采用秸秆生物反应堆技术）辣椒疫病、根腐病、茎基腐病等土传病害在 8 月 22 日前发生率不到 1%，显著低于对照大棚（与示范大棚连作年限和茬次相同）辣椒土传病害同期发病率 17%；9 月 6 日前，示范大棚辣椒白粉病发生率仅 5%，对照大棚发生率为 18%；示范棚在农药、化肥使用量和灌水量等方面均显著少于对照大棚，据测算，其中农药使用量可减少 50%~60%，化肥使用量减少 30%。

三是经济效益显著。秸秆生物反应堆技术通过合理调控作物生长环境和有效抗御连作障碍等不利因素，经济收益十分明显。据调查，截至 6 月 26 日，示范棚辣椒已采收（第三层果）鲜椒 900 kg，较对照 350 kg（采收第二层果）多采收 550 kg，由于上市时间提前，价格优势明显，秸秆生物反应堆技术与对照相比同期亩均可增收 1 500 元左右。白河村村民刘长吉秸秆生物反应堆大棚目前已收入 5 000 多元，比普通大棚 3 200 元高出 1 800 多元。同时，采用秸秆生物反应堆技术后作物生长健壮，果实膨大速度快，病虫害为害轻，产品品质明显提高。温沟村村民马凤明 2016 年采用秸秆生物反应堆技术种植温室黄瓜，单茬收入已达 2 万多元，比历年同期多收入近 6 000 元（表 1、表 2）。

表 1　秸秆生物反应堆设施辣椒投入、产出记载表

单位：kg，元

类　型	玉米秸秆		生物菌种		化肥		灌水量		农家肥		农药		种苗		每株投入		每株产出		亩投入		亩产出	
	数量	金额	数量	金额	数量	金额	数量	金额	数量	金额	数量	金额	数量	金额	数量	金额	数量	金额	数量	金额	数量	金额
示范大棚	2 000	800	2.5	80	54	108	380	2 000	240	80	2 400	96	1 784	4 378.3	5 026.2	2 202.5	6 205.2
常规大棚					78	156	620	4 000	480	268	2 400	96	1 620	3 462.7	3 530.9	2 000	4 359.1

表 2　秸秆生物反应堆设施辣椒生育期记载表

类　型	播种期 （月-日）	定植期 （月-日）	始花时间 （60%植株 始花为准）	坐果时间 （60%植株 坐果为准）	始收时间 （60%植株 始收为准）	拉秧期 （60%植株 拉秧为准）	全生育期 （天）
示范大棚	2-6	4-15	5-15	6-5	6-13	9-28	232
常规大棚			5-21	6-12	6-21	9-21	225

大棚辣椒引种比较试验小结

近年来，彭阳县充分利用当地光照充足、昼夜温差大、灌溉条件便利的优势，以市场为导向，大力发展反季节蔬菜生产。随着设施农业快速发展，塑料大棚地膜覆盖栽培辣椒面积迅速扩大，辣椒产业已成为调整当地作物种植结构，增加农民收入的有效途径，也成为彭阳县的支柱产业之一。为了选育适合当地栽培的优质高产辣椒新品种，蔬菜站于2012年对引进的新品种进行了试验，以期为大田生产提供科学的理论依据，现将结果总结如下。

一、材料与方法

（一）供试材料

供试6个辣椒品种为：以色列长剑王由天津朝研种苗科技有限公司提供，绿亨621、金剑808、金剑818由北京中农绿亨种子科技有限公司提供，洋大帅、牛角kw991由宁夏农林科学院提供，对照品种亨椒1号（ck）由北京中农绿亨种子科技有限公司提供。

（二）试验方法

试验地点选在红河乡上王村水泥拱架塑料大棚。土壤为黑垆土，肥力中上等，前茬菠菜。试验采用随机区组设计，每品种即1个处理，重复3次，小区面积23.4m²。采用膜下滴灌，垄高25cm，垄宽70cm，垄沟宽60cm，单株栽植，行距65cm，株距37cm，每小区定植88株。起垄覆膜前结合深翻整地施入腐熟农家肥4 000kg/亩、生物有机肥37kg/亩、磷酸二铵25kg/亩。追肥2次，每次用生物有机肥40kg/亩、磷酸二铵20kg/亩、尿素5kg/亩。其余管理按常规进行。观察记载物候期、农艺性状，并测定产量。

二、结果与分析

(一) 不同品种辣椒物候期比较

表 1 不同品种辣椒物候期

品种	播种期 (月-日)	出苗期 (月-日)	定植期 (月-日)	开花期 (月-日)	坐果期 (月-日)	采收始期 (月-日)	采收末期 (月-日)	定植至始收 (天)	采收期 (天)	生育期 (天)
以色列长剑王	2-10	3-3	4-18	5-25	6-1	6-21	10-4	64	106	215
绿亨 621	2-14	3-8	4-18	6-1	6-8	6-28	10-15	71	110	221
金剑 808	2-10	3-5	4-18	5-29	6-5	6-25	10-5	66	105	214
金剑 818	2-10	3-5	4-18	5-31	6-7	6-27	10-7	70	103	215
洋大帅	2-9	3-5	4-18	5-26	6-2	6-22	10-4	65	105	213
牛角 kw991	2-9	3-5	4-18	6-1	6-8	6-28	10-9	71	104	218
亨椒 1 号 (CK)	2-10	3-6	4-18	5-27	6-3	6-23	10-8	66	108	216

从表 1 看出，门椒开花、坐果期以色列长剑王、洋大帅分别较对照品种亨椒 1 号提前 2～1 天，金剑 808、金剑 818、绿亨 621、牛角 kw991 较对照晚 2～5 天。采收始期以色列长剑王、洋大帅分别较对照早 2～1 天，金剑 808、金剑 818、绿亨 621、牛角 kw991 较对照晚 2～5 天。定植至始收以色列长剑王、洋大帅分别为 64、65 天，分别较对照早 2～1 天；金剑 808 与对照相同；金剑 818、绿亨 621、牛角 kw991 较对照晚 2～5 天。采收期以绿亨 621 最长，为 110 天，较对照长 2 天，以色列长剑王、洋大帅、金剑 808、金剑 818、牛角 kw991 较对照品种短 2～5 天。生育期绿亨 621 品种最长，为 221 天，较对照长 5 天；其次牛角 kw991 较对照长 2 天；其余品种均较对照短 1～3 天。

(二) 不同品种辣椒植物学性状与抗病性

观测结果表明（表 2），株高绿亨 621 品种最高，为 120.5cm，较对照亨椒 1 号增加 5.1cm；以色列长剑王、洋大帅、金剑 808、金剑 818 较对照矮 4.6～20.3cm；牛角 kw991 最矮，为 90.7cm，较对照矮 24.7cm。茎粗绿亨 621 最粗，为

2.06cm，较对照增加 0.12cm；其余品种与对照差异不大。门椒节位绿亨 621 品种最高，为 10.4 节，较对照增加 2.0 节；其次、金剑 808、金剑 818 较对照分别增加 1.1、0.9 节；以色列长剑王、洋大帅、牛角 kw991 与对照差异不大。分枝数绿亨 621 最多，为 2.73 个，较对照增加 0.2 个；其余品种均较对照少，以色列长剑王最少，为 2.20 个，较对照减少 0.33 个。开展度绿亨 621 最大，为 135.6cm，较对照增加 7.3cm；其余品种均低于对照。单株结果数看，结果数牛角 kw991 最多，为 29.2 个，较对照增加 7.3 个；以色列长剑王、绿亨 621、金剑 808、金剑 818 分别较对照增加 0.1 个、0.5 个、1.2 个、1.4 个；洋大帅最少，较对照减少 0.7 个。植株生长势；以色列长剑王、绿亨 621、金剑 808、金剑 818、洋大帅与对照均强或较强，牛角 kw991 中等。7 个品种抗病性均强。

表 2　不同品种辣椒植物学性状与抗病性

品种	株高 (cm)	茎粗 (cm)	门椒节位 (节)	开展度 (cm)	分枝数 (个)	叶色	单株结果数 (个)	植株长势	抗病性
以色列长剑王	100.7	1.963	8.4	126.1	2.20	绿	22.0	强	强
绿亨 621	120.5	2.06	10.4	135.6	2.73	绿	22.4	强	强
金剑 808	110.8	1.97	9.5	128.3	2.50	绿	23.1	强	强
金剑 818	108.7	1.92	9.3	125.1	2.40	绿	23.3	强	强
洋大帅	95.1	1.85	8.5	118.0	2.33	绿	21.2	较强	强
牛角 kw991	90.7	1.90	8.7	111.7	2.40	绿	29.2	中等	强
亨椒 1 号（CK）	115.4	1.94	8.4	128.3	2.53	绿	21.9	强	强

（三）不同品种辣椒果实性状

表 3　不同品种辣椒果实性状

品种	果长 (cm)	果粗 (cm)	心室数 (个)	果肉厚度 (cm)	单果质量 (g)	果实外观、品质
以色列长剑王	20.7	4.59	3~4	0.39	85.2	大牛角形，黄绿色，微辣，果面光滑，顺直，光泽度好

（续表）

品种	果长 （cm）	果粗 （cm）	心室数 （个）	果肉 厚度 （cm）	单果 质量 （g）	果实外观、品质
绿亨 621	26.4	3.92	2~4	0.39	92.7	长牛角形，黄绿色，微辣，果面有棱沟，光泽度好
金剑 808	24.9	3.84	2~4	0.33	77.4	长牛角形，黄绿色，微辣，果面光滑，前端稍弯曲，光泽度好
金剑 818	25.1	3.83	3~4	0.34	77.8	长牛角形，黄绿色，微辣，果面光滑，前端稍弯曲，光泽度好
洋大帅	21.9	4.27	3~4	0.38	84.7	大牛角形，绿色，微辣，果面光滑，发亮，前端稍弯曲
牛角 kw991	22.7	3.19	2~4	0.33	58.5	大牛角形，黄绿色，微辣，果面光滑，有光泽
亨椒 1 号 （CK）	21.6	4.52	3~4	0.39	85.9	大牛角形，黄绿色，微辣，果面光滑，果肩微有皱褶，光泽度好

从表 3 看出，单果质量以绿亨 621 最高，为 92.7g，较对照增加 6.8g；其余品种均低于对照；牛角 kw991 最低，为 58.5g，较对照减少 27.4g。果长以绿亨 621 最长，较对照增加 4.8cm；其次是金剑 818、金剑 808，分别较对照增加 3.5、3.3cm；以色列长剑王最短，为 20.7cm，较对照减少 0.9cm。果粗以色列长剑王最粗，为 4.59cm，较对照增加 0.07cm；其余品种均低于对照；牛角 kw991 最细，仅 3.19cm，较对照细 1.33cm。果肉厚度以色列长剑王、绿亨 621 与对照相同；其余品种均较对照薄，以金剑 808 和牛角 kw991 最薄，为 0.33cm，较对照薄 0.06cm。从果实外观、品质看，参试各品种均为牛角椒，耐贮运；果味均微辣；果实颜色洋大帅为绿色，其余品种均为黄绿色。

（四）不同品种辣椒产量与产值

表4　不同品种辣椒总产量与产值

品种	小区总产量（kg/23.4m²）				折合总产量（kg/亩）	比对照±（%）	折合总产值（元/亩）	新复极差比较		位次
	I	II	III	平均				5%	1%	
以色列长剑王	154.4	157.5	160.0	157.3	4483.7	-0.9	4842.4	bc	B	3
绿亨621	170.8	168.0	173.6	170.8	4868.5	7.6	5258.0	a	A	1
金剑808	149.2	146.7	155.0	150.3	4284.2	-5.3	4626.9	d	B	6
金剑818	150.3	154.8	149.5	151.5	4319.3	-4.5	4664.8	cd	B	5
洋大帅	154.8	157.5	156.4	156.2	4453.3	-1.6	4809.6	bc	B	4
牛角kw991	138.9	142.3	136.8	139.3	3970.6	-12.2	4288.3	e	C	7
亨椒1号（CK）	158.1	154.6	163.5	158.7	4524.6		4885.5	b	B	2

注：单价1.08元/kg

从表4看出，折合总产量绿亨621最高，为4868.5kg/亩，较对照品种亨椒1号增产343.9kg/亩，增幅7.6%；总产值为5258.0元/亩，较对照增收372.5元/亩，其余5个品种均较对照减产，以牛角kw991最低，较对照减产12.2%。

（五）不同品种辣椒总产量方差分析

从方差分析结果看（表5），品种间差异达显著水平（$F = 28.0 > F_{0.05} = 3.0$），新复极差测验表明，以色列长剑王、洋大帅与对照差异不显著，绿亨621、金剑808、金剑818、牛角kw991与对照差异达显著水平；品种间差异达极显著水平（$F = 28.0 > F_{0.01} = 4.8$），新复极差测验表明，以色列长剑王、洋大帅、金剑808、金剑818 4个品种与对照差异不显著，绿亨621、牛角kw991与对照差异达极显著水平。

表5　不同品种辣椒小区总产量方差分析

变异原因	自由度DF	平方和SS	均方MS	F值	$F_{0.05}$	$F_{0.01}$
区组	2	25.64095	12.82048	1.307481	3.885294	6.926608
处理	6	1649.571	274.9286	28.03827	2.99612	4.820573
误差	12	117.6657	9.805476			
总变异	20	1792.878				

三、小结

综合分析不同品种辣椒的生育期、农艺性状、果实性状及产量，以绿亨 621 综合性状好，生长势强，折合总产量分别为4 868.5kg/亩，较对照品种亨椒 1 号增产 343.9kg/亩，增幅7.6%；总产值为 5 258.0元/亩，较对照增收 372.5 元/亩，高于对照亨椒 1 号，应在进一步试验示范的基础上进行大面积推广种植，其余品种继续进行试验观察。

大棚辣椒引种观察试验小结

随着移动大棚辣椒栽培面积迅速扩大，辣椒栽培小气候条件发生了重大变化，选择适合移动大棚可控小气候条件下的辣椒新品种成为一项新课题。结合当地实际情况，选择辣椒新品种进行试验，鉴定新育成的螺丝辣椒品系及杂交组合的遗传稳定性、形态特征、生物学特性等，测试新品种的生产潜力，以期为新品种的审定、推广提供依据。

一、材料与方法

（一）供试材料

供试 11 个辣椒品种为：天骄六号、55 号羊角椒、60 号羊角椒、63 号羊角椒、67 号羊角椒、70 号猪大肠、博椒 1 号、瑞椒7 号、东方盛龙、洋大帅、牛角 kw991。

（二）试验方法

试验采用大区比较栽培，共设 11 个处理，不设重复。试验小区面积23.4m²。采用膜下滴灌，垄宽 70cm，垄沟宽 60cm，垄高 25cm，行距 65cm，株距 37cm，单株栽植，每小区 88 株。起垄覆膜前结合深翻整地施入腐熟农家肥 4 000kg/亩、颗粒磷肥50kg/亩、磷酸二铵 25kg/亩。追肥 2 次，每次施入生物有机肥40kg/亩、磷酸二铵 20kg/亩、尿素 5kg/亩。其余栽培管理按常规进行。

　　试验地点选在红河乡上王村。土壤为黑垆土，肥力中上等，前茬作物为辣椒。于2012年2月9—10日在日光温室进行穴盘育苗，4月19日定植，6月下旬始收，10月中旬采收完毕。观察记载物候期，农艺性状，并测定产量。

二、结果与分析

（一）物候期

表1　不同辣椒品种物候期

品种	播种期(月-日)	出苗期(月-日)	定植期(月-日)	开花期(月-日)	坐果期(月-日)	采收始期(月-日)	采收末期(月-日)	定植至始收(天)	采收期(天)	生育期(天)
天骄六号	2-10	3-4	4-19	5-27	6-3	6-23	10-2	65	101	211
55号羊角椒	2-9	3-3	4-19	5-28	6-4	6-24	10-3	66	101	214
60号羊角椒	2-9	3-3	4-19	5-26	6-2	6-22	10-1	64	101	212
63号羊角椒	2-9	3-3	4-19	6-4	6-11	7-1	10-10	72	101	220
67号羊角椒	2-9	3-3	4-19	6-3	6-10	6-30	10-8	72	100	219
70号猪大肠	2-9	3-3	4-19	6-6	6-13	7-3	10-11	74	100	221
博椒1号	2-10	3-4	4-19	6-1	6-8	6-28	10-8	70	100	218
瑞椒7号	2-9	3-5	4-19	6-1	6-8	6-28	10-11	70	105	220
东方盛龙	2-9	3-5	4-19	6-2	6-9	6-29	10-7	71	100	216
洋大帅	2-9	3-5	4-19	5-26	6-2	6-22	10-4	64	105	213
牛角kw991	2-9	3-5	4-19	6-1	6-8	6-28	10-9	70	104	218

　　从表1看出，参试品种中开花、坐果期以60号羊角椒和洋大帅最早，较其余品种提前1~11天。始收期以60号羊角椒和洋大帅最早，较其余品种提前1~9天；采收末期以60号羊角椒最早，较其余品种提前1~10天；定植至始收以70号猪大肠天数最长，长达74天，60号羊角椒和洋大帅最短，为64天。采收期洋大帅和瑞椒7号最长，为105天，其余11个品种采收期在100~104天。生育期70号猪大肠最长，为221天，其余各品种生育期在211~220天。

（二）植物学性状

从观测数据看（表2），株高以60号羊角椒植株最高，为113.4cm，较其余品种株高增加1.2~22.7cm，牛角kw991植株最矮，为90.7cm，且植株生长势为中等，其余几个品种生长势均较强。茎粗以牛角kw991和瑞椒7号最粗，较其余品种增加0.04~0.42cm；天骄六号最细，为1.48cm。门椒节位以55号羊角椒节位最高，为10.8节，较其余品种节位增加0.8~3.6节；67号羊角椒最低，为7.2节。分枝数以67号羊角椒和博椒1号最多，为2.8个，较其余品种增加0.2~0.8个；天骄六号、55号羊角椒、60号羊角椒最少，为2.0个。开展度以60号羊角椒最大，为133.4cm，较其余品种增加1.6~21.7cm；牛角kw991最小，为111.7cm。参试各品种以牛角kw991单株结果数最多，为29.2个，表明牛角kw991连续坐果能力强，较其余品种增加2.4~7.8个，70号猪大肠结果数最少，仅为21.4个。

表2　不同辣椒品种的植物学性状

品种	株高（cm）	茎粗（cm）	门椒节位（节）	开展度（cm）	分枝数（个）	叶色	单株结果数（个）	植株长势
天骄六号	102.4	1.48	8.4	123.6	2.0	绿	22.4	较强
55号羊角椒	95.6	1.59	10.8	112.2	2.0	绿	23.5	较强
60号羊角椒	113.4	1.71	9.6	133.4	2.0	绿	24.6	强
63号羊角椒	112.2	1.58	9.4	119.6	2.4	绿	23.0	较强
67号羊角椒	99.8	1.57	7.2	129.7	2.8	绿	25.3	较强
70号猪大肠	109.4	1.72	9.4	131.8	2.2	绿	21.4	强
博椒1号	97.6	1.86	8.4	121.0	2.8	绿	26.8	强
瑞椒7号	112.4	1.90	10.0	126.2	2.6	绿	23.2	强
东方盛龙	100.4	1.84	9.2	121.5	2.4	绿	22.4	强
洋大帅	95.1	1.85	8.5	118.0	2.3	绿	21.2	较强
牛角kw991	90.7	1.90	8.7	111.7	2.4	绿	29.2	中等

（三）果实性状

从参试各品种果实性状和品质来看（表3），瑞椒7号、东方盛龙、洋大帅、牛角 kw991 4 个品种果实为牛角椒，果色为绿或黄绿色，微辣，果面光滑，果肉厚、耐贮运；天骄六号、55号羊角椒、60号羊角椒、63号羊角椒、67号羊角椒、博椒1号6 个品种果实为长羊角椒，果均为深绿色，辣味浓，皮薄，口感好；70号猪大肠品种果实为螺丝椒，深绿色，辣味适中。果长以 60号羊角椒最长，为 31.3cm，较其余品种长 0.3～10.3cm，67号羊角椒最短，仅为 21.0cm。果粗以瑞角7号最粗，为4.50cm，较其余品种增加 0.23～1.71cm，博椒1号最细，为2.79cm。果肉厚度以瑞椒7号最厚，为 0.39cm，60号羊角椒最薄，为 0.22cm，其余 9 个品种为 0.24～0.38cm。单果质量以洋大帅最重，为 87.7g，较其余品种增加 0.8～38.6g，67号羊角椒和博椒1号最轻，仅为 49.1g。

表3　不同辣椒品种果实性状

品种	果长（cm）	果粗（cm）	心室数（个）	果肉厚度（cm）	单果质量（g）	果实外观、品质
天骄六号	27.1	3.32	2~3	0.28	50.0	长羊角，深绿，味辣，果面粗糙，果肩皱褶多，变曲，口感好
55号羊角椒	31.0	3.91	2~3	0.27	58.6	长羊角，深绿，味辣，果肩微有皱褶，皱纹细密
60号羊角椒	31.3	3.06	2	0.22	52.4	长羊角，深绿，味辣，果肩皱褶多，果面皱纹细密，皮薄，口感好
63号羊角椒	28.4	3.25	2	0.24	57.5	长羊角，深绿，味辣，果面微有皱褶，皮薄，口感好
67号羊角椒	21.0	3.61	2~3	0.29	49.1	羊角，深绿，味辣，果面粗糙，微有皱褶，变曲
70号猪大肠	23.9	4.13	3	0.38	70.7	螺丝椒，深绿，辣味适中，果面有皱褶，邹纹粗糙，变曲
博椒1号	30.4	2.79	2~3	0.30	49.1	长羊角，深绿，味辣，果肩皱褶多，果面皱纹细密
瑞椒7号	21.6	4.50	3~4	0.39	86.9	粗牛角，绿色，微辣，果面光滑顺直，微有棱沟，光泽度好

（续表）

品种	果长 （cm）	果粗 （cm）	心室数 （个）	果肉 厚度 （cm）	单果 质量 （g）	果实外观、品质
东方盛龙	24.0	3.63	3~4	0.38	77.1	牛角，黄绿色，微辣，果面光 滑顺直，光泽度好
洋大帅	21.9	4.27	3~4	0.38	87.7	牛角，绿色，微辣，果面光 滑，发亮，前端稍弯曲
牛角 kw991	22.7	3.19	2~4	0.33	58.5	牛角形，黄绿色，微辣，果面 光滑顺直，有光泽

（四）产量与产值

产量结果从不同果形分析，羊角椒折合产量及产值以 70 号猪大肠最高，分别为 3 440kg/亩和 5 504.8元/亩，较其余品种分别增加 324.3~655.6kg/亩和 518.9~1 049 元/亩，增幅 9.4%~19.1%。其次 55 号羊角椒折合产量及产值较高，分别为 3 116.2 kg/亩和 4 985.9元/亩，较其余品种增加 111.8~331.3kg/亩，增幅 3.6%~10.6%。67 号羊角椒折合产量及产值最低，分别为 2 784.9kg/亩和 4 455.8元/亩（表4）。

表 4　不同辣椒品种产量与产值

品种	小区产量 （kg/23.4m^2）	折合产量 （kg/亩）	折合产值 （元/亩）
天骄六号	99.6	2 839.0	4 542.4
55 号羊角椒	109.3	3 116.2	4 985.9
60 号羊角椒	102.3	2 916.0	4 665.6
63 号羊角椒	103.8	2 958.7	4 734.0
67 号羊角椒	97.7	2 784.9	4 455.8
70 号猪大肠	120.7	3 440.5	5 504.8
博椒1号	105.4	3 004.4	4 807.0
瑞椒7号	159.6	4 549.3	4 913.2
东方盛龙	145.9	4 158.8	4 491.5
洋大帅	156.2	4 452.4	4 808.6
牛角 kw991	139.3	3 970.6	4 288.2

注：羊角销售价 1.6 元/kg，牛角销售价 1.08 元/kg

牛角椒折合产量及产值瑞椒 7 号最高，分别为 4 549.3kg/亩和 4 913.2 元/亩，较其余品种分别增加 96.9~578.7kg/亩和104.6~625 元/亩，增幅 2.1%~12.7%。其次洋大帅折合产量及产值较高，分别为 4 452.4kg/亩和 4 808.6 元/亩，较其余品种增加 293.6~481.8kg/亩，增幅 6.6%~10.8%。牛角 kw991 折合产量及产值最低，分别为 3 970.6kg/亩和 4 288.2 元/亩。

三、小结

试验结果表明，70 号猪大肠产值位居第一，为螺丝椒，果大肉厚，辣味适中；天骄六号、55 号、60 号、63 号、67 号、博椒 1 号 6 个品种均为羊角椒，辣味浓，皮薄，适口性好，市场销售旺。瑞椒 7 号产量位居第一，为牛角椒，果大肉厚，微辣，耐贮运。

大棚牛角辣椒引种试验小结

彭阳县牛角辣椒栽培历史悠久，在长期自然和人工定向选择下，形成了丰富的品种资源。牛角辣椒肉厚，耐贮运，深受外商的喜爱，已成为彭阳县特色蔬菜产业。为选择出适宜彭阳县种植的优质高产牛角椒品种，加速品种更新换代，确保牛角辣椒产业的可持续发展和菜农收入的稳步增长。蔬菜站于 2012 年对引进的新品种进行了试验，以期筛选出适宜彭阳县气候条件下的优质、高产、抗病新品种，现将结果总结如下。

一、材料与方法

（一）供试材料

参试 13 个辣椒品种为：长冠由沈阳市九农高科种苗有限公司提供，角斗士、日本瑞崎、金惠 13-B、金惠 13-C、金惠 13-F、谷雨·牛角王、名品一号牛角椒、黄皮墨秀大椒、金富 805辣椒均由宁夏兴农良品农业科技有限公司提供，川岛长冠由宁夏巨丰种苗有限公司提供，朗悦206、朗悦208由北京格瑞亚种子有限公司提供，对照品种亨椒1号（CK）由北京中农绿亨种子科技有限公司提供。

（二）试验方法

试验地点选在红河乡上王村水泥拱架塑料大棚。土壤为黑垆土，肥力中上等，前茬辣椒。试验采用随机区组设计，每品种即1个处理，重复3次，小区面积23.4m²。采用膜下滴灌，垄高25cm，垄宽70cm，垄沟宽60cm，单株栽植，行距65cm，株距37cm，每小区定植88株。起垄覆膜前结合深翻整地施入腐熟农家肥4 000kg/亩、颗粒磷肥50kg/亩、磷酸二铵25kg/亩。追肥2次，每次用生物有机肥40kg/亩、磷酸二铵20kg/亩、尿素5kg/亩。其余管理按常规进行。2012年2月10—14日在日光温室进行穴盘育苗，4月19日定植，6月下旬始收，10月中旬采收完毕。全生育期观察记载物候期，结果盛期每小区随机取10株观测农艺性状，采收初期至盛期每小区随机取20个果实进行性状测定。采收期按小区统计产量，始收期至收获结束后统计总产量。

二、结果与分析

（一）物候期

表1 参试辣椒品种的物候期及生育期

品种	播种期 (月-日)	出苗期 (月-日)	定植期 (月-日)	开花期 (月-日)	坐果期 (月-日)	采收始期 (月-日)	采收末期 (月-日)	定植 至始收 (天)	采收期 (天)	生育期 (天)
长冠	2-10	3-5	4-19	6-2	6-9	6-29	10-10	70	104	219
角斗士	2-10	3-5	4-19	5-29	6-5	6-25	10-7	66	105	216
日本瑞崎	2-10	3-5	4-19	6-1	6-7	6-27	10-8	68	104	217
金惠13-B	2-10	3-3	4-19	5-22	5-29	6-19	10-3	60	106	214
金惠13-C	2-10	3-5	4-19	6-2	6-9	6-29	10-12	70	106	221
金惠13-F	2-10	3-3	4-19	6-1	6-8	6-28	10-12	69	107	223
谷雨·牛角王	2-10	3-5	4-19	5-31	6-7	6-27	10-10	68	106	219

（续表）

品种	播种期 (月-日)	出苗期 (月-日)	定植期 (月-日)	开花期 (月-日)	坐果期 (月-日)	采收始期 (月-日)	采收末期 (月-日)	定植 至始收 (天)	采收期 (天)	生育期 (天)
名品一号牛角	2-10	3-3	4-19	5-30	6-5	62-5	10-6	66	104	217
黄皮墨秀大椒	2-14	3-7	4-19	6-1	6-7	6-27	10-12	68	108	219
金富805	2-14	3-6	4-19	5-28	6-4	6-24	10-7	65	106	215
川岛长冠	2-10	3-3	4-19	6-2	6-9	6-29	10-12	70	106	223
朗悦206	2-10	3-5	4-19	6-1	6-7	6-28	10-14	69	109	223
朗悦208	2-10	3-5	4-19	6-3	6-10	6-30	10-14	71	107	223
亨椒1号（CK）	2-10	3-5	4-19	5-27	6-3	6-23	10-5	64	105	214

从表1可以看出，门椒开花期、坐果期比对照亨椒1号早的品种有金惠13-B，较对照提前5天；比对照亨椒1号迟的有长冠、角斗士、日本瑞崎、金惠13-C、金惠13-F、谷雨·牛角王、名品一号牛角椒、黄皮墨秀大椒、金富805、朗悦206、朗悦208、川岛长冠12个品种，分别延迟1~7、1~6天，其中朗悦208开花、坐果最迟，比对照亨椒1号延迟7天。采收期比对照亨椒1号长的有金惠13-B、金惠13-C、金惠13-F、谷雨·牛角王、黄皮墨秀大椒、金富805、朗悦206、朗悦208、川岛长冠9个品种，长1~4天，其中朗悦206采收期最长，为109天；比对照亨椒1号短的有长冠、角斗士、日本瑞崎、名品一号牛角椒4个品种。生育期比对照亨椒1号长的有长冠、角斗士、日本瑞崎、金惠13-C、金惠13-F、谷雨·牛角王、名品一号牛角椒、黄皮墨秀大椒、金富805、朗悦206、朗悦208、川岛长冠12个品种，长1~9天，其中金惠13-F、朗悦206、朗悦208、川岛长冠4个品种生育期最长，为223天；金惠13-B对照亨椒1号短生育期相同，为214天。

（二）植株主要性状与抗病性

从观测结果看（表2），参试的14个品种均表现出较强的抗病能力，未发现病害。植株生长势均强或较强。株高朗悦206最

高，为 121.1cm，较对照增加 3.2cm；其余品种均比对照矮
0.9~21.6cm，长冠最矮，为 96.3cm，较对照矮 21.6cm。茎粗
黄皮墨秀大椒最粗，为 2.03cm，较对照增加 0.09cm；金惠 13-
C、朗悦 206、朗悦 208 与对照差异不大；其余品种均比对照细，
分别较对照细 0.05~0.23cm。门椒节位朗悦 206 节位最高，为
9.1 节，较对照增加 1.4 节；朗悦 208 次之，较对照增加 1.3 节；
长冠、日本瑞崎、金惠 13-B、金富 805 辣椒 4 个品种与对照差
异不明显。分枝数日本瑞崎最多，为 2.87 个，较对照增加 0.64
个；其次是长冠，为 2.67，较对照增加 0.44 个；金富 805 辣椒
最少，为 2.13 个，较对照减少 0.1 个；其余 10 个品种与对照差
异不大。单株结果数看，日本瑞崎结果数最多，为 24.8 个，较
对照增加 2.2 个；名品一号牛角椒最少，为 21.5 个，较对照减
少 1.1 个；其余 11 个品种与对照差异不大。

表 2　参试辣椒品种的植株主要性状与抗病性

品种	株高（cm）	茎粗（cm）	门椒节位（节）	开展度（cm）	分枝数（个）	叶色	单株结果数（个）	植株长势	抗病性
长冠	96.3	1.87	7.6	119.5	2.67	绿	24.5	较强	强
角斗士	104.5	1.72	8.5	122.7	2.33	绿	22.2	强	强
日本瑞崎	97.7	1.84	7.8	115.1	2.87	绿	24.8	较强	强
金惠 13-B	100.9	1.74	7.6	122.4	2.33	绿	22.0	强	强
金惠 13-C	113.5	1.95	8.1	126.4	2.33	绿	22.9	强	强
金惠 13-F	117.0	1.78	8.9	132.5	2.23	绿	22.0	强	强
谷雨·牛角王	106.2	1.71	7.9	122.5	2.27	绿	22.4	强	强
名品一号牛角	104.7	1.89	8.3	125.9	2.27	绿	21.5	强	强
黄皮墨秀大椒	98.0	2.03	8.7	109.6	2.27	绿	22.8	强	强
金富 805	103.1	1.78	7.7	122.7	2.13	绿	22.3	强	强
川岛长冠	116.1	1.83	7.9	137.9	2.53	绿	22.7	强	强
朗悦 206	121.1	1.98	9.1	134.7	2.27	绿	23.0	强	强
朗悦 208	105.9	1.97	9.0	124.3	2.23	绿	21.9	强	强
亨椒 1 号（CK）	117.9	1.94	7.7	128.9	2.23	绿	22.6	强	强

（三）果实性状

表3　参试辣椒品种的果实性状

品种	果长（cm）	果粗（cm）	心室数（个）	果肉厚度（cm）	单果质量（g）	果实外观、品质
长冠	22.7	3.98	3	0.39	72.3	牛角，黄绿色，微辣，果面、果肩微有皱褶，有光泽
角斗士	20.9	4.81	3	0.44	86.4	牛角，绿色，辣味适中，果面微有皱褶，顺直，光泽度好
日本瑞崎	24.2	4.16	2~3	0.37	75.7	牛角与羊角中间形，黄绿色，微辣，果肩微有皱褶，果面有棱沟
金惠13-B	22.0	5.04	2~3	0.43	88.5	牛角，浅绿色，微辣，果面光滑，顺直，光泽度好
金惠13-C	24.9	4.57	2~3	0.41	93.2	长牛角，白绿色，味辣，果面光滑顺直，果肩微有皱褶，光泽度好
金惠13-F	27.0	4.39	3~4	0.43	96.8	长牛角，浅绿色，微辣，果面光滑顺直，果肩微有皱褶，光泽度好
谷雨·牛角王	21.9	4.30	2~3	0.39	85.3	牛角，绿色，微辣，果面光滑顺直，光泽度好
名品一号牛角	21.6	4.41	2~4	0.43	86.8	牛角，绿色，微辣，果面光滑顺直，光泽度好
黄皮墨秀大椒	25.4	4.29	3~4	0.43	94.1	长牛角，黄绿色，味辣，果型长，顺直，果面微有棱沟，光泽度好
金富805	21.1	5.04	2~4	0.43	87.7	牛角，黄绿色，微辣，果面光滑顺直，有光泽
川岛长冠	24.3	3.66	2~3	0.40	84.2	长牛角，黄绿色，微辣，果肩微有皱褶，稍弯曲，有光泽
朗悦206	26.8	4.36	3	0.44	97.6	长牛角，浅绿色，微辣，果面光滑顺直，光泽度好，外观美丽

（续表）

品种	果长（cm）	果粗（cm）	心室数（个）	果肉厚度（cm）	单果质量（g）	果实外观、品质
朗悦 208	25.1	4.35	3~4	0.44	96.4	长牛角，浅绿色，味辣，果面凹凸不平，果肩微有皱褶，光泽度好
亨椒 1 号（CK）	21.6	4.52	3~4	0.39	85.9	牛角，黄绿色，微辣，果面光滑，果肩微有皱褶，光泽度好

从表 3 看出，单果质量以朗悦 206 最高，为 97.6g，较对照增加 11.7g；其次为金惠 13-F 96.8g，较对照增加 10.9g；长冠最低，为 72.3g，较对照减少 13.6g；角斗士、金惠 13-B、谷雨·牛角王、名品一号牛角椒、金富 805、川岛长冠 6 个品种与对照差异不大。果长除角斗士、金富 805 较对照短外，其余 10 个品种均较对照长，以金惠 13-F 最长，为 27.0cm，较对照增加 5.4cm；朗悦 206 次之，为 26.8cm，较对照增加 5.2cm。果粗以金惠 13-B、金富 805 辣椒 2 个品种最粗，均为 5.04cm，较对照增加 0.52cm；角斗士次之，为 4.81cm，较对照增加 0.29cm；其余 10 个品种均相差 0.05~0.86cm。以果肉厚度看，角斗士、金惠 13-B、金惠 13-C、金惠 13-F、名品一号牛角、黄皮墨秀大椒、金富 805、川岛长冠、朗悦 206、朗悦 208 10 个品种均较对照肉厚，其中角斗士、朗悦 206、朗悦 208 3 个品种最厚，均为 0.44cm，较对照增加 0.05cm；长冠、谷雨·牛角王 2 品种与对照相同；日本瑞崎最薄，为 0.37cm，较对照薄 0.02cm。从果实外观、品质看，参试各品种均为牛角椒，耐贮运；果味除金惠 13-C、黄皮墨秀大椒、朗悦 208 味辣外，其余 11 个品种均微辣。果实颜色金惠 13-C 为白绿色，角斗士、谷雨·牛角王、名品一号牛角椒 3 个品种为绿色，金惠 13-B、金惠 13-F、朗悦 206、朗悦 208 4 个品种为浅绿色，其余 5 个品种均为黄绿色。

（四）产量与产值

表4 参试辣椒品种的产量与产值

品种	小区总产量（kg/23.4m²）				折合总产量（kg/亩）	比对照±（%）	折合总产值（元/亩）	新复极差比较		位次
	I	II	III	平均				5%	1%	
长冠	140.0	144.5	146.4	143.6	4 093.2	-9.9	4 420.7	d	E	14
角斗士	160.9	151.9	158.7	157.2	4 480.9	-1.3	4 839.3	cD		9
日本瑞崎	151.7	153.1	156.8	153.9	4 386.8	-3.4	4 737.8	cDE		13
金惠13-B	163.6	154.9	164.7	161.1	4 592.0	1.1	4 959.4	c	CD	6
金惠13-C	177.3	172.1	163.5	171.0	4 874.2	7.3	5 264.2	bBC		5
金惠13-F	173.7	178.1	180.6	177.5	5 059.5	11.4	5 464.3	ab	AB	2
谷雨·牛角王	156.8	156.5	153.7	155.7	4 438.1	-2.3	4 793.2	cDE		10
名品一号牛角	161.1	149.3	153.4	154.6	4 406.8	-2.9	4 759.3	c	DE	12
黄皮墨秀大椒	175.8	183.4	171.6	176.9	5 042.4	11.0	5 445.8	ab	AB	3
金富805	158.0	166.5	156.4	160.3	4 569.2	0.6	4 934.8	cCD		7
川岛长冠	157.9	154.6	153.5	155.5	4 426.7	-2.5	4 780.9	cDE		11
朗悦206	186.0	189.7	180.2	185.3	5 281.8	16.3	5 704.4	aA		1
朗悦208	177.5	182.6	160.6	173.6	4 948.3	9.0	5 344.2	bAB		4
亨椒1号（CK）	159.4	161.7	156.8	159.3	4 540.7		4 904.0	cCD		8

注：单价1.08元/kg

从表4可以看出，朗悦206折合产量最高，为5 281.8kg/亩，比对照亨椒1号增产16.3%；总产值5 704.4元/亩，较对照增收800.4元/亩。金惠13-F、黄皮墨秀大椒、朗悦208、金惠13-C、金惠13-B、金富805 6个品种产量在4 569.2~5 059.5kg/亩，均比对照增产，增产幅度为0.6%~11.4%；其余品种角斗士、谷雨·牛角王、川岛长冠、名品一号牛角椒、日本瑞崎、长冠6个品种产量在4 093.2~4 480.9kg/亩，均比对照减产，减产幅度为2.3%~9.9%。

（五）辣椒产量方差分析

对总产量进行方差分析和多重比较，由其结果可知，品种间差异达显著水平（$F = 14.9 > F_{0.05} = 2.1$），新复极差测验表明，金惠 13-B、金富 805 辣椒、角斗士、谷雨·牛角王、川岛长冠、名品一号牛角椒、日本瑞崎 7 个品种与对照亨椒 1 号差异不显著，朗悦 206、金惠 13-F、黄皮墨秀大椒、朗悦 208、金惠 13-C、长冠 6 个品种与对照亨椒 1 号差异均达到显著水平；品种间差异达极显著水平（$F = 14.9 > F_{0.01} = 2.9$），新复极差测验表明，朗悦 206、金惠 13-F、黄皮墨秀大椒、朗悦 208、长冠 5 个品种与对照亨椒 1 号差异均达极显著水平，金惠 13-C、金惠 13-B、金富 805 辣椒、角斗士、谷雨·牛角王、川岛长冠、名品一号牛角椒、日本瑞崎 8 个品种与对照亨椒 1 号差异没有达到极显著水平（表 5）。

表 5　参试辣椒小区总产量方差分析

变异原因	自由度 DF	平方和 SS	均方 MS	F 值	$F_{0.05}$	$F_{0.01}$
区组	2	85.63048	42.81524	1.557405	3.369016	5.526335
处理	13	5 326.395	409.7227	14.90367	2.119166	2.903753
误差	26	714.7762	27.49139			
总变异	41	6126.801				

三、小结

综合分析参试 13 个牛角辣椒品种的生育期、农艺性状、果实性状及产量，以朗悦 206、金惠 13-F、黄皮墨秀大椒 3 个品种综合性状好，增产潜力大，生长势强，椒果商品性好，折合总产量及效益显著高于对照亨椒 1 号，应在进一步试验示范的基础上进行大面积推广种植，其余品种继续进行试验观察。

塑料大棚三茬栽培模式示范总结

为了充分利用大棚空间，增加栽培茬次，提高复种指数，发挥设施优势，实现效益倍增，针对大棚辣椒的发展方向以及生产中存在的主要问题，现就三茬栽培模式示范工作总结如下。

一、示范点建设

彭阳县塑料大棚主要推广三茬镶嵌式综合栽培模式。按照"多茬栽培、周年生产、全年增收"的目标和"春提早、秋延后、打季节差"的要求，2012年塑料大棚三茬栽培示范主要布设在红河、新集、城阳、古城4乡镇11个点220栋棚，其中红河乡3个点60栋，分别在红河、友联、上王村各20栋；新集乡3个点60栋，分别在新集、白河、姚河村各20栋；古城镇3个点60栋，店洼、温沟、羊坊村各20栋；城阳乡2个点40栋，分别在刘河、沟圈村各20栋。

二、主要栽培技术

（一）品种选择

早春茬甘蓝品种选用早熟惊春；春夏茬辣椒选用杂交辣椒品种亨椒1号；秋冬茬菠菜品种选用耐寒性强的菠菜或秋冬季绿肥作物（大燕麦）。

（二）播种育苗

甘蓝于元月上中旬在日光温室内育苗，苗龄50天左右；辣椒于元月中下旬在日光温室内育苗，苗龄50~60天。苗期注意间苗，加强肥水管理。

（三）整地与施基肥

辣椒套种甘蓝在定植前结合深翻整地施腐熟农家肥5 000kg/亩、过磷酸钙40kg/亩、磷酸二铵20~30kg/亩、撒施80%多菌灵1.5~2kg/亩、3%辛硫磷1kg/亩进行土壤消毒和防治地下害虫，整细土壤，起垄覆膜，一垄一沟1.4m，采用膜下滴灌，其中：垄面宽80cm，垄沟距60cm，垄高25cm。辣椒拉秧后结合耕翻土壤施优质有机肥4 000kg/亩，磷酸二铵20kg/亩种植秋冬茬菠菜。

（四）定植时间及密度

3月上中旬早春茬甘蓝幼苗5~6片叶，棚内夜间温度不低于

5℃时，在垄沟定植甘蓝，株距40cm，1 300株/亩。4月上中旬春夏茬辣椒幼苗4~5片真叶，在垄面栽植辣椒，株距37cm，2 750株/亩。套种甘蓝与辣椒共生20~25天。秋冬茬菠菜于2011年10月上旬至10月下旬直播，采取加密播种，一次播种多次采收，按1.2m幅宽整地做畦，撒播或划浅沟撒播于沟内，播种量4kg/亩，耙耱整平压实；或辣椒拉秧后9月下旬至10月上旬播种燕麦，播种量15kg/亩，采用撒播法播种；或12月上旬冬灌。

（五）早春茬甘蓝—夏秋茬辣椒—秋冬茬菠菜（燕麦）或冬灌种植模式田间管理

1. 早春茬甘蓝田间管理

（1）温度管理。定植后立即扣严棚膜提高棚内的温度，缓苗期白天保持18~25℃，夜间10℃以上，促进缓苗。缓苗后，白天保持20~28℃，夜间10~13℃。

（2）水、肥管理。甘蓝定植后立即浇水，以利于全苗、壮苗，收获前7天停止浇水。水分管理应掌握"苗期、莲座期土壤见干见湿，结球期保持土壤湿润"的原则。莲座后期至结球以前适当蹲苗，使植株尽快转入结球，提早成熟。由莲座生长转入包心叶球生长，应进行大追肥。追施尿素20kg/亩，过磷酸钙15kg/亩，氯化钾10kg/亩，以促进叶球发育。结合大追肥应及时浇水，结球后保持土壤湿润，每10天浇1次水。浇水后立即通风排湿。生长中后期可采取根外追肥，每隔7~10天用0.7%氯化钙和50mg/kg萘乙酸混合液喷雾2~3次，以促进结球和防止干烧心。

2. 春夏茬辣椒田间管理

（1）温度管理。大棚定植初期，以保温为主，放小风，白天使棚内温度达到28~30℃。夜间保持在15℃以上，有利于地温上升，促进发根缓苗。缓苗后长出新叶时，白天要适当放风，使白天温度保持在28℃左右、夜间15℃，可防止徒长。

（2）水、肥管理。辣椒灌水坚持"灌足灌透定植水，缓浇少浇缓苗水，适时灌溉坐果水"的原则，在灌足灌透定植水的基础上缓苗期一般不浇水，定植后 30 天左右灌一次水，灌水后地皮见干，立即中耕保墒。缓苗后适当蹲苗，促使根系向深处发展。待门椒坐住后 3~4cm 时灌催果水。辣椒在开花结果期应经常保持土壤湿润，过干过湿都易引发病害发生。采收期灌水要求小水勤浇，做到见干见湿，一般 10~12 天灌一次水。

辣椒在施足底肥的基础上，前期不需追肥。门椒膨大期结合催果水第一次追肥，追施磷酸二铵 20kg/亩、尿素 5kg/亩。第二次追肥在大部分对椒采收期间进行，追施磷酸二铵 20 kg/亩、尿素 5kg/亩、硫酸钾 20kg/亩。以后 7~10 天浇一次水，随水追肥，一般 20 天左右追一次肥，全生育期追肥 5~6 次。追肥应掌握"少量多次、少食多餐"的原则。

3. 秋冬茬菠菜（燕麦）或冬灌田间管理

菠菜出苗后要及时浇水，畦面要见干见湿。进入 11 月以后要注意保温。或辣椒拉秧后 9 月下旬前后播种燕麦。12 月上中旬耕翻作绿肥使用。或 12 月中旬冬灌，12 月下旬解去大棚围裙，通过冻融交替，杀死病菌虫卵，有效改良土壤结构，达到降低病虫为害。

三、经济效益

早春茬甘蓝—夏秋茬辣椒—秋冬茬菠菜（燕麦）或冬灌种植模式产量及效益：菠菜平均产量 1 500kg/亩，收入 1 800元；甘蓝平均产量 1 000kg/亩，收入 1 600元；辣椒平均产量 4 600 kg/亩，收入 5 000元。即三茬生产大棚每栋复合收益 6 800~6 600元，比单一种植辣椒平均收入 5 000元（产量 4 600kg/亩）高出 1 800元左右，增收36%。

四、病害发生情况

据田间调查结果得出，至 8 月 20 日三茬栽培辣椒种植模式未发生白粉病，而单一种植辣椒白粉病发病率 8.5%；至 9 月 10 日三茬栽培辣椒种植模式未发生白粉病，单一种植辣椒白粉病发病率 12.5%；至 9 月 20 日调查三茬栽培辣椒种植模式白粉病发病率 5%，单一种植辣椒白粉病发病率 24.8%。实践证明，轮作倒茬栽培种植辣椒病害轻。

五、小结

塑料大棚"三茬栽培"间作套种模式，不但能充分利用光、热自然资源，延长种植周期，而且能降低主栽辣椒作物的发病率、有效改善土壤结构，培肥地力、提高单位面积产量，增加农业生产效益。从而为彭阳县塑料大棚主栽辣椒产业的健康持续稳定发展提供了安全有效的栽培模式。

大棚彩椒新品种比较试验总结

彩椒，又称为彩色甜椒、因其果实皮色呈现红、黄、橙、绿、紫、白等艳丽多彩的色泽而得名。近年来因其味美、保健、观赏等功能而备受国内外客商的青睐，其产量和经济效益也十分可观。为了筛选出适合宁南山区栽培的丰产、优质和抗病性强的彩椒新品种，检验它们在宁南山区的适应性、抗病性及商品性等，2013 年引进 9 个彩椒新品种进行品种比较试验，现将结果总结如下。

一、材料与方法

（一）供试材料

供试品种为月黄、月黑、红曼、月白、黄川、月紫、绿圆、绿舟、绿星 9 个彩椒品种，均由北京中农绿亨种子科技有限公司提供；对照品种为茄门甜椒，由中国农业科学院蔬菜花卉研究所提供。

（二）试验方法

试验地点选在设施农业建设区的新集乡下马洼村水泥拱架塑料大棚实施。土壤为黄绵土，肥力中等水平，前作为玉米。

试验设 10 个处理，重复三次，随机区组排列，小区面积 35.1m²。采用膜下滴灌，垄宽 70cm，垄沟宽 60cm，垄高 25cm。单株栽植，行距 65cm，株距 35cm，每小区定植 138 株，田间管理按常规方法进行。观察记载物候期、农艺性状，并测定产量。

二、结果与分析

（一）物候期

表 1　参试甜椒品种的物候期及生育期

品种	播种期（月-日）	出苗期（月-日）	定植期（月-日）	开花期（月-日）	坐果期（月-日）	始收期（月-日）	末收期（月-日）	生育期（天）
月黄	2-10	3-1	5-3	6-17	6-24	7-15	9-24	208
月黑	2-10	3-1	5-3	6-15	6-22	7-13	9-22	206
红曼	2-10	3-1	5-3	6-18	6-25	7-16	9-26	210
月白	2-10	3-1	5-3	6-18	6-25	7-16	9-26	210
黄川	2-10	3-1	5-3	6-18	6-25	7-16	9-26	210
月紫	2-10	3-1	5-3	6-16	6-23	7-13	9-24	208
绿圆	2-10	3-1	5-3	6-20	6-27	7-17	9-30	214
绿舟	2-10	3-1	5-3	6-20	6-27	7-18	9-30	214
绿星	2-10	3-1	5-3	6-17	6-24	7-18	9-28	212
茄门（CK）	2-10	3-1	5-3	6-15	6-22	7-13	9-22	206

从表 1 可以看出，开花、坐果期月黑与对照茄门相同，其余 8 个品种均晚于对照茄门，较对照延后 2~5 天。生育期月黑与对照茄门相同，为 206 天，其余 8 个品种均较对照长，较对照茄门

延长 2~8 天。

（二）植株主要性状与抗病性

表 2　参试甜椒品种的植株主要性状与抗病性

品种	株高（cm）	茎粗（cm）	第一花序节位（节）	开展度（cm）	分枝数（个）	叶色	单株结果数（个）	植株长势	抗白粉病
月黄	63.4	1.43	7.7	58.0	2.4	绿	11.1	较强	较强
月黑	52.3	1.30	8.3	43.1	2.0	绿	8.7	中	较强
红曼	60.1	1.36	9.2	45.1	2.0	绿	10.3	较强	较强
月白	53.8	1.29	9.1	48.7	2.4	绿	10.5	中	强
黄川	60.1	1.48	7.6	42.5	2.4	绿	7.3	较强	较强
月紫	53.1	1.33	9.1	48.3	2.0	绿	9.6	中	较强
绿圆	79.8	1.75	9.6	69.6	2.8	绿	8.8	强	强
绿舟	82.0	1.71	9.6	71.9	2.7	绿	8.6	强	强
绿星	85.8	1.79	9.6	70.3	2.4	绿	8.3	强	强
茄门（CK）	53.4	1.24	9.8	42.3	2.0	绿	8.5	中	中

从表 2 可知，参试的 9 个品种与对照相比均表现出强或较强的抗病性。植株生长势绿圆、绿舟、绿星、月黄、红曼、黄川 6 个品种强或较强，月黑、月紫、月白与对照中等。株高除月黑、月紫 2 个品种矮于对照外，其余 7 个品种均比对照高，较对照增加 0.4~32.4cm，提高 0.8%~60.7%。参试的 9 个品种茎粗均大于对照，较对照增加 0.05~0.55cm，提高 4.0%~44.4%。第一花序节位参试的 9 个品种均低于对照，较对照减少 0.2~2.2 节，降低 2.0%~22.4%。分枝数除月黑、月紫 2 个品种与对照相同外，其余 7 个品种均高于对照。单株结果数看，除黄川和绿星低于对照外，其余 7 个品种均高于对照，较对照增加 0.1~2.6 个，提高 1.2%~30.1%。

（三）果实性状

表3 参试甜椒品种的果实性状

品种	果形	果纵径 (cm)	果横径 (cm)	心室数 (个)	果肉厚度 (cm)	单果质量 (g)	果色		果味	果面
							青果	老熟果		
月黄	长灯笼	8.0	5.1	3~4	0.54	151.4	浅绿	黄色	甜	光滑
月黑	长灯笼	8.6	7.4	3~4	0.56	150.0	黑色	红色	甜	光滑
红曼	方灯笼	8.3	7.8	3~4	0.55	155.8	深绿	红色	甜	光滑
月白	方灯笼	7.7	7.9	3~4	0.52	118.9	白色	淡黄	甜	光滑
黄川	方灯笼	7.2	8.9	3~4	0.62	205.6	绿色	金黄色	甜	光滑
月紫	方灯笼	8.5	8.2	3~4	0.52	124.6	紫色	橘红	甜	光滑
绿圆	方灯笼	10.5	9.6	3~4	0.73	248.9	深绿	鲜红	甜	光滑
绿舟	方灯笼	9.6	9.3	3~4	0.66	233.9	深绿	鲜红	甜	光滑
绿星	方灯笼	9.6	8.5	3~4	0.70	245.4	深绿	鲜红	甜	光滑
茄门 (CK)	方灯笼	6.9	7.2	3~4	0.60	155.4	深绿	红色	甜	光滑

从表3看出，绿圆、绿星、绿舟、黄川、红曼5个品种单果质量均高于对照，较对照增加0.4~93.5g，提高0.3%~60.2%；其余4个品种均低于对照，较对照减少4.0~36.5g，降低3.5%~23.5%。参试的9个品种果纵径均较对照长，较对照增加0.3~3.6cm，提高4.3%~52.2%；横径除月黄低于对照外，其余8个品种均高于对照，较对照增加0.2~2.4cm，提高2.8%~33.3%。果肉厚度以绿圆最厚，为0.73cm，较对照增加0.13cm，提高21.7%；黄川、绿舟、绿星3个品种均在0.62~0.70，较对照增加0.02~0.1 cm，提高3.3%~16.7%；月黄、月黑、红曼、月白、月紫5个品种均较对照薄，较对照减少0.04~0.08cm，降低6.7~13.3个百分点。

（四）产量与产值

表4 参试甜椒品种的产量与产值

品种	小区产量（kg）				折合亩产量（kg）	比对照±（%）	亩折合产值（元）	新复极差比较		产值位次
	I	II	III	平均				5%	1%	
月黄	201.7	214.5	209.6	208.6	3 964.0	27.0	11 892.0	c	C	4
月黑	158.2	161.9	166.8	162.3	3 084.2	-1.2	9 252.6	fg	E	9
红曼	206.7	194.5	197.4	199.5	3 791.1	21.4	11 373.3	d	C	5
月白	150.2	160.8	155.9	155.6	2 956.8	-5.3	8 870.4	gh	EF	9
黄川	183.5	189.6	186.8	186.6	3 545.9	13.6	10 637.7	e	D	6
月紫	144.6	147.3	154.7	148.9	2 829.5	-9.4	8 488.5	h	F	10
绿圆	276.0	272.5	267.4	272.0	5 168.8	65.5	15 506.4	a	A	1
绿舟	241.5	247.8	249.7	246.3	4 680.4	49.9	14 041.2	b	B	3
绿星	249.4	256.9	252.5	252.9	4 805.8	53.9	14 417.4	b	B	2
茄门（CK）	159.5	167.6	165.7	164.3	3 122.2		9 366.6	f	E	7

注：单价3.0元/kg

从表4可以看出，绿圆折合产量最高，为5 168.8kg/亩，比对照茄门增产65.5%；总产值15 506.4元/亩，较对照增收6 139.8元/亩。绿星、绿舟、月黄、红曼、黄川5个品种产量在3 545.9~4 805.8kg/亩，均比对照增产，增产幅度为13.6%~53.9%；月黑、月白、月紫3个品种产量在2 829.5~3 084.2kg/亩，均比对照减产，减产幅度为1.2%~9.4%。

（五）甜椒产量方差分析

表5 参试甜椒小区产量方差分析

变异原因	自由度DF	平方和SS	均方MS	F值	$F_{0.05}$	$F_{0.01}$
区组	2	101.9687	50.98433	2.493225	3.554557	6.012905
处理	9	52 983.25	5 887.027	287.8862	2.456281	3.597074
误差	18	368.0847	20.44915			
总变异	29	53 453.3				

对小区产量进行方差分析和多重比较，由其结果可知，品种间差异达显著水平（$F = 287.9 > F_{0.05} = 2.5$），新复极差测验表明，月黑与对照茄门差异不显著，其余 8 个品种与对照茄门差异均达到显著水平；品种间差异达极显著水平（$F = 287.9 > F_{0.01} = 3.6$），新复极差测验表明，月黄、红曼、黄川、月紫、绿圆、绿舟、绿星等 7 个品种与对照茄门差异均达极显著水平，月黑、月白 2 个品种与对照茄门差异没有达到极显著水平（表 5）。

三、小结

综合分析参试 9 个彩椒品种的生育期、农艺性状、果实性状及产量，以绿圆、绿星、绿舟、月黄、红曼、黄川 6 个品种综合性状好，增产潜力大，生长势较强，椒果商品性好，折合亩产量及效益显著高于对照茄门，应在进一步试验示范的基础上进行大面积推广种植，月黑、月白、月紫 3 个品种有待继续试验。

大棚辣椒品种观察试验总结

随着大棚辣椒栽培面积迅速扩大，辣椒栽培小气候条件发生了重大变化，选择适合拱架大棚可控小气候条件下的辣椒新品种成为一项新课题。结合当地实际情况，选择羊角椒新品种进行试验，鉴定新育成的螺丝辣椒品系及杂交组合的遗传稳定性、形态特征、生物学特性等，测试新品种的生产潜力，以期为新品种的审定、推广提供依据。

一、材料与方法

（一）供试材料

供试 14 个辣椒品种为：56 号辣椒、58 号辣椒、61 号辣椒、62 号辣椒、66-1 辣椒、3-1 辣椒、3-2 辣椒、3-3 辣椒、3-5 辣椒、娇艳羊角、娇龙羊角、帝王 2 号羊角、宁农 125 辣椒、胜美牛角均由宁夏农林科学院提供。

（二）试验方法

试验地点选在设施农业建设区的新集乡下马洼村水泥拱架塑料大棚实施。土壤为黄绵土，肥力中等水平，前作为玉米。

试验采用大区观察栽培，共设 14 个处理，不设重复，小区面积 35.1m^2。采用膜下滴灌，垄宽 70cm，垄沟宽 60cm，垄高 25cm。单株栽植，行距 65cm，株距 35cm，每小区定植 138 株。田间管理按常规方法进行。观察记载物候期、农艺性状，并测定产量。

二、结果与分析

（一）物候期

表1　不同品种辣椒物候期

品种	播种期 （月-日）	出苗期 （月-日）	定植期 （月-日）	开花期 （月-日）	坐果期 （月-日）	始收期 （月-日）	末收期 （月-日）	采收期 （天）	生育期 （天）
56 号辣椒	2-10	3-1	5-2	6-3	6-10	6-30	9-17	80	219
58 号辣椒	2-10	3-1	5-2	5-29	6-5	6-26	9-14	81	216
61 号辣椒	2-10	3-1	5-2	6-1	6-8	6-28	9-16	81	218
62 号辣椒	2-10	3-1	5-2	6-1	6-8	6-28	9-16	81	218
66-1 辣椒	2-10	3-1	5-2	6-4	6-11	7-1	9-15	80	217
3-1 辣椒	2-10	2-28	5-2	5-24	5-31	6-21	9-10	82	212
3-2 辣椒	2-10	2-28	5-2	5-26	6-2	6-23	9-13	83	215
3-3 辣椒	2-10	3-1	5-2	6-3	6-10	7-1	9-19	81	221
3-5 辣椒	2-10	3-1	5-2	6-1	6-8	6-28	9-22	84	224
娇艳羊角	2-10	3-1	5-2	5-24	5-31	6-21	9-15	87	217
娇龙羊角	2-10	3-1	5-2	6-1	6-8	6-28	9-22	87	224
帝王 2 号羊角	2-10	3-1	5-2	5-26	6-2	6-23	9-12	82	214
宁农 125 辣椒	2-10	3-1	5-2	6-1	6-8	6-28	9-18	83	220
胜美牛角	2-10	3-1	5-2	6-3	6-10	6-30	9-22	85	224

从表 1 看出，参试羊角椒品种开花、坐果期、始收期以 3-1 辣椒、娇艳羊角最早，较其余品种分别提前 2~10 天、1~10 天、2~10 天。采收末期以帝王 2 号羊角最早，较其余品种提前 1~10 天采收。采收期娇龙羊角、娇艳羊角最长，为 87 天，较其余 11 个品种延后 2~7 天采收结束。生育期娇龙羊角、3-5 辣椒和胜美牛角最长，为 224 天，较其余 11 个品种生育期延后 3~12 天。

（二）不同品种辣椒植物学性状与抗病性

表 2　不同品种辣椒植物学性状与抗病性

品种	株高（cm）	茎粗（cm）	第一花序节位（节）	开展度（cm）	分枝数（个）	叶色	单株结果数（个）	植株长势
56 号辣椒	71.5	0.71	7.1	72.0	2.0	绿	18.7	中
58 号辣椒	66.7	0.76	7.9	65.1	2.0	绿	18.6	中
61 号辣椒	67.5	0.73	10.2	67.7	2.0	绿	18.2	中
62 号辣椒	74.2	0.72	8.5	75.3	2.0	绿	19.1	中
66-1 辣椒	76.2	0.70	8.5	77.3	2.0	绿	19.3	中
3-1 辣椒	76.8	0.81	6.7	76.6	2.0	绿	21.7	中
3-2 辣椒	76.5	0.83	7.9	88.3	2.0	绿	20.5	中
3-3 辣椒	79.6	0.87	7.9	73.1	2.0	绿	20.7	中
3-5 辣椒	93.4	0.95	7.1	88.9	2.1	绿	21.3	强
娇艳羊角	87.1	0.86	7.7	84.6	2.0	绿	19.6	中
娇龙羊角	79.2	0.89	6.9	77.4	2.1	绿	21.9	中
帝王 2 号羊角	73.5	0.75	8.5	67.6	2.0	绿	18.4	中
宁农 125 辣椒	78.1	0.78	7.6	70.0	2.0	绿	20.2	中
胜美牛角	88.6	0.80	7.0	77.1	2.0	绿	18.5	强

从表 2 可知，羊角椒株高以 3-5 辣椒植株最高，为 93.4cm，较其余品种增加 4.8~26.7cm，提高 5.4%~40.0%。茎粗以 3-5 辣椒最粗，为 0.95m，较其余品种增加 0.06~0.24cm，提高 6.7%~33.8%；56 号羊角最细，为 0.71cm。第一花序节位以 61

号羊角椒节位最高，为10.2节，较其余品种增加1.7~3.5节，娇龙羊角节位最低，为6.9节。分枝数以娇龙羊角和3-5辣椒最多，为2.1个，较其余品种增加0.1个，提高5.0%，其余品种均为2.0个。开展度以3-5辣椒最大，为88.9cm，较其余品种增加0.6~23.8cm，提高0.68%~36.6%。单株结果数以娇龙羊角最多，为21.9个，较其余品种增加0.2~3.7个，提高0.9%~20.3%；61号辣椒结果数最少，为18.2个。56号辣椒、58号辣椒、66-1辣椒、3-3辣椒、3-5辣椒、娇龙羊角、娇艳羊角、胜美牛角7个品种抗病性强，其余品种抗病性中等。

（三）不同品种辣椒果实性状

表3　不同品种辣椒果实性状

品种	果长（cm）	果粗（cm）	心室数（个）	果肉厚度（cm）	单果质量（g）	果实外观、品质
56号辣椒	25.8	2.32	2~3	0.20	40.8	长羊角，绿色，辣味适中，果肩皱褶多，果面有棱沟
58号辣椒	26.9	2.36	2~3	0.20	41.5	长羊角，绿色，味辣，果肩多皱褶，果面有棱沟
61号辣椒	26.4	2.47	2~3	0.19	41.8	长羊角，绿色，味辣，果肩、果面皱褶多，羊角形弯曲
62号辣椒	26.4	2.44	2~3	0.18	41.3	长羊角，绿色，辣味浓，果面皱褶多，果肩皱褶紧密
66-1辣椒	25.8	2.52	2~3	0.18	40.5	长羊角，浅绿，辣味适中，果面粗糙果肩多皱褶，呈螺丝形变曲
3-1辣椒	28.4	2.37	2~3	0.23	41.7	长羊椒，绿色，辣味强，果肩多皱褶，果面光滑，有光泽
3-2辣椒	30.4	2.65	2~3	0.27	46.3	长羊角，浅绿，辣味适中，果肩皱褶浅，果面微有皱纹，有光泽
3-3辣椒	28.6	2.83	2~3	0.27	46.6	长羊椒，深绿，辣味强，果肩深皱褶，果面粗糙，变曲

（续表）

品种	果长 （cm）	果粗 （cm）	心室数 （个）	果肉 厚度 （cm）	单果 质量 （g）	果实外观、品质
3-5辣椒	28.1	2.85	2~3	0.28	46.8	长羊椒，绿色，辣味强，果肩深皱褶且多，果面皱褶多弯曲
娇艳羊角	25.8	2.77	2~3	0.25	44.6	长羊椒，绿色，味辣，果肩深皱褶，果面皱褶多且粗糙
娇龙羊角	34.8	2.87	2~3	0.28	47.7	长羊椒，深绿，味辣，果肩深皱褶，果面皱褶多且粗糙
帝王2号羊角	26.8	2.65	2~3	0.23	43.5	长羊椒，绿色，辣味中等，果肩深皱褶，果面皱褶多
宁农125辣椒	26.8	3.21	2~3	0.25	46.4	长羊椒，浅绿，辣味中等，果肩微有皱褶，果面有棱沟
胜美牛角	22.3	3.56	3~4	0.45	84.7	大牛角，浅绿，微辣，果面光滑，顺直，光泽度好

参试各品种果实性状和品质从表3可知，除胜美牛角为牛角品种外，其余13个品种均为长羊角椒，味辣，皮薄，口感好；56号辣椒、58号辣椒、61号辣椒、62号辣椒、3-1辣椒、3-5辣椒、娇艳羊角、帝王2号羊角8个品种果色为绿色，66-1辣椒、3-2辣椒、宁农125辣椒3个品种果色为浅绿，3-3辣椒、娇龙羊角2个品种果色为深绿色；胜美牛角果实浅绿色，微辣，肉厚，耐贮运。羊角椒果长以娇龙羊角最长，为34.8cm，较其余品种增加4.4~9.0cm，提高14.5%~34.9%；果粗以宁农125辣椒最粗，为3.21cm，较其余品种增加0.34~0.89cm，提高8.4%~38.4%；果肉厚度以娇龙羊角、3-5辣椒最厚，为0.28cm，较其余品种增加0.01~0.1cm，提高3.7%~55.6%；单果质量以娇龙羊角最重，为47.7g，较其余品种增加0.9~7.2g，提高1.9%~17.8%。胜美牛角果长22.3cm，果粗3.56cm，肉厚0.45cm，单果重84.7g。

（四）产量与产值

表4　不同辣椒品种产量与产值

品种	35.1m² 小区产量（kg）	折合亩产量（kg）	亩产值（元）
56 号辣椒	94.8	1 801.5	5 044.2
58 号辣椒	95.9	1 822.4	5 102.7
61 号辣椒	94.5	1 795.8	5 028.2
62 号辣椒	98.0	1 862.3	5 214.4
66-1 辣椒	97.1	1 845.2	5 166.6
3-1 辣椒	112.4	2 135.9	5 980.5
3-2 辣椒	117.9	2 240.4	6 273.1
3-3 辣椒	119.8	2 276.5	6 374.2
3-5 辣椒	123.8	2 356.6	6 598.5
娇艳羊角	107.5	2 042.8	5 719.8
娇龙羊角	129.7	2 464.7	6 901.2
帝王2号羊角	102.1	1 940.2	5 432.6
宁农125辣椒	116.4	2 211.9	6 193.3
胜美牛角	194.6	3 698.2	8 875.7

注：羊角销售价 2.8 元/kg，牛角 2.4 元/kg

从表4可知，羊角椒以娇龙羊角折合亩产量及产值最高，分别为 2 464.7 kg 和 6 901.2 元，较其余品种分别增产 108.1~668.9 kg 和 302.7~1 873.0 元，增幅 4.6%~37.2%。其次 3-5 辣椒折合亩产量及产值较高，分别为 2 356.6 kg 和 6 598.5 元，较其余品种增产 80.1~560.8 kg，增幅 3.5%~31.2%，61 号羊角椒折合亩产量及产值最低，分别为 1 795.8 kg 和 5 028.2 元。胜美牛角折合亩产量及产值分别为 3 698.2 kg 和 8 875.7 元。

三、小结

综合分析参试13个羊角辣椒品种的生育期、农艺性状、果实性状及产量，以娇龙羊角和 3-5 辣椒 2 个品种综合性状好，增产潜力大，生长势强，椒果商品性好，适口性好，市场销售旺，抗病性强，折合总产量及效益显著高于其余 11 个品种，可在塑料大棚早春茬生产中进一步试验示范的基础上进行大面积推广种植，其余品种有待于进一步试验观察。

大棚牛角辣椒引种试验总结

近年来，随着彭阳县农业产业结构从过去的粮作型向经作蔬菜型的快速发展，辣椒种植面积达 8 万亩以上，生产效益显著。随着辣椒种植面积的逐年扩大，辣椒品种的表现直接关系到辣椒产品的品质和产量。为筛选出适宜彭阳县生态条件种植而具有适应性、丰产性、稳产性和抗逆性的辣椒品种，加速品种更新换代，确保牛角辣椒产业的可持续发展和菜农收入的稳步增长。蔬菜站于 2013 年对引进的 9 个品种进行了试验，现将结果总结如下。

一、材料与方法

（一）供试材料

参试 9 个辣椒品种为：朗悦 2 号由北京格瑞亚种子有限公司提供，金剑 808、金剑 818、金剑 828、泰斗、亨椒巨翠龙由北京中农绿亨种子科技有限公司提供，东方巨星、满田米来多 1 号、1205-正大由宁夏天缘公司提供，对照品种亨椒 1 号（CK）由北京中农绿亨种子科技有限公司提供。

（二）试验方法

试验地点选在设施农业建设区的新集乡下马洼村水泥拱架塑料大棚实施。土壤为黄绵土，肥力中等水平，前作为玉米。

试验设 10 个处理，3 次重复，随机区组排列，小区面积 23.4m²。采用膜下滴灌，垄宽 70cm，垄沟宽 60cm，垄高 25cm。单株栽植，行距 65cm，株距 35cm，每小区定植 92 株，田间管理按常规方法进行。观察记载物候期，农艺性状，并测定产量。

二、结果与分析

(一) 物候期

表1 参试辣椒品种的物候期及生育期

品种	播种期 (月-日)	出苗期 (月-日)	定植期 (月-日)	开花期 (月-日)	坐果期 (月-日)	始收期 (月-日)	末收期 (月-日)	采收期 (天)
朗悦2号	2-10	3-1	5-2	6-4	6-11	7-1	9-24	86
金剑808	2-10	3-1	5-2	5-31	6-7	6-27	9-14	80
金剑818	2-10	3-1	5-2	6-4	6-11	7-1	9-22	84
金剑828	2-10	3-1	5-2	5-31	6-7	6-27	9-15	81
泰斗	2-10	3-1	5-2	6-3	6-10	6-30	9-24	87
亨椒巨翠龙	2-10	3-1	5-2	5-28	6-4	6-24	9-12	81
东方巨星	2-10	3-1	5-2	6-5	6-12	7-1	9-20	82
满田米来多1号	2-10	3-1	5-2	6-4	6-11	7-1	9-19	81
1205-正大	2-10	3-1	5-2	6-1	6-8	6-28	9-17	82
亨椒1号 (CK)	2-10	3-1	5-2	5-26	6-2	6-23	9-13	83

从表1可以看出，参试的9个品种开花、坐果均晚于对照亨椒1号，较对照延后2~10天。采收期比对照亨椒1号长的有朗悦2号、金剑818、泰斗3个品种，较对照延后1~4天；其余6个品种采收期均短于对照，较对照提前1~3天。

(二) 植株主要性状与抗病性

表2 参试辣椒品种的植株主要性状与抗病性

品种	株高 (cm)	茎粗 (cm)	第一花序节位 (节)	开展度 (cm)	分枝数 (个)	叶色	单株结果数 (个)	植株长势
朗悦2号	78.9	0.86	7.7	66.8	2.1	绿	19.0	较强
金剑808	72.1	0.77	7.9	72.9	2.0	绿	18.7	中

（续表）

品种	株高 （cm）	茎粗 （cm）	第一花 序节位 （节）	开展度 （cm）	分枝数 （个）	叶色	单株结 果数 （个）	植株 长势
金剑818	79.1	0.81	7.4	77.7	2.0	绿	19.4	较强
金剑828	74.5	0.76	7.9	74.7	2.1	绿	19.2	中
泰斗	78.5	0.88	6.5	64.7	2.1	绿	19.9	较强
亨椒巨翠龙	60.5	0.72	7.3	62.6	2.0	绿	18.1	中
东方巨星	72.9	0.75	7.1	71.7	2.0	绿	18.4	中
满田米来 多1号	71.6	0.71	7.1	70.3	2.0	绿	18.6	中
1205-正大	73.1	0.77	6.6	75.4	2.0	绿	18.0	中
亨椒1号 （CK）	74.6	0.79	7.7	74.5	2.0	绿	18.3	中

从表2可知，朗悦2号、金剑818、泰斗3个品种与对照均表现出较强的抗病性，金剑808、金剑828、亨椒巨翠龙、东方巨星等6个品种抗病中等。朗悦2号、金剑818、泰斗3个品种株高均高于对照，较对照增加3.9~4.5cm，提高5.2%~6.0%；其余6个品种均矮于对照，较对照减少0.1~14.1cm，降低0.13%~18.9%。朗悦2号、金剑818、泰斗3个品种茎粗高于对照，较对照增加0.02~0.09cm，提高2.5%~11.4%；其余6个品种均低于对照，较对照减少0.02~0.08cm，降低2.5%~10.1%。第一花序节位泰斗最低，为6.5节，较对照减少1.2节，降低15.6%；其余品种均在6.6~7.9节。朗悦2号、金剑828、泰斗3个品种分枝数均为2.1个，较对照增加0.1个，提高5.0%；其余6个品种与对照相同。单株结果数看，朗悦2号、金剑808、金剑818、金剑828、泰斗、东方巨星、满田米来多1号7个品种结果数均高于对照，较对照增加0.1~1.6个，提高0.6%~8.7%；亨椒巨翠龙、1205-正大2个品种比对照少。

（三）果实性状

表3　参试辣椒品种的果实性状

品种	果长（cm）	果粗（cm）	心室数（个）	果肉厚度（cm）	单果质量（g）	果实外观、品质
朗悦2号	26.1	4.2	3~4	0.44	87.6	长牛角，浅绿，微辣，果面光滑、果肩微有皱褶，有光泽
金剑808	23.7	3.2	3~4	0.41	77.4	长牛角，黄绿，辣味中等，果面光滑顺直，光泽度好
金剑818	25.8	3.4	3~4	0.41	78.5	长牛角，黄绿，辣味中等，果面光滑顺直，光泽度好
金剑828	23.0	3.1	3~4	0.39	72.6	长牛角，黄绿，辣味中等，果面光滑顺直，果肩微有皱褶
泰斗	26.3	4.3	3~4	0.44	84.6	长牛角，浅黄绿，微辣，果面微有皱褶，稍有棱沟，有光泽
亨椒巨翠龙	19.7	4.4	3~4	0.40	77.0	牛角，深绿，微辣，果肩微有皱褶，有棱沟，果尖粗钝，
东方巨星	19.7	4.3	3~4	0.38	75.1	牛角，浅绿，微辣，果面光滑顺直，光泽度好
满田米来多1号	18.1	4.3	3~4	0.36	74.6	牛角，黄绿，味辣，果面微有棱沟，光亮
1205-正大	19.2	4.0	3~4	0.43	77.2	牛角，绿色，微辣，果面光滑，果肩微有皱褶，前端稍弯曲
亨椒1号（CK）	23.2	4.1	3~4	0.44	81.4	长牛角，黄绿，微辣，果面光滑，果肩微有皱褶，有光泽

从表3看出，单果质量以朗悦2号最高，为87.6g，较对照增加6.2g，提高7.6%；其次泰斗为84.6g，较对照增加3.2g，提高3.9%；其余7个品种均低于对照，较对照减少2.9~8.8g，降低3.5%~10.8%。朗悦2号、金剑808、金剑818、泰斗4个品种果长均较对照长，较对照增加0.5~3.1cm，提高2.2%~13.4%；其余5个品种均较对照短，较对照减少0.2~5.1cm，降低0.8%~21.9%。朗悦2号、泰斗、亨椒巨翠龙、东方巨星、

满田米来多 1 号 5 个品种果粗均高于对照，较对照增加 0.1 ~
0.3cm，提高 2.4% ~ 7.3%；其余 4 个品种均较对照细，较对照
减少 0.1 ~ 1.0cm，降低 2.4% ~ 24.4%。从果肉厚度看，朗悦 2
号、泰斗 2 个品种与对照相同，均为 0.44cm；其余品种均薄，
较对照减少 0.03 ~ 0.08cm，降低 6.8% ~ 18%。从果实外观、品
质看，参试各品种均为牛角椒，耐贮运；果味除金剑 808、金剑
818、金剑 828 3 个品种辣味中等外，其余 7 个品种均微辣；朗
悦 2 号、东方巨星 2 个品种果实颜色为浅绿色，金剑 808、金剑
818、金剑 828、满田米来多 1 号 4 个品种与对照均为黄绿色，
泰斗为浅黄绿色，亨椒巨翠龙为深绿色，1205-正大为绿色。

（四）产量与产值

表 4　参试辣椒品种的产量与产值

品种	小区产量（kg）				折合亩产量（kg）	比对照±（%）	亩折合产值（元）	新复极差比较		产值位次
	Ⅰ	Ⅱ	Ⅲ	平均				5%	1%	
朗悦 2 号	138.5	129.6	145.3	137.8	3 927.9	11.7	9 427.0	a	A	2
金剑 808	123.7	114.5	120.9	119.7	3 412.0	-3.0	8 188.8	cd	CD	5
金剑 818	130.5	120.4	127.8	126.2	3 597.2	2.3	8 633.3	b	B	3
金剑 828	116.3	111.5	119.7	115.8	3 300.8	-6.2	7 920.0	de	D	6
泰斗	140.3	131.5	147.0	139.6	3 979.2	13.1	9 550.1	a	A	1
亨椒巨翠龙	116.7	110.4	118.9	115.3	3 286.5	-6.7	7 887.6	de	D	8
东方巨星	114.3	108.5	120.6	114.5	3 263.7	-7.2	7 832.9	e	D	10
满田米来多 1 号	114.6	110.7	119.5	114.9	3 275.1	-6.9	7 860.2	e	D	9
1205-正大	117.4	112.8	116.8	115.6	3 295.1	-6.3	7 908.2	de	D	7
亨椒 1 号（CK）	123.0	118.6	128.5	123.4	3 517.4		8 441.8	bc	BC	4

注：单价 2.4 元/kg

从表 4 可以看出，泰斗折合产量最高，为 3 979.2kg/亩，比
对照亨椒 1 号增产 13.1%；总产值 9 550.1 元/亩，较对照增收
1 108.3 元/亩。金剑 818、朗悦 2 号 2 个品种产量在 3 597.2 ~
3 927.9kg/亩，均比对照增产，增产幅度为 2.3% ~ 11.7%；其余
品种金剑 808、金剑 828、亨椒巨翠东方巨星、满田米来多 1 号、

1205-正大等 6 个品种产量在 3 263.7~3 412.0kg/亩，均比对照减产，减产幅度为 3.0%~7.2%。

（五）辣椒产量方差分析

对小区产量进行方差分析和多重比较，由其结果可知，品种间差异达显著水平（$F=47.7 > F_{0.05}=2.5$），新复极差测验表明，金剑 808、金剑 818 2 个品种与对照亨椒 1 号差异不显著，其余 7 个品种与对照亨椒 1 号差异均达到显著水平；品种间差异达极显著水平（$F=47.7 > F_{0.01}=3.6$），新复极差测验表明，朗悦 2 号、金剑 828、泰斗、亨椒巨翠龙、东方巨星、满田米来多 1 号、1205-正大 7 个品种与对照亨椒 1 号差异均达极显著水平，金剑 808、金剑 818 2 个品种与对照亨椒 1 号差异没有达到极显著水平（表 5）。

表 5　参试辣椒小区总产量方差分析

变异原因	自由度 DF	平方和 SS	均方 MS	F 值	$F_{0.05}$	$F_{0.01}$
区组	2	488.5527	244.2763	43.03418	3.554557	6.012905
处理	9	2 438.672	270.9636	47.73567	2.456281	3.597074
误差	18	102.174	5.676333			
总变异	29	3 029.399				

三、小结

综合分析参试 9 个牛角椒品种的生育期、农艺性状、果实性状及产量，以泰斗、朗悦 2 号 2 个品种综合性状好，增产潜力大，生长势较强，椒果商品性好，折合亩产量及效益显著高于对照亨椒 1 号，应在进一步试验示范的基础上进行大面积推广种植，金剑 808、金剑 818 有待继续试验。

大棚线椒引种试验总结

随着辣椒产业的发展，尤其是辣椒深加工与精加工，以及消费者多样性需求的发展，对辣椒多样性品种的要求日益迫切。近年来，彭阳县辣椒种植面积逐年增加，每年不少于 8 万亩，其经济效益已成为当地蔬菜收入的主要来源。为丰富彭阳县辣椒种质资源，筛选出适合彭阳县栽培的鲜食、加工和干椒型优质骨干品种。2013 年引进 7 个线椒新品种进行试验，筛选出适合当地生态条件、适应性广、稳定性好，抗逆性强的新品种。

一、材料与方法

（一）供试材料

参试 7 个线椒品种为：辣雄 8814、辣雄 8815、龙美线椒、龙美 2 号、长虹 366B、长虹 369、CL 新杭椒，对照品种辣雄 8818（CK），均由北京中农绿亨种子科技有限公司提供。

（二）试验方法

试验地点选在设施农业建设区的新集乡下马洼村水泥拱架塑料大棚实施。土壤为黄绵土，肥力中等水平，前作为玉米。

试验采用随机区组设计，每品种为 1 个处理，重复 3 次，小区面积 23.4m²。采用膜下滴灌，垄宽 70cm，垄沟宽 60cm，垄高 25cm。单株栽植，行距 65cm，株距 35cm，每小区定植 92 株。观察记载物候期，农艺性状，并测定产量。

二、结果与分析

（一）物候期

表1　参试线椒品种的物候期及生育期

品种	播种期（月-日）	出苗期（月-日）	定植期（月-日）	开花期（月-日）	坐果期（月-日）	收始期（月-日）	末收期（月-日）	采收期（天）	生育期（天）
辣雄 8814	2-10	3-1	5-2	5-31	6-7	6-28	9-17	82	219
辣雄 8815	2-10	3-1	5-2	6-5	6-12	7-3	9-22	82	224
龙美线椒	2-10	3-1	5-2	5-31	6-7	6-28	9-18	83	220
龙美 2 号	2-10	3-1	5-2	6-3	6-10	6-30	9-20	83	222
长虹 366B	2-10	3-1	5-2	5-30	6-6	6-27	9-18	84	220

（续表）

品种	播种期 （月-日）	出苗期 （月-日）	定植期 （月-日）	开花期 （月-日）	坐果期 （月-日）	收始期 （月-日）	末收期 （月-日）	采收期 （天）	生育期 （天）
长虹 369	2-10	2-28	5-2	5-20	5-27	6-18	9-12	87	214
CL 新杭椒	2-10	2-28	5-2	5-30	6-6	6-27	9-17	83	219
辣雄 8818 （CK）	2-10	3-1	5-2	5-24	5-31	6-22	9-16	87	218

从表 1 看出，参试品种中开花、坐果期以长虹 369 最早，较对照品种提前 4 天；其余 6 个品种均晚，较对照延后 6~12 天。始收期以长虹 369 最早，较对照品种提前 4 天；其余 6 个品种均较对照延后 5~11 天。采收末期以长虹 369 最早，较对照品种提前 4 天；其余 6 个品种均延后，较对照 1~6 天。采收期长虹 369 最长，为 87 天，其余 6 个品种均在 82~84 天。生育期辣雄 8815 最长，为 224 天，其余 6 个品种生育期在 214~222 天。

（二）引种线椒植物学性状与抗病性比较

表 2　参试线椒品种的植株主要性状与抗病性

品种	株高 （cm）	茎粗 （cm）	第一花序节位 （节）	开展度 （cm）	分枝数 （个）	叶色	单株结果数 （个）	植株长势	抗白粉病
辣雄 8814	91.3	1.41	6.5	107.6	2.0	绿	53.1	强	中
辣雄 8815	106.1	1.56	10.3	106.1	2.0	绿	58.1	强	中
龙美线椒	84.4	1.68	7.1	94.1	2.0	浓绿	42.2	较强	强
龙美 2 号	97.3	1.46	7.2	103.5	2.0	绿	43.1	强	中
长虹 366B	72.3	1.42	7.1	87.2	2.0	绿	49.4	中	强
长虹 369	59.4	1.30	6.3	77.3	2.0	浓绿	44.4	中	中
CL 新杭椒	62.3	1.35	6.5	81.5	2.0	绿	45.7	中	中
辣雄 8818 （CK）	77.9	1.41	6.5	92.9	2.0	绿	54.8	中	强

从表 2 可知，株高以辣雄 8815 植株最高，为 106.1cm，较对照品种增加 28.2cm，提高 36.2%；辣雄 8814、龙美线椒、龙美 2 号 3 个品种均较对照高，较对照增加 6.5~19.4cm，提高 8.3%~

24.9%；长虹 366B、长虹 369、CL 新杭椒 3 个品种均矮于对照，较对照减少 5.6~8.5cm，降低 7.2~10.9 个百分点。茎粗以龙美线椒最粗，为 1.68cm，较对照品种增加 0.27cm，提高 19.1%；辣雄 8815、龙美 2 号、长虹 366B 3 个品种均较对照粗，较对照增加 0.01~0.15cm，提高 0.7%~10.6%；辣雄 8814 与对照相同，均为 1.41cm；长虹 369、CL 新杭椒 2 个品种均较细，较对照减少 0.06~0.11cm，降低 4.3~7.8 个百分点。第一花序节位以辣雄 8815 最高，为 10.3 节，较对照品种增加 3.8 节，提高 58.5%；龙美线椒、龙美 2 号、长虹 366B 3 个品种均高于对照，较对照增加 0.6~0.7 节，提高 9.2%~10.7%；辣雄 8814、CL 新杭椒 2 个品种与对照相同，均为 6.5 节；长虹 369 节位最低，为 6.3 节，较对照降低 3.1 个百分点。分枝数 7 个品种均与对照相同，为 2.0 个。开展度以辣雄 8814 最大，为 107.6cm，较对照品种增加 14.7cm，提高 15.8%；辣雄 8815、龙美线椒、龙美 2 号 3 个品种均较对照较大，较对照增加 1.2~13.2cm，提高 1.3%~14.2%；长虹 366B、长虹 369、CL 新杭椒 3 个品种开展度均小于对照，较对照减少 5.7~15.6cm，降低 6.1~16.7 个百分点。单株结果数以辣雄 8815 最多，为 58.1 个，较对照品种增加 3.3 个，提高 6.0%；其余 6 个品种均少于对照，较对照减少 1.7~12.6，降低 3.1%~23.0%。辣雄 8814、辣雄 8815、龙美线椒、龙美 2 号 4 个品种植株长势强或较强，其余 4 个品种长势中等。龙美线椒、长虹 366B、辣雄 8818 3 个品种抗病性强，其余 5 个品种抗病性中等。

（三）引种线椒的果实性状比较

表 3　参试线椒品种的果实性状

品种	果长（cm）	果粗（cm）	心室数（个）	果肉厚度（cm）	单果质量（g）	果实外观、品质
辣雄8814	24.6	1.34	2~3	0.16	16.1	细长线椒，青果浅绿，老熟果鲜红，辣味浓香，果面略皱，光泽度好，果实长顺直，皮薄，口感好

（续表）

品种	果长（cm）	果粗（cm）	心室数（个）	果肉厚度（cm）	单果质量（g）	果实外观、品质
辣雄8815	21.4	1.28	2~3	0.14	13.5	细长线椒，青果绿色，老熟果鲜红，辣味香浓，果面皱褶多，顺直，皮薄，口感好
龙美线椒	25.5	1.90	2~3	0.22	28.0	粗长线椒，青果深绿，老熟果鲜红，辣味淡，果面光滑，顺直，光泽度好，商品性好，外观美丽
龙美2号	23.3	1.93	2~3	0.20	27.3	粗长线椒，青果黄绿，老熟果鲜红，辣味极强，果面光滑，顺直，光泽度好，商品性好，外观美丽
长虹366B	24.5	1.51	2	0.22	19.4	细长线椒，青果黄绿，老熟果鲜红，辣味香浓，果面光滑，光泽度好，顺直，果型美观，商品性好。
长虹369	23.1	1.50	2	0.17	20.0	细长线椒，青果深绿，老熟果鲜红，辣味极强，果面光滑，顺直，硬度好。
CL新杭椒	5.9	1.87	2	0.24	19.0	短粗线椒，青果浅绿，老熟果鲜红，辣味强，果面光滑、顺直，皮厚，硬度好
辣雄8818（CK）	25.3	1.48	2~3	0.17	16.7	细长线椒，青果翠绿，老熟果鲜红，辣味香浓，果面有皱褶，皮薄，口感好，果型美观

从表3可知，果长以龙美线椒最长，为25.5cm，较对照品种增加0.2cm，提高0.8%；其余6个品种均短，较对照减少0.7~19.4cm，降低27.7%~76.7%。果粗以龙美2号最粗，为1.93cm，较对照品种增加0.45cm，提高30.4%；龙美线椒、长虹366B、长虹369、CL新杭椒4个品种较对照增加0.03~0.42cm，提高2.0%~28.4%；辣雄8814、辣雄8815 2个品种均较细，较对照减少0.14~0.2cm，降低9.5%~13.5%。果肉厚度

以 CL 新杭椒最厚，为 0.24cm，较对照品种增加 0.07cm，提高 41.2%；龙美线椒、龙美 2 号、长虹 366B 3 个品种较厚，较对照增加 0.03~0.05cm，提高 17.6%~29.4%；长虹 369 与对照相同，均为 0.17cm；辣雄 8814、辣雄 8815 2 个品种均较对照薄，较对照减少 0.01~0.03cm，降低 5.9~17.6 个百分点。单果质量以龙美线椒最重，为 28.0g，较对照增加 11.3g，提高 67.7%；龙美 2 号、长虹 366B、长虹 369、CL 新杭椒 4 个品种均较对照重，较对照增加 2.3~10.6g，提高 13.8%~63.5%；辣雄 8814、辣雄 8815 2 个品种均较对照轻，较对照减少 0.6~3.2g，降低 3.6%~19.2%。从果实外观品质看，除 CL 新杭椒为短粗线椒、皮厚外，其余 7 个品种均为长线椒，皮薄，口感好。

（四）引种线椒的产量与产值比较

表 4　参试线椒品种的产量与产值

| 品种 | 小区产量（kg） | | | | 折合亩产量（kg） | 比对照±（%） | 亩折合产值（元） | 新复极差比较 | | 产值位次 |
	I	II	III	平均				5%	1%	
辣雄 8814	66.7	73.8	71.9	70.8	2018.1	-6.6	7265.2	d	C	7
辣雄 8815	65.5	68.7	60.6	64.9	1849.9	-14.4	6659.6	e	D	8
龙美线椒	97.3	100.6	95.4	97.8	2787.7	29.0	10035.7	a	A	1
龙美 2 号	94.6	99.8	97.9	97.4	2776.3	28.5	9994.7	a	A	2
长虹 366B	80.5	79.1	78.7	79.4	2263.2	4.7	8147.5	b	B	3
长虹 369	72.8	73.4	74.2	73.5	2095.1	-3.0	7542.4	cd	C	5
CL 新杭椒	70.4	71.6	73.7	71.9	2049.5	-5.1	7378.2	cd	C	6
辣雄 8818（CK）	73.7	77.3	76.5	75.8	2160.6		7778.2	bc	BC	4

注：单价 3.6 元/kg

从表 4 可知，龙美线椒折合亩产量及产值最高，分别为 2 787.7kg 和 10 035.7 元，较对照品种增产 627.1kg 和 2 257.5 元，增幅 29.0%；其次龙美 2 号折合亩产量及产值较高，分别为 2 776.3kg 和 9 994.7 元，较对照品种增产 615.7kg，增幅 28.5%；长虹 366B 较对照增产 102.6kg，增幅 4.7%；其余 4 个品种折合亩产量及产值均低于对照，较对照减产 65.6~310.7kg，减产 3.0%~14.4%。

（五）引种线椒产量方差分析

对小区产量进行方差分析和多重比较，由其结果可知，品种间差异达显著水平（$F = 90.3 > F_{0.05} = 2.8$），新复极差测验表明，辣雄8814、辣雄8815、龙美线椒、龙美2号、长虹366B 5个品种与对照辣雄8818差异均达到显著水平；长虹369、CL新杭椒2个品种与对照辣雄8818差异不显著；品种间差异达极显著水平（$F = 90.3 > F_{0.01} = 4.3$），新复极差测验表明，辣雄8815、龙美线椒、龙美2号3个品种与对照辣雄8818差异均达极显著水平，辣雄8814、长虹366B、长虹369、CL新杭椒4个品种与对照辣雄8818差异没有达到极显著水平（表5）。

表5　参试线椒小区产量方差分析

变异原因	自由度 DF	平方和 SS	均方 MS	F 值	$F_{0.05}$	$F_{0.01}$
区组	2	33.82333	16.91167	3.398029	3.738892	6.514884
处理	7	3 144.92	449.2742	90.27182	2.764199	4.277882
误差	14	69.67667	4.976905			
总变异	23	3 248.42				

三、小结

综合分析参试7个线椒品种，以龙美线椒、龙美2号、长虹366B 3个品种综合性状好，增产潜力大，生长势强，椒果商品性好，适口性好，折合总产量及效益显著高于对照品种，可在塑料大棚早春茬生产中推广种植，辣雄8814、长虹369 2个品种应进一步开展试验示范，检验其高产栽培措施，稳步推广，增加收入。

水泥拱架大棚辣椒连续丰产栽培总结

彭阳县是宁南山区设施大棚辣椒生产大县，辣椒产业已成为促进农业种植业结构调整，增加农民收入的主要途径。近年来，为了不断提高设施蔬菜的生产效益，实现设施蔬菜产业的可持续发展，充分利用大棚空间，增加栽培茬次，提高复种指数，发挥设施优势，促使效益倍增，实现冷棚"多茬栽培、周年利用、全年增收"和"春提早、秋延后、打季节差"的目标。我们本着"优质、高产、高效和可持续发展"的原则，针对大棚辣椒的发展方向以及生产中存在的主要问题，随着棚型不断改进，水泥拱架大棚棚型得到广泛应用，棚内空间和面积增大，小气候发生了明显变化，经过新型水泥拱架大棚立体高效栽培模式研究，探索出水泥拱架大棚一年三茬的高效蔬菜栽培模式，取得了较好的经济效益。

一、合理建棚

一般在背风向阳，有灌溉条件、地势平坦、土层深厚、土质疏松、透水透气性好的壤土地块建造水泥拱架结构大棚。大棚东西向，棚宽9m，长度随地块而定，一般50~60m，棚高2.7m。

二、茬口安排

水泥拱架大棚"三茬栽培"间作套种模式，即：以水泥拱架大棚辣椒为主栽作物；以燕麦作为绿肥倒茬；以甘蓝、菠菜等耐寒叶菜进行春提前或秋冬茬蔬菜生产。甘蓝1月上中旬育苗，3月上中旬定植，5月上旬采收；辣椒1月中下旬育苗，4月上中旬定植，6月上中旬采收，9月下旬拉秧；9月下旬至10月上旬播种菠菜或燕麦，冬茬菠菜11月下旬陆续采收，燕麦12月中旬耕翻作绿肥。

三、栽培技术要点

(一) 品种选择

早春茬甘蓝品种选用早熟京春、神州速绿等；春夏茬辣椒选用杂交辣椒品种亨椒1号、亨椒新冠龙、朗悦206等；秋冬茬菠菜品种选用耐寒性强的秋绿菠菜、强胜菠菜；或秋冬季绿肥作物品种选大燕麦。

(二) 育苗

甘蓝于1月上中旬在日光温室内育苗，苗龄50天左右；辣椒于1月中下旬在日光温室内育苗，苗龄50~60天。苗期注意间苗，加强肥水管理。

(三) 整地与施基肥

辣椒套种甘蓝在定植前结合深翻整地施腐熟农家肥5 000kg/亩、过磷酸钙40kg/亩、磷酸二铵20~30kg/亩、撒施80%多菌灵1.5~2kg/亩、3%辛硫磷颗粒剂1kg/亩进行土壤消毒和防治地下害虫，整细土壤，起垄覆膜，一垄一沟1.4m，采用膜下滴灌，其中：垄面宽80cm，垄沟距60cm，垄高25cm。辣椒拉秧后结合耕翻土壤施优质有机肥4 000kg/亩，磷酸二铵20kg/亩种植秋冬茬菠菜。

(四) 定植时间及密度

3月上中旬早春茬甘蓝幼苗5~6片叶，棚内夜间温度不低于5℃时，在垄沟定植甘蓝，株距40cm，1 300株/亩。4月上中旬春夏茬辣椒幼苗4~5片真叶，在垄面栽植辣椒，株距37cm，2 750株/亩。套种甘蓝与辣椒共生20~25天。秋冬茬菠菜于每年9月下旬至10月上旬直播，采取加密播种，一次播种多次采收，按1.2m幅宽整地做畦，撒播或划浅沟撒播于沟内，播种量4kg/亩，耙耱整平压实；或辣椒拉秧后9月下旬至10月上旬播种燕麦，播种量15kg/亩，采用撒播法播种。

（五）早春茬甘蓝—夏秋茬辣椒—秋冬茬菠菜（燕麦）种植模式田间管理

1. 早春茬甘蓝田间管理

（1）温度管理。定植后立即扣严棚膜提高棚内的温度，缓苗期白天保持 18~25℃，夜间 10℃ 以上，促进缓苗。缓苗后，白天保持 20~28℃，夜间 10~13℃。

（2）水、肥管理。甘蓝定植后立即浇水，以利于全苗、壮苗，收获前 7 天停止浇水。水分管理应掌握"苗期、莲座期土壤见干见湿，结球期保持土壤湿润"的原则。莲座后期至结球以前适当蹲苗，使植株尽快转入结球，提早成熟。由莲座生长转入包心叶球生长，应进行大追肥。追施尿素 20kg/亩，过磷酸钙 15kg/亩，氯化钾 10kg/亩，以促进叶球发育。结合大追肥应及时浇水，结球后保持土壤湿润，每 10 天浇 1 次水。浇水后立即通风排湿。生长中后期可采取根外追肥，每隔 7~10 天用 0.7% 氯化钙和 50mg/kg 萘乙酸混合液喷雾 2~3 次，以促进结球和防止干烧心。

2. 春夏茬辣椒田间管理

（1）温度管理。大棚定植初期，以保温为主，放小风，白天使棚内温度达到 28~30℃。夜间保持在 15℃ 以上，有利于地温上升，促进发根缓苗。缓苗后长出新叶时，白天要适当放风，使白天温度保持在 28℃ 左右、夜间 15℃，可防止徒长。

（2）水、肥管理。辣椒灌水坚持"灌足灌透定植水，缓浇少浇缓苗水，适时灌溉坐果水"的原则，在灌足灌透定植水的基础上缓苗期一般不浇水，定植后 30 天左右灌一次水，灌水后地皮见干，立即中耕保墒。缓苗后适当蹲苗，促使根系向深处发展。待门椒坐住后 3~4cm 时灌催果水。辣椒在开花结果期应经常保持土壤湿润，过干过湿都易引起病害发生。采收期灌水要求小水勤浇，做到见干见湿，一般 10~15 天灌一次水。

辣椒在施足底肥的基础上，前期不需追肥。门椒膨大期结合催果水第一次追肥，追施磷酸二铵 20kg/亩、尿素 5kg/亩。第二次追肥在大部分对椒采收期间进行，追施磷酸二铵 20 kg/亩、尿素 5kg/亩、硫酸钾 20kg/亩。以后 7~10 天浇一次水，随水追肥，一般 20 天左右追一次肥，全生育期追肥 5~6 次。追肥应掌握"少量多次、少食多餐"的原则。

3. 秋冬茬菠菜（燕麦）田间管理

菠菜出苗后要及时浇水，畦面要见干见湿。进入 11 月以后要注意保温。或辣椒拉秧后 9 月下旬前后播种燕麦。12 月上中旬耕翻作绿肥使用。

（六）采收

早熟甘蓝叶球达 500g 时即可采收上市，一般 5 月上旬即可收获，从定植到收获约 50 天；辣椒 6 月上中旬采收，定植后约 60 天开始采收上市。冬茬菠菜 11 月下旬陆续采收，根据长势和市场需求要及时分次间拔采收上市。

四、结果与分析

（一）产量及产值

早春茬甘蓝—夏秋茬辣椒—秋冬茬菠菜（燕麦）种植模式产量及效益。

——大燕麦基本苗 46 万株/亩，分蘖 21 万株/亩，平均株高 44.5cm，平均鲜草量 1 014kg/亩。

——菠菜保苗 14.6 万株/亩，冬季平均产量 200kg/亩，产值 600 元，春季平均产量 1 800kg/亩，产值 1 800元。

——甘蓝 1 300 株/亩，平均横径 16.4cm，平均纵径 16.5cm，平均产量 1 540kg/亩，产值 1 386元。

——辣椒 2 750株/亩，平均果长 23.6cm，果粗 4.5cm，平均产量 4 600kg/亩，产值 10 120元。

（二）对大棚耕层土壤养分的影响

表 不同茬口对大棚耕层土壤养分的影响

姓名	茬口	pH (g/kg)	全盐 (g/kg)	有机质 (g/kg)	全量氮 (g/kg)	全量磷 (g/kg)	全量钾 (g/kg)	碱解氮 (g/kg)	有效磷 (g/kg)	速效钾 (g/kg)
剡俊和	辣椒	7.50	2.94	17.2	1.47	1.23	18.5	159	67.2	302
	菠菜	7.73	1.26	15.4	1.17	1.25	18.5	126	47.0	265
剡俊奎	辣椒	7.91	1.32	11.4	0.96	0.82	17.6	97	24.2	158
	燕麦	7.69	1.62	14.2	1.00	0.94	17.4	123	34.4	232
张志军	辣椒	7.90	0.93	12.7	0.98	0.86	18.8	94	25.1	155
	菠菜	8.24	0.46	11.4	0.88	0.80	19.0	54	13.3	188
	辣椒	7.97	0.82	17.2	1.24	0.89	19.2	103	38.6	312
	燕麦	7.84	0.99	13.3	1.03	0.93	19.2	101	48.4	150
剡启成	辣椒	8.21	0.60	12.7	0.88	0.72	18.9	52	10.9	95
	冬灌	7.59	1.80	13.0	1.10	0.82	18.5	129	34.0	160
	辣椒	8.08	1.22	12.0	0.90	0.72	17.9	82	15.2	185
	菠菜	8.23	0.84	11.2	0.84	0.72	18.0	72	11.4	142
马孝山	辣椒	8.14	0.90	10.4	0.75	0.72	17.8	60	7.1	118
	燕麦	8.02	1.05	12.6	0.74	0.72	17.6	76	11.6	132
	辣椒	8.45	0.85	13.4	0.91	0.84	17.6	66	36.6	162
	冬灌	8.23	1.68	10.2	1.00	0.87	18.0	84	28.2	262

不同茬口土壤养分状况见上表。

（三）病害发生情况

2013年进入7月以来，连续降雨长达15天左右，田间湿度大，低温阴天多，光照不足，造成辣椒白粉病发生较早。据7月27日调查三种栽培模式辣椒白粉病都有不同程度发生，燕麦茬辣椒白粉病病叶率3.0%，菠菜茬辣椒白粉病病叶率4.3%；重茬辣椒白粉病病叶率10.5%；至8月7日调查燕麦茬辣椒白粉病病叶率4.5%，菠菜茬辣椒白粉病病叶率6.8%；重茬辣椒白粉病病叶率13.5%；至8月17日调查燕麦茬辣椒白粉病病叶率5.7%，菠菜茬辣椒白粉病病叶率8.2%；重茬辣椒白粉病病叶率21.5%。实践证明，轮作倒茬栽培种植辣椒病害轻。

五、小结

菠菜平均产量 2 000 kg/亩，收入 2 400元；甘蓝平均产量 1 540 kg/亩，收入 1 386元；辣椒平均产量 4 600 kg/亩，收入 10 120元。即三茬生产大棚每栋复合收益 11 506~12 520元，比单一种植辣椒平均收入 10 120元（产量 4 600 kg/亩）高出 2 400元左右，增收 23.7%。水泥拱架大棚"三茬栽培"间作套种模式，不但能充分利用光、热自然资源，延长种植周期，而且能降低主栽辣椒作物的发病率、有效改善土壤结构，培肥地力、提高单位面积产量，增加农业生产效益。从而，为彭阳县水泥拱架大棚主栽辣椒产业的健康持续稳定发展提供了安全有效的栽培模式。

水泥拱架大棚辣椒连续丰产
栽培技术试验总结

水泥拱架大棚辣椒发展是彭阳县设施农业产业的支柱产业，目前在茹河、红河流域已达 8 万亩以上，生产效益显著，产业链较为完善。但因重茬栽培的生理障碍，是连续丰产栽培瓶颈。为有效和轻简化克服这一瓶颈问题，又能保证连续丰产栽培而开展此试验，现将试验总结如下。

一、材料和方法

（一）试验地点与材料

试验选在彭阳县新集乡沟口村新庄洼组 3 栋水泥拱架塑料大棚实施，每栋大棚面积均为 540 m²，大棚长 60 m，宽 9 m，高 2.7 m。试验作物为辣椒，品种为亨椒新冠龙。土质为黄绵土，肥力均匀，中上等。

（二）试验方法

1. 试验设计

试验设 3 个处理，处理 1：复种燕麦茬；处理 2：复种菠菜茬；处理3：不拉秧残茬越冬作为对照（重茬）。结合整地施农家肥 4 000kg/亩、磷酸二铵 30kg/亩，尿素 6kg/亩。追肥 2 次，每次施磷酸二铵 20kg/亩，尿素 5kg/亩，硫酸钾 10kg/亩。采用膜下滴灌，垄高 25cm，垄面宽 70cm，垄沟宽 60cm，单株栽植，行距 65cm，株距 37cm，2 773株/亩。亨椒新冠龙辣椒于 2 月 2 日在日光温室采用穴盘育苗，4 月 8 日定植，6 月 17 日采收。各处理灌水，施肥时间及施肥量均一致，田间管理措施均一致。

2. 监测指标及方法

（1）土壤养分采样监测与分析。跟踪监测开始整理前、定植前、门椒、四门斗、满天星、拉秧后各时间点的土壤情况，随机 3 点，每点取 10cm 深土壤 700g。

（2）植株生长性状测定。每个大棚对角线定三个点，每点随机选取 5 株挂牌，在四母斗开花时每隔 10 天测定 1 次株高和茎粗。株高是从土壤表面到植株生长点的垂直距离；植株茎粗是茎秆中部茎粗。

（3）果实产量及构成因素测定。每个大棚每 3 垄为 1 个小区统计实产，每小区选 5 株挂牌统计单株结果数，称单果重，随机取 20 个果测量果长、果粗。

二、结果与分析

（一）对大棚耕层土壤养分的影响

表 1　不同处理对大棚耕层土壤养分的影响

处理	采样时间	pH 值	全盐 (g/kg)	有机质 (g/kg)	全量氮 (g/kg)	全量磷 (g/kg)	全量钾 (g/kg)	碱解氮 (g/kg)	有效磷 (g/kg)	速效钾 (g/kg)
燕麦茬	整地前	7.91	1.32	11.4	0.96	0.82	17.6	97	24.2	158
	定植前	7.69	1.62	14.2	1.00	0.94	17.4	123	34.4	232
	门椒	8.08	0.72	11.4	0.84	0.99	19.5	87	67.6	335
	四母斗	8.12	0.64	11.4	0.80	0.94	18.5	82	49.6	200
	满天星	7.99	0.86	12.4	0.88	0.98	18.1	102	72.0	190
	拉秧	8.03	0.59	12.4	0.84	0.94	20.0	81	52.0	105

（续表）

处理	采样时间	pH 值	全盐 (g/kg)	有机质 (g/kg)	全量氮 (g/kg)	全量磷 (g/kg)	全量钾 (g/kg)	碱解氮 (g/kg)	有效磷 (g/kg)	速效钾 (g/kg)
菠菜茬	整地前	8.13	0.70	12.7	0.76	0.86	17.5	72	34.9	90
	定植前	7.78	1.52	9.80	0.86	0.89	18.1	113	37.6	215
	门椒	7.89	1.26	11.2	0.93	0.89	18.6	116	29.4	315
	四母斗	7.91	0.99	11.8	0.89	0.99	19.4	107	75.4	280
	满天星	7.91	0.99	12.1	0.95	1.02	18.9	113	72.0	230
	拉秧	8.11	0.59	12.8	0.84	1.04	18.5	68	70.7	100
重茬（CK）	整地前	7.65	1.54	12.6	1.03	0.91	18.5	113	43.4	172
	定植前	7.57	1.98	9.57	1.03	1.16	19.2	126	71.2	168
	门椒	7.53	3.25	16.2	1.30	1.99	20.4	157	176.8	515
	四母斗	8.01	0.99	13.8	1.02	1.04	20.2	92	52.4	365
	满天星	7.89	1.32	16.4	1.14	1.12	17.5	110	77.6	265
	拉秧	7.85	0.84	17.4	1.12	1.06	19.4	100	80.6	145

土壤养分状况各处理见表1。

（二）不同茬口对辣椒生长的影响

表2 不同时期各处理辣椒株高与茎粗比较

处理	月-日	5-29	6-9	6-19	6-29	7-9	7-19	7-29	8-9	8-19	8-29
燕麦茬	株高（cm）	58.7	77.3	88.4	94.9	97.5	103.0	106.9	111.7	125.8	126.2
	茎粗（cm）	1.24	1.60	1.71	1.80	1.91	2.08	2.27	2.40	2.47	2.56
菠菜茬	株高（cm）	51.7	69.4	80.5	88.3	90.7	96.2	100.3	106.1	117.7	119.3
	茎粗（cm）	1.20	1.53	1.64	1.68	1.82	1.93	2.04	2.24	2.29	2.30
重茬 CK	株高（cm）	54.0	72.6	83.6	90.9	93.2	98.8	102.5	108.1	122.3	123.3
	茎粗（cm）	1.22	1.58	1.68	1.74	1.86	2.05	2.09	2.28	2.32	2.36

表2试验结果表明，不同处理间辣椒株高有所差异，随着处理时间的增加，不同处理间辣椒株高逐渐增大。燕麦茬植株株高比对照平均增加4.1cm，提高4.3%；菠菜茬植株株高比对照平均矮2.9cm，降低3.1%百分点。茎粗的变化趋势与株高相似，均随辣椒生育进程而增加，燕麦茬的茎粗大于对照，8月29日，

燕麦茬茎粗最大，为 2.56cm，与对照相比增加 0.2cm，提高 8.5%；菠菜茬茎粗小于对照，降低 2.5 个百分点。

（三）不同茬口对辣椒产量和构成因素的影响

表 3　不同茬口对辣椒单株结果数、单果质量和产量的影响

处理	果长（cm）	果粗（cm）	单株结果数（个）	单果质量（g）	单株产量（kg/株）	畸形果率（%）	亩理论产量（kg）
燕麦茬	26.2	4.67	31.8	86.4	2.75	14.9	7 625.8
菠菜茬	25.3	4.60	30.7	85.5	2.62	16.6	7 265.3
重茬（CK）	24.9	4.58	30.5	85.2	2.59	20.8	7 182.1

从表 3 看出，单株结果数和单果质量是构成产量的 2 个主要因素，以燕麦茬种植的辣椒单株结果数较多、单果质量较大，因此其产量最高，单株产量为 2.75kg/株，比对照增加 0.16kg/株，提高 6.2%。燕麦茬果长比重茬平均增加 1.3cm，提高 5.2%；果粗增加 0.09cm，提高 2.0%，单果重增加 1.2g，提高 1.4%，畸形果率降低 5.9 个百分点。菠菜茬与重茬差异不大。燕麦茬与菠菜茬果实比重茬颜色浓绿光泽度高，品质明显改变。

（四）不同茬口辣椒产量与产值

表 4　不同茬口辣椒产量与产值

处理	32.4m² 小区产量（kg）				折合亩产量（kg）	比对照±（%）	亩产值（元）	新复极差比较 5%	1%	位次
	I	II	III	均值						
燕麦茬	355.5	365.8	351.7	357.7	7 363.7	6.5	17 672.9	a	A	1
菠菜茬	342.5	348.7	336.4	342.5	7 050.8	2.0	16 921.9	b	A	2
重茬（CK）	329.3	335.9	342.6	335.9	6 915.0		16 596.0	b	A	3

注：单价 2.4 元/kg

从表 4 可以看出，燕麦茬折合亩产量最高，为 7 363.7kg，比对照增产 448.7kg，增幅 6.5%；亩产值 17 672.9元，较对照增收 1 076.9元；菠菜茬产量较低，比对照增产 135.8kg，增幅 2.0%。

（五）不同茬口辣椒产量方差分析

对小区产量进行方差分析和多重比较，由其结果可知，处理间差异达显著水平（$F=8.9>F_{0.05}=6.9$），新复极差测验表明，燕麦茬与菠菜、重茬 2 个茬口差异达到显著水平，菠菜茬与重茬没有达到显著水平；处理间差异达极显著水平（$F=8.9<F_{0.01}=18$），新复极差测验表明，三种茬口差异没有达到极显著水平（表5）。

表5　不同茬口辣椒小区产量方差分析

变异原因	自由度 DF	平方和 SS	均方 MS	F 值	$F_{0.05}$	$F_{0.01}$
区组	2	103.6956	51.84778	1.243021	6.944272	18
处理	2	744.9156	372.4578	8.929462	6.944272	18
误差	4	166.8444	41.71111			
总变异	8	1015.456				

（六）不同茬口辣椒病害发生情况

2013 年进入 7 月以来，连续降雨长达 15 天左右，田间湿度大，光照不足，造成辣椒白粉病发生较早。据 7 月 25 日调查三种栽培模式辣椒白粉病都有不同程度发生，燕麦茬辣椒白粉病病叶率 2.3%，菠菜茬辣椒白粉病病叶率 3.7%；重茬辣椒白粉病病叶率 7.8%；至 8 月 5 日调查燕麦茬辣椒白粉病病叶率 3.5%，菠菜茬辣椒白粉病病叶率 5.8%；重茬辣椒白粉病病叶率 10.5%；至 8 月 15 日调查燕麦茬辣椒白粉病病叶率 4.6%，菠菜茬辣椒白粉病病叶率 7.5%；重茬辣椒白粉病病叶率 14.5%；至 8 月 25 日调查燕麦茬辣椒白粉病病叶率 5.7%，菠菜茬辣椒白粉病病叶率 8.8%；重茬辣椒白粉病病叶率 18.5%；实践证明轮作倒茬栽培种植辣椒病害轻。

三、小结

综合分析不同茬口辣椒的生长、果实性状、产量、抗病性等相关测试指标，得出燕麦茬是该试验条件下水泥拱架大棚早春茬辣椒种植较适宜的茬口。

大棚辣椒品种观察试验总结

随着大棚辣椒栽培面积迅速扩大，辣椒栽培小气候条件发生了重大变化，选择适合拱架大棚可控小气候条件下的辣椒新品种成为一项新课题。结合当地实际情况，选择羊角椒新品种进行试验，鉴定新育成的螺丝辣椒品系及杂交组合的遗传稳定性、形态特征、生物学特性等，测试新品种的生产潜力，以期为新品种的审定、推广提供依据。

一、材料与方法

（一）供试材料

供试 20 个辣椒品种为 0011、0012、0013、0014、0015、0016、0017、0018、0019、0020、0021、0022、0023、0024、0025、0026、0027、0048、0062、0063 等辣椒，均由宁夏农林科学院提供。

（二）试验方法

试验地点选在设施农业建设区的新集乡沟口村水泥拱架塑料大棚实施。土壤为黄绵土，肥力中等水平，前作为辣椒。

（三）试验设计

试验采用大区观察栽培，共设 20 个处理，不设重复，小区面积 23.4m²。采用水肥一体化栽培，垄宽 70cm，垄沟宽 60cm，垄高 25cm。单株栽植，行距 65cm，株距 35cm。田间管理按常规方法进行。观察记载物候期、农艺性状，并测定产量。

二、结果与分析

（一）物候期

表 1 辣椒各品种物候期

品种	播种期 （月-日）	出苗期 （月-日）	定植期 （月-日）	开花期 （月-日）	坐果期 （月-日）	始收期 （月-日）	末收期 （月-日）	采收期 （天）
0011	2-3	2-24	4-22	6-1	6-8	6-28	10-23	117

（续表）

品种	播种期 （月-日）	出苗期 （月-日）	定植期 （月-日）	开花期 （月-日）	坐果期 （月-日）	始收期 （月-日）	末收期 （月-日）	采收期 （天）
0012	2~3	2~24	4~22	5~31	6~7	6~27	10~23	118
0013	2~3	2~28	4~22	5~30	6~6	6~26	10~23	119
0014	2~3	2~24	4~22	5~30	6~6	6~26	10~20	116
0015	2~3	2~24	4~22	5~26	6~3	6~24	10~17	115
0016	2~3	2~24	4~22	5~30	6~6	6~26	10~24	122
0017	2~3	2~24	4~22	5~30	6~6	6~26	10~21	117
0018	2~3	2~28	4~22	5~31	6~7	6~27	10~20	115
0019	2~3	2~26	4~22	5~30	6~6	6~26	10~20	116
0020	2~3	2~24	4~22	5~24	5~31	6~21	10~21	122
0021	2~3	2~24	4~22	5~29	6~5	6~25	10~21	118
0022	2~3	2~24	4~22	5~25	6~1	6~22	10~21	120
0023	2~3	2~24	4~22	5~24	5~31	6~21	10~23	124
0024	2~3	2~24	4~22	5~25	6~1	6~22	10~23	123
0025	2~3	2~24	4~22	5~30	6~6	6~26	10~19	115
0026	2~3	2~24	4~22	5~29	6~5	6~25	10~21	118
0027	2~3	2~24	4~22	6~3	6~11	7~2	10~20	110
0048	2~3	2~24	4~22	5~29	6~5	6~25	10~16	113
0062	2~3	2~26	4~22	6~2	6~10	7~1	10~19	110
0063	2~3	2~26	4~22	5~30	6~6	6~26	10~19	115

从表1看出，参试羊角椒品种开花、坐果期、始收期以0020辣椒、0023辣椒最早，较其余17个品种分别提前1~9天、1~11天、1~12天；其次以0022辣椒、0024辣椒较早，较其余品种分别提前1~8天、1~10天、1~10天；以0027辣椒开花、坐果、始收最迟。采收结束以0048辣椒最早，较其余品种提前1~8天采收结束；以0016采收结束最迟，较其余品种延后1~8天采收结束。采收期以0023辣椒最长，为124天，较其余18个品种延后1~14天采收结束。其次是0024辣椒、0016辣椒，分别为123天、122天，较其余16个品种分别延后3~13天、2~

12 天采收结束。0015 牛角椒采收期为 115 天。

（二）辣椒各品种植物学性状与抗病性

表2 辣椒各品种植物学性状与抗病性

品种	株高（cm）	茎粗（cm）	第一花序节位（节）	开展度（cm）	分枝数（个）	叶色	单株结果数（个）	植株长势	抗白粉病
0011	95.0	1.76	5.3	71.6	2.0	绿	21.8	强	强
0012	113.2	1.97	5.6	68.6	2.0	绿	24.2	强	强
0013	108.8	1.68	5.8	66.8	2.0	绿	22.0	强	强
0014	82.4	1.74	5.6	67.4	2.0	绿	18.4	中等	中等
0015	87.0	1.28	6.0	60.0	2.0	绿	24.2	中等	中等
0016	110.4	1.67	5.4	64.4	2.0	绿	25.4	强	强
0017	111.6	1.54	5.8	69.0	3.0	绿	21.2	中等	中等
0018	116.2	1.55	5.6	69.0	2.6	绿	24.8	强	中等
0019	130.4	2.12	6.2	74.6	2.6	绿	21.6	强	强
0020	107.8	1.65	5.4	70.8	2.0	绿	20.2	强	强
0021	113.0	1.55	6.0	68.0	2.0	绿	21.2	强	强
0022	104.8	1.49	5.8	71.6	2.0	绿	21.5	强	中等
0023	83.0	1.44	6.2	53.8	2.0	绿	22.0	中等	中等
0024	103.2	1.82	5.8	71.0	2.0	绿	23.0	强	中等
0025	74.6	1.29	5.8	59.2	3.0	绿	20.8	中等	弱
0026	99.2	1.30	5.6	66.4	3.0	绿	20.6	中等	弱
0027	122.0	1.55	5.8	70.6	2.4	绿	23.4	强	中等
0048	72.0	1.49	5.8	65.2	2.8	绿	14.8	中等	弱
0062	84.0	1.41	5.8	62.6	2.6	绿	21.0	中等	中等
0063	73.8	1.47	5.6	66.4	2.6	绿	16.0	中等	弱

从表2可知，羊角椒株高以 0019 辣椒植株最高，为 130.4cm，较其余品种增加 8.4~58.4cm，提高 6.9%~81.1%。其余 18 个品种株高均在 72.0~122.0cm。茎粗以 0019 辣椒最粗，

为 2.12m，较其余品种增加 0.15~0.84cm，提高 7.6%~65.6%；
0015 羊角椒最细，为 1.28cm。第一花序节位以 0027 羊角椒节位
最高，为 7.2 节，较其余品种增加 1.0~1.9 节；0011 羊角节位
最低，为 5.3 节。分枝数以 0017、0025 和 0026 羊角椒最多，为
3.0 个，较其余品种增加 0.2~1.0 个，提高 7.1%~50%，其余
18 个品种均为 2.0~2.8 个。开展度以 0019 辣椒最大，为
74.6cm，较其余品种增加 3~20.8cm，提高 4.2%~38.7%；0023
最小，为 53.8cm。单株结果数以 0016 羊角椒最多，为 25.4 个，
较其余品种增加 1.2~9.4 个，提高 5.0%~58.8%；0063 羊角结
果数最少，仅为 16.0 个。0011、0012、0013、0016、0019、
0020、0021 7 个羊角品种抗病性强，0025、0026、0048、0063 4
个羊角品种抗病性弱，其余 9 个品种抗病性中等。从植株长势上
看，0011、0012、0013、0016、0018、0019、0020、0021、
0022、0024、0027 11 个羊角品种植株长势强，其余 8 个品种植
株长势中等。0014 牛角椒植株长势中等。

（三）不同品种辣椒果实性状

表3　辣椒各品种果实性状

品种	果长（cm）	果粗（cm）	心室数（个）	果肉厚度（cm）	单果质量（g）	果实外观、品质
0011	30.6	3.50	2~3	0.20	68.6	长羊角椒，浓绿，辣味浓，果肩皱褶多，果面有棱沟
0012	28.5	3.63	2~3	0.18	59.2	长羊角椒，黄绿，辣味强，果肩有皱褶，果面有棱沟
0013	30.0	3.10	2~3	0.23	60.9	长羊角椒，黄绿，味辣，果肩有皱褶，羊角形弯曲
0014	25.8	4.62	3~4	0.33	88.7	大牛角椒，浅绿，味辣，果面光滑，果肩微有皱褶
0015	27.5	3.63	2~3	0.18	50.8	长羊角椒，浓绿，辣味浓，果肩有皱褶，呈螺丝形变曲
0016	31.7	3.23	2~3	61.5		长羊角椒，黄绿，辣味强，果肩皱褶多且深

（续表）

品种	果长 （cm）	果粗 （cm）	心室数 （个）	果肉厚度 （cm）	单果质量 （g）	果实外观、品质
0017	27.9	3.69	2~3	0.20	62.0	长羊角椒，浅绿，辣味浓，果肩有皱褶，果面粗糙且有皱褶
0018	25.1	4.11	2~3	0.25	60.0	长羊角椒，浅绿，味辣，果肩微有皱褶，果面粗糙，变曲
0019	27.8	3.76	2~3	0.32	68.7	长羊角椒，浅绿，味辣，果肩皱褶深，多弯曲
0020	32.7	3.34	3~4	0.20	66.0	长羊角椒，黄绿，极辣，果肩皱褶深且多
0021	29.8	3.41	2~3	0.19	56.9	长羊角椒，黄绿，味辣，果肩深皱褶，果面皱褶多
0022	29.9	3.95	2~3	0.23	51.4	长羊角椒，浓绿，辣味浓，果肩皱褶深且多，呈螺丝形弯曲
0023	32.6	3.54	2~3	0.28	69.2	长羊角椒，浓绿，辣味浓，果肩皱褶深且多，果面有棱沟
0024	31.2	3.60	3~4	0.20	67.7	长羊角椒，浓绿，辣味浓，果肩深皱褶，变曲
0025	32.8	3.69	2~3	0.21	61.7	长羊角椒，浓绿，辣味适中，果肩有皱褶，果面有棱沟
0026	31.4	3.62	2~3	0.20	56.0	长羊角椒，浓绿，辣味适中，果肩有皱褶，变曲
0027	31.1	2.58	2~3	0.24	49.9	长羊角椒，浓绿，辣味浓，果肩皱褶深且多，果面有棱沟
0048	32.1	3.56	2~3	0.15	65.9	长羊角椒，浓绿，辣味适中，果肩皱褶多，果面有棱沟
0062	31.4	2.77	2~3	0.15	54.3	长羊角椒，浓绿，辣味浓，果面皱褶多且有棱沟
0063	21.0	4.50	2~3	0.20	45.6	长羊角椒，浅绿，辣味适中，果肩有皱褶且有棱沟

参试各品种果实性状和品质从表 3 可知，除 0014 辣椒为牛角品种外，其余 19 个品种均为长羊角椒，味辣，皮薄，口感好；

0011、0015、0022、0023、0024、0025、0026、0027、0048、0062 10 个品种果色为浓绿色，0017、0018、0019、0063 4 个品种果色为浅绿，0012、0013、0016、0020、0021 5 个品种果色为黄绿色；0014 牛角果色为浅绿色，味辣，肉厚，耐贮运。羊角椒果长以 0025 羊角最长，为 32.8cm，较其余品种增加 0.1~11.8cm，提高 0.3%~56.2%；果粗以 0063 羊角椒最粗，为 4.5cm，较其余品种增加 0.55~1.92cm，提高 13.9%~74.4%；果肉厚度以 0019 羊角椒最厚，为 0.32cm，较其余品种增加 0.04~0.17cm，提高 14.3%~113.3%；单果质量以 0023 羊角椒最重，为 69.2g，较其余品种增加 0.6~23.6g，提高 0.87%~51.8%，其余 18 个羊角品种均在 45.6~68.6g，0063 椒单果重最小，为 45.6g。0014 牛角椒果长 25.8cm，果粗 4.62cm，肉厚 0.33cm，单果重 88.7g。

（四）产量与产值

表 4 辣椒各品种产量与产值

品种	23.4m² 小区产量（kg）	折合亩产量（kg）	亩产值（元）
0011	130.7	3 725.5	8 196.1
0012	125.2	3 568.7	7 851.1
0013	117.1	3 337.9	7 343.4
0014	142.7	4 067.6	3 660.8
0015	107.4	3 061.4	6 735.1
0016	136.5	3 890.8	8 559.8
0017	114.9	3 275.1	7 205.2
0018	130.1	3 708.4	8 158.5
0019	129.7	3 697.0	8 133.4
0020	116.6	3 323.6	7 311.9
0021	105.5	3 007.2	6 615.8
0022	96.6	2 753.5	6 057.7
0023	133.1	3 793.9	8 346.6
0024	136.1	3 879.4	8 534.7

（续表）

品种	23.4m² 小区产量 （kg）	折合亩产量 （kg）	亩产值 （元）
0025	112.3	3 201.0	7 042.2
0026	100.8	2 873.2	6 321.0
0027	102.0	2 907.4	6 396.3
0048	85.2	2 428.6	5 342.9
0062	99.7	2 841.9	6 252.2
0063	63.8	1 818.6	4 000.9

注：羊角销售价 2.2 元/kg，牛角 0.9 元/kg

从表 4 可知，参试 19 个羊角品种中，以 0016 羊角椒折合亩产量及产值最高，分别为 3 890.8kg 和 8 559.8 元，较其余品种增产 11.4~2 072.2kg 和增收 25.1~4 558.9 元，增幅 0.29%~113.9%。其次以 0024、0023 羊角椒折合亩产量及产值较高，分别为 3 879.4kg、3 793.9kg 和 8 534.7 元、8 346.6 元，分别较其余品种增产 153.9~2 060.8kg、增幅 4.1%~113.3%；68.4~1 975.3kg、增幅 0.18%~108.6%。以 0063 羊角椒折合亩产量及产值最低，分别为 1 818.6kg 和 4 000.9 元。0014 牛角椒折合亩产量及产值分别为 4 067.6kg 和 3 660.8 元。

三、小结

综合分析参试 19 个羊角辣椒品种的生育期、农艺性状、果实性状及产量，以 0016、0024、0023、0011 4 个羊角品种综合性状表现好，增产潜力大，生长势强，椒果商品性好，适口性好，市场销售旺，抗病性强，折合总产量及效益显著高于其余 15 个品种，可在塑料大棚早春茬生产中进一步试验示范的基础上进行大面积推广种植，0063 羊角椒果实短，抗病性差，建议淘汰，其余 14 个品种有待进一步试验观察。0014 牛角有待进一步试验观察。

大棚辣椒新品种展示试验总结

为了鉴定近年来各科研单位选育和引进筛选的优质高产杂交辣椒新品种在彭阳地区的适应性、抗逆性、丰产性，向生产者、消费者展示推介新的种业科研成果，加快新品种的应用，发挥品种效能，保障蔬菜安全。

一、试验材料与方法

（一）供试品种

本展示参试辣椒品种共7类55个。供试大牛角为朗悦2号、旗胜408、博泰316、博悦228、博泰218、PZ-01、PXL-621、620牛角、金剑808、金剑818、长城、巨翠龙2号、亨椒新3号、亨椒金龙、京椒1号、1412、1424、亨椒1号（CK）18个品种；大羊角为中华第一椒、金剑207、金剑207B、金剑210 4个品种；螺丝椒为亨椒龙霸、亨椒龙腾、亨椒龙盛、太空螺椒王、超级2313 5个品种；线椒为辣雄8814、辣雄8815、辣雄8817、辣雄8818（CK）、长虹362、长虹369 6个品种；甜椒为绿星、红塔、中农105、中农107、中农115、中农116、中农117、红圣201、古华、菲次罗10个品种；彩椒为月黄、月白、黄川、月黑、月紫、红曼6个品种；美人椒为红圣202、红圣203、亨椒4号、CTJ1、CTJ2、红钻006 6个品种。

（二）展示试验地点

试验地点选在设施农业建设区的新集乡沟口村水泥拱架塑料大棚实施。土壤为黄绵土，肥力中等水平，前作为辣椒。

（三）展示试验设计

试验采用大区观察栽培，共设55个处理，不设重复，小区面积23.4m²。采用膜下滴灌，垄宽70cm，垄沟宽60cm，垄高25cm。单株栽植，行距65cm，株距35cm。田间管理按常规方法进行。观察记载物候期、农艺性状，并测定产量。

二、结果与分析

（一）物候期

表 1 辣椒物候期

品种	播种期 （月-日）	出苗期 （月-日）	定植期 （月-日）	开花期 （月-日）	坐果期 （月-日）	始收期 （月-日）	末收期 （月-日）	生育期 （天）
朗悦2号	1-28	2-26	4-22	5-30	6-6	6-26	10-20	265
旗胜408	1-28	2-28	4-22	6-1	6-7	6-28	10-21	265
博泰316	1-28	2-21	4-22	5-29	6-5	6-25	10-19	264
博悦228	1-28	2-26	4-22	6-4	6-6	7-1	10-22	267
博泰218	1-28	2-17	4-22	6-2	6-3	6-29	10-22	267
PZ-01	1-28	2-24	4-22	6-5	6-12	7-2	10-23	268
PXL-621	1-28	2-22	4-22	6-4	6-11	7-1	10-23	268
620牛角	1-28	2-18	4-22	6-5	6-12	7-2	10-23	268
金剑808	1-28	2-20	4-22	5-26	6-2	6-22	10-21	266
金剑818	1-28	2-20	4-22	5-28	6-4	6-25	10-22	267
长城	1-28	2-27	4-22	6-1	6-7	6-28	10-25	270
巨翠龙2号	1-28	2-28	4-22	5-26	6-7	6-22	10-21	266
亨椒新3号	1-28	2-29	4-22	6-1	6-7	6-28	10-24	269
亨椒金龙	1-28	2-28	4-22	5-25	6-1	6-21	10-24	269
京椒1号	1-28	2-26	4-22	5-30	6-6	6-26	10-23	268
1412	1-28	2-20	4-22	5-30	6-6	6-26	10-23	268
1424	1-28	2-20	4-22	6-1	6-7	6-28	10-23	269
亨椒1号 （CK）	1-28	2-18	4-22	5-29	6-5	6-25	10-18	263
中华第一椒	1-28	2-24	4-22	5-30	6-6	6-26	10-20	265
金剑207	1-28	2-17	4-22	5-29	6-5	6-25	10-20	265
金剑207B	1-28	2-17	4-22	5-29	6-5	6-26	10-20	265
金剑210	1-28	2-20	4-22	5-30	6-6	6-26	10-19	264
亨椒龙霸	1-28	2-25	4-22	6-3	6-10	6-30	10-22	267
亨椒龙腾	1-28	2-27	4-22	6-3	6-10	6-30	10-20	265
亨椒龙盛	1-28	2-24	4-22	5-30	6-6	6-26	10-18	263

（续表）

品种	播种期 （月-日）	出苗期 （月-日）	定植期 （月-日）	开花期 （月-日）	坐果期 （月-日）	始收期 （月-日）	末收期 （月-日）	生育期 （天）
太空螺椒王	1-28	2-20	4-22	6-4	6-11	7-1	10-23	268
超级 2313	1-28	2-25	4-22	5-29	6-5	6-25	10-21	266
辣雄 8814	1-28	2-24	4-22	5-25	6-1	6-21	10-18	263
辣雄 8815	1-28	2-24	4-22	6-4	6-11	7-1	10-23	268
辣雄 8817	1-28	2-24	4-22	6-4	6-11	7-1	10-23	268
辣雄 8818 （CK）	1-28	2-24	4-22	5-23	5-30	6-20	10-18	263
长虹 362	1-28	2-24	4-22	6-4	6-11	7-1	10-23	268
长虹 369	1-28	2-28	4-22	5-29	6-5	6-25	10-21	266
绿星	1-28	2-28	5-3	6-10	6-18	7-8	10-19	264
红塔	1-28	2-28	5-3	6-10	6-18	7-8	10-17	262
中农 105	1-28	2-28	5-3	6-9	6-16	7-6	10-18	263
中农 107	1-28	2-28	5-3	6-7	6-14	7-4	10-19	264
中农 115	1-28	2-28	5-3	6-5	6-12	7-2	10-18	263
中农 116	1-28	2-28	5-3	6-4	6-11	7-1	10-20	265
中农 117	1-28	2-28	5-3	6-3	6-10	6-30	10-20	265
红圣 201	1-28	2-28	5-3	6-1	6-7	6-27	10-17	262
古华	1-28	2-25	5-3	6-8	6-15	7-5	10-21	266
菲次罗	1-28	2-28	5-3	6-8	6-15	7-5	10-21	266
月黄	1-28	2-28	5-3	6-5	6-12	7-3	10-20	265
月白	1-28	2-28	5-3	6-6	6-13	7-4	10-23	268
黄川	1-28	2-28	5-3	6-6	6-13	7-4	10-20	265
月黑	1-28	2-28	5-3	6-3	6-10	7-1	10-22	267
月紫	1-28	2-28	5-3	6-4	6-11	7-2	10-23	268
红曼	1-28	2-28	5-3	6-6	6-13	7-4	10-20	265
红圣 202	1-28	2-17	5-3	5-31	6-7	6-27	10-21	266
红圣 203	1-28	2-20	5-3	6-1	6-8	6-28	10-21	266
亨椒 4 号	1-28	2-28	5-3	6-3	6-10	6-30	10-23	268
CTJ1	1-28	2-26	5-3	6-5	6-12	7-2	10-24	269
CTJ2	1-28	2-20	5-3	6-5	6-12	7-2	10-24	269
红钻 006	1-28	2-22	5-3	6-2	6-9	6-29	10-22	267

从表1看出，参试18个大牛角类品种中，开花、坐果比对照品种早的有亨椒金龙、金剑808、金剑818、巨翠龙2号4个品种，较对照品种提前1~4天；博泰316与对照相同，其余12个品种均晚于对照亨椒1号，较对照延后1~5天；从生育期看，参试品种均较对照长，其中以长城生育期最长，为270天，较对照延长7天。其余品种均较对照延长1~6天。4个大羊角类品种中，参试4个品种开花、坐果、生育期基本接近。5个螺丝椒类品种中，开花、坐果以超级2313最早，较其余品种提前1~5天；生育期太空螺椒王最长，为268天，较其余品种延长1~5天。6个线椒类品种中，开花、坐果参试品种均晚于对照品种辣雄8818，较对照延后2~10天，生育期辣雄8814与对照辣雄8818相同，均为263天，其余品种均比对照长，较对照延长3~5天。10个甜椒类品种中，开花、坐果参试品种红圣201最早，较其余品种提前3~9天其余品种均延后。生育期古华、菲次罗较长，为266天，较其余品种延后1~4天。6个彩椒类品种中，开花、坐果参试品种月黑最早，较其余品种提前1~2天，生育期月白、月紫最长，为268天，较其余品种延后1~3天。6个美人椒类品种中，开花、坐果红圣202最早，较其余品种提前1~6天。生育期红圣202、红圣203最短，为266天，较其余品种提前1~3天。

（二）辣椒植物学性状与抗病性

表2　辣椒植物学性状与抗病性

品种	株高(cm)	茎粗(cm)	第一花序节位(节)	开展度(cm)	分枝数(个)	叶色	单株结果数(个)	植株长势	抗白粉病
朗悦2号	115.8	1.75	6.0	77.0	2.2	绿	19.0	强	强
旗胜408	91.2	1.74	6.0	74.0	2.2	绿	19.4	强	强
博泰316	101.6	1.84	7.2	63.6	2.4	绿	19.6	强	强
博悦228	75.4	1.94	7.0	74.8	2.2	绿	19.8	中等	强

（续表）

品种	株高 (cm)	茎粗 (cm)	第一花序节位 (节)	开展度 (cm)	分枝数 (个)	叶色	单株结果数 (个)	植株长势	抗白粉病
博泰 218	74.0	1.77	6.2	62.0	2.4	绿	20.4	中等	强
PZ-01	98.4	2.21	6.8	68.4	2.2	绿	21.8	强	强
PXL-621	87.0	1.67	6.8	72.0	3.0	绿	20.5	中等	强
620 牛角	88.8	2.05	6.6	82.4	2.4	绿	19.2	中等	强
金剑 808	118.6	2.6	6.8	80.0	2.6	绿	21.6	强	强
金剑 818	108.8	1.73	6.5	83.4	2.4	绿	20.4	强	强
长城	93.6	1.51	7.4	81.0	2.6	绿	20.5	强	强
巨翠龙 2 号	75.8	1.37	7.6	77.8	2.8	绿	20.8	强	中等
亨椒新 3 号	84.6	1.30	6.8	71.2	2.6	绿	19.4	中等	强
亨椒金龙	85.0	1.63	7.6	67.4	3.0	绿	20.2	强	强
京椒 1 号	92.8	1.65	7.4	65.6	2.2	绿	22.0	强	强
1412	85.0	1.61	7.4	65.2	2.4	绿	19.8	强	强
1424	95.4	1.68	6.8	59.6	2.8	绿	17.6	强	强
亨椒 1 号 （CK）	80.0	1.56	6.2	73.0	2.4	绿	22.0	中等	中等
中华第一椒	69.2	2.09	6.4	82.2	2.4	绿	24.4	中等	强
金剑 207	105.2	1.83	6.2	68.0	2.6	绿	20.4	强	强
金剑 207B	105.0	1.71	6.8	72.0	2.4	绿	23.0	强	强
金剑 210	110.6	1.75	7.2	87.4	2.4	绿	18.6	强	强
亨椒龙霸	87.0	1.95	6.4	67.0	2.0	绿	23.8	强	强
亨椒龙腾	73.6	1.90	7.0	64.6	2.0	绿	19.2	中等	强
亨椒龙盛	91.0	1.71	6.0	72.8	2.6	绿	25.8	强	强
太空螺椒王	85.4	1.86	6.2	69.2	2.8	绿	22.2	强	强
超级 2313	86.4	1.80	6.8	73.0	2.4	绿	23.2	强	强
辣雄 8814	89.2	1.38	7.0	67.4	2.0	绿	67.0	强	强
辣雄 8815	101.6	1.64	8.6	73.8	2.0	绿	63.2	强	强
辣雄 8817	130.6	1.47	8.0	55.8	2.0	绿	66.2	强	强
辣雄 8818 （CK）	84.2	1.46	6.0	62.0	2.0	绿	70.3	中等	强
长虹 362	97.0	1.40	7.8	58.0	2.0	绿	61.5	强	强

（续表）

品种	株高（cm）	茎粗（cm）	第一花序节位（节）	开展度（cm）	分枝数（个）	叶色	单株结果数（个）	植株长势	抗白粉病
长虹369	74.4	1.40	6.4	56.6	2.0	绿	62.0	中等	强
绿星	71.0	1.70	10.8	64.0	3.0	绿	8.0	强	强
红塔	56.2	1.35	7.0	64.4	2.6	绿	11.4	中等	强
中农105	71.2	1.56	6.4	56.6	2.8	绿	12.4	强	强
中农107	56.8	1.59	6.6	53.0	2.4	绿	9.4	中等	强
中农115	59.4	1.44	6.8	53.4	2.6	绿	10.8	中等	强
中农116	73.0	1.69	7.6	61.4	3.0	绿	8.2	强	强
中农117	67.4	1.56	6.2	60.6	2.6	绿	10.0	中等	强
红圣201	72.6	1.40	6.6	60.0	2.4	绿	14.8	强	强
古华	70.6	1.57	7.2	54.4	3.0	绿	8.8	强	强
菲次罗	77.6	1.55	6.6	56.4	3.0	绿	10.0	强	强
月黄	73.4	1.63	7.7	63.0	2.4	绿	11.1	强	强
月白	63.8	1.49	9.1	51.7	2.4	绿	13.4	中等	强
黄川	70.1	1.68	7.6	62.5	2.4	绿	8.9	强	强
月黑	62.3	1.50	8.3	58.1	2.0	绿	10.7	中等	较强
月紫	63.1	1.53	9.1	57.3	2.0	绿	11.6	中等	较强
红曼	70.1	1.56	9.2	62.1	2.6	绿	10.3	强	较强
红圣202	89.0	1.63	9.2	71.8	2.2	绿	40.6	强	强
红圣203	78.0	1.48	9.6	78.4	2.4	绿	38.6	中等	强
亨椒4号	88.4	1.36	7.6	67.6	2.6	绿	42.4	强	强
CTJ1	119.4	1.32	10.0	83.2	2.6	绿	42.0	强	强
CTJ2	119.2	1.65	9.0	77.0	2.6	绿	41.3	强	强
红钻006	65.2	1.47	6.6	51.6	2.6	绿	42.6	中等	强

从表2可知，参试18个大牛角类品种中，株高以金剑808品种最高，为118.6cm，较对照品种增加38.6cm，提高48.3%。其余品种株高均在74.0~115.8cm。分枝数PXL-621、亨椒金龙最多，为3.0个，较对照多0.6个，提高20%，其余品种在2.0~2.8。单株结果数京椒1号与对照相同为22.0个，其余品

种均较对照少，较对照较低 0.9~13.6 个百分点。4 个大羊角类品种中，株高以金剑 210 最高，为 110.6cm，较其余品种增加 5.4~41.4cm，提高 5.1%~37.4%，中华第一椒最低，为 69.2cm。分枝数金剑 207 最多，为 2.6 个，较其余品种增加 0.2 个，提高 8.3%，其余 3 个品种均 2.4 个。单株结果数中华第一椒最多，为 24.4 个，较其余品种增加 1.4~5.8 个，提高 6.1%~31.2%；金剑 210 最少，仅为 18.6 个。5 个螺丝椒类品种中，亨椒龙盛株高最高，为 91.0cm，较其余品种增加 4.0~17.4cm，提高 4.6%~23.6%，亨椒龙腾最低，为 73.6cm。分枝数太空螺椒王最多，为 2.8 个，较其余品种增加 0.2~0.8 个，提高 7.7%~40.0%。单株结果数亨椒龙盛最多，为 25.8 个，较其余品种增加 2.6~6.6 个，提高 6.6%~34.0%；亨椒龙腾最少，仅为 19.2 个。6 个线椒类品种中，辣雄 8817 株高最高，为 130.6cm，较其余品种增加 29.0~56.2cm，提高 28.5%~75.5%，长虹 369 最低，为 74.4cm。分枝数均为 2.0 个。单株结果数辣雄 8818 最多，为 70.3 个，较其余品种增加 3.3~8.8 个，提高 4.9%~14.3%；长虹 362 最少，为 61.5 个。10 个甜椒类品种中，菲次罗株高最高，为 77.6cm，较其余品种增加 4.6~21.4cm，提高 6.3%~38.1%，红塔最低，为 56.2cm。分枝数绿星、中农 116、古华、菲次罗最多，为 3.0 个，较其余品种增加 0.2~0.6 个，提高 7.1%~25.0%，其余 6 个品种均 2.4~2.8 个。单株结果数红圣 201 最多，为 14.8 个，较其余品种增加 2.4~6.8 个，提高 19.4%~85.0%；绿星最少，为 8.0 个。6 个彩椒类品种中，月黄株高最高，为 73.4cm，较其余品种增加 3.3~11.1cm，提高 4.7%~17.8%，月黑最低，为 62.3cm。分枝数红曼最多，为 2.6 个，较其余品种增加 0.2~0.6 个，提高 8.3%~30.0%，其余 3 个品种均在 2.0~2.4 个。单株结果数月白最多，为 13.4 个，较其余品种增加 1.8~4.5 个，提高 15.5%~50.6%。6 个美人椒类品种中，CTJ1 株高最高，为 119.4cm，较其余品种增加 0.2~54.2cm，提高 0.168%~3.1%，红钻 006 最低，为 65.2cm。分枝数红圣202最少，为2.2个，其余5个品种均2.6个。单株结果数红钻006最多，为42.6个，较其余品种增加0.2~4.0个，提高0.47%~10.4%；红圣203最少，为38.6个。

（三）辣椒果实性状

表3　辣椒果实性状

品种	果长 （cm）	果粗 （cm）	心室数 （个）	果肉厚度 （cm）	单果质量 （g）	果实外观、品质
朗悦2号	29.3	4.36	3	0.37	115.7	大牛角，青果浅黄绿，味辣，果面光滑、果肩微有皱褶，有光泽
旗胜408	28.5	4.46	3	0.38	116.8	大牛角，青果浅黄绿，味辣，果肩微有皱褶，有光泽
博泰316	28.4	4.27	3	0.43	112.2	大牛角，青果浅绿，辣味浓，果肩微有皱褶，果面光滑，顺直
博悦228	25.9	4.98	3~4	0.35	106.8	大牛角，青果浅绿，微辣，果面有棱沟，果肩微有皱褶
博泰218	25.3	5.13	3~4	0.34	98.6	大牛角，青果浅绿，味辣，果肩微有皱褶，果面光滑
PZ-01	28.7	4.73	2~3	0.35	95.8	大牛角，青果浅绿，味辣，果肩有皱褶，果面有棱沟
PXL-621	31.3	4.68	3	0.38	106.0	大牛角，青果浅绿，微辣，果肩微有皱褶，果面光滑，顺直
620牛角	28.4	4.82	3	0.37	111.9	大牛角，青果浅绿，辣味适中，果肩有皱褶，果面有棱沟
金剑808	30.8	3.75	3	0.33	95.2	大牛角，青果黄绿，微辣，果面光滑，顺直，果肩微有皱褶
金剑818	3.08	4.33	2-3	0.35	96.7	大牛角，青果黄绿，微辣，果面光滑，顺直，光泽度好
长城	26.0	4.96	3	0.38	109.1	大牛角，青果浅绿，微辣，果面微有棱沟，顺直
巨翠龙2号	23.9	5.31	3	0.38	100	大牛角，青果绿色，微辣，果面光滑，顺直，光泽度好

（续表）

品种	果长（cm）	果粗（cm）	心室数（个）	果肉厚度（cm）	单果质量（g）	果实外观、品质
亨椒新3号	23.1	4.56	3	0.37	99.3	大牛角，青果浅绿，微辣，果面光滑，顺直，光泽度好
亨椒金龙	25.9	5.35	3	0.40	110.9	大牛角，青果浅绿，微辣，果面相对光滑，顺直，光泽度好
京椒1号	20.8	3.69	3~4	0.35	79.7	大牛角，青果浅绿，味辣，果面光滑，顺直
1412	21.1	4.26	2~3	0.38	99.2	大牛角，青果浅绿，微辣，果面光滑，顺直，光泽度好
1424	22.3	4.20	2~3	0.38	106.5	大牛角，青果黄绿，微辣，果面光滑，顺直，光泽度好
亨椒1号（CK）	26.2	4.22	3~4	0.38	87.5	大牛角，青果浅绿，微辣，果面光滑，顺直，光泽度好
中华第一椒	29.4	3.94	3	0.43	105.1	大羊角，青果浅绿，微辣，果面光滑，光泽度好
金剑207	27.3	3.50	3	0.40	76.3	大羊角，青果浅绿，微辣，果面光滑，顺直，光泽度好
金剑207B	27.2	3.45	3	0.37	74.7	大羊角，青果绿色，微辣，果面光滑，顺直，光泽度好
金剑210	27.3	3.23	3	0.4	74.1	大羊角，青果绿色，微辣，果面光滑，顺直，光泽度好
亨椒龙霸	30.8	4.25	3	0.28	92.1	螺丝椒，青果浓绿，辣味适中，果肩皱褶多，果面有棱沟
亨椒龙腾	33.1	3.79	3	0.26	82.6	螺丝椒，青果浓绿，微味，果肩皱褶多，变曲
亨椒龙盛	33.5	3.19	2	0.20	54.5	螺丝椒，青果浓绿，辣味浓，果肩皱褶深且多，果面有棱沟
太空螺椒王	28.7	7.86	3	0.25	97.3	螺丝椒，青果浓绿，辣味适中，果肩皱褶多，果面有棱沟
超级2313	28.6	4.06	3	0.25	82.5	螺丝椒，青果浓绿，辣味浓，果面皱褶多且有棱沟

（续表）

品种	果长 （cm）	果粗 （cm）	心室 数 （个）	果肉 厚度 （cm）	单果 质量 （g）	果实外观、品质
辣雄 8814	25.3	1.26	23	0.19	18.2	长线椒，青果翠绿，老熟果鲜红，辣味香，果面光滑，顺直，皮薄
辣雄 8815	25.2	1.18	3	0.15	14.4	长线椒，青果翠色，老熟果鲜红，辣味浓，果面略有皱褶，皮薄
辣雄 8817	26.5	1.27	3	0.17	19.6	长线椒，青果翠色，老熟果鲜红，辣味浓，果面微有皱褶，皮薄
辣雄 8818 （CK）	27.2	1.24	2	0.19	17.8	长线椒，青果翠绿，老熟果鲜红，辣味香浓，果面有皱褶，皮薄
长虹362	20.6	1.25	2~3	0.17	19.5	长线椒，青果深绿，老熟果鲜红，辣味极强，果面光滑，顺直
长虹369	28.1	1.36	2~3	0.23	20.3	长线椒，青果深绿，老熟果鲜红，辣味极强，果面光滑，顺直
绿星	11.0	8.40	3~4	0.72	267.5	长灯笼，青果深绿，老熟果鲜红，果味甜，果面光滑
红塔	13.9	6.64	2~3	0.53	176.3	圆锥形，青果浅绿，老熟果鲜红，果味甜，果面光滑
中农105	10.3	7.45	3~4	0.58	164.0	长灯笼，青果深绿，老熟果红色，果味甜，果面光滑
中农107	8.0	8.78	3~4	0.51	216.0	方灯笼，青果绿色，老熟果鲜红，果味甜，果面光滑
中农115	10.4	7.73	3~4	0.52	190.4	长灯笼，青果浅绿，老熟果鲜红，果味甜，果面光滑
中农116	9.9	9.69	3~4	0.75	265.5	方灯笼，青果翠绿，老熟果鲜红，果味甜，果面光滑
中农117	9.6	9.81	3~4	0.55	213.4	方灯笼，青果翠绿，老熟果鲜红，果味甜，果面光滑

(续表)

品种	果长(cm)	果粗(cm)	心室数(个)	果肉厚度(cm)	单果质量(g)	果实外观、品质
红圣 201	13.5	3.69	3	0.50	132.7	圆锥形，青果翠绿，老熟果鲜红，果味甜，果面光滑
古华	9.5	6.54	3~4	0.73	243.8	长灯笼，青果深绿，老熟果鲜红，果味甜，果面光滑
菲次罗	9.4	6.65	3~4	0.76	215.5	长灯笼，青果深绿，老熟果鲜红，果味甜，果面光滑
月黄	8.0	5.13	3~4	0.54	188.2	长灯笼，青果浅绿，老熟果黄色，果味甜，果面光滑
月白	7.7	7.24	3~4	0.52	124.5	方灯笼，青果白色，老熟果淡黄色，果味甜，果面光滑
黄川	7.2	8.85	3~4	0.62	230.6	方灯笼，青果浅绿，老熟果金黄色，果味甜，果面光滑
月黑	8.6	7.47	3~4	0.56	186.0	长灯笼，青果黑色，老熟果红色，果味甜，果面光滑
月紫	8.5	8.26	3~4	0.52	172.8	方灯笼，青果紫色，老熟果桔红，果味甜，果面光滑
红曼	8.3	7.84	3~4	0.55	198.5	方灯笼，青果深绿，老熟果红色，果味甜，果面光滑
红圣 202	16.1	2.27	3	0.28	29.2	尖椒，青果深绿，老熟果深红，辣味浓，果面光滑，顺直
红圣 203	14.1	2.80	3	0.28	28.5	尖椒，青果深绿，老熟果深红，辣味浓，果面光滑，顺直
亨椒 4 号	14.4	1.99	2	0.25	21.0	尖椒，青果深绿，老熟果深红，辣味浓，果面光滑，顺直
CTJ1	14.1	2.04	2	0.25	23.0	尖椒，青果翠绿，老熟果鲜红，味辣，果面光滑，顺直
CTJ2	13.7	1.74	2	0.25	23.0	尖椒，青果翠绿，老熟果鲜红，味辣，果面光滑，顺直
红钻 006	19.5	2.04	2	0.35	28.3	尖椒，青果深绿，老熟果鲜红，味辣，果面光滑，顺直

　　参试各品种果实性状和品质从表 3 可知，参试 18 个大牛角类品种中，单果质量以旗胜 408 最高，为 116.8g，较对照增加 29.3g，提高 33.5%；其余 16 个品种单果质量均在 95.2 ~ 115.7，较对照增加 7.7 ~ 28.8g，提高 8.8% ~ 32.2%；京椒 1 号低于对照，较对照减少 7.8g，降低 8.9 个百分点。果味除朗悦 2 号、旗胜 408、博泰 316、博泰 218、PZ-01、620 牛角、京椒 1 号 7 个品种味辣或辣味适中外，其余 11 个品种均微辣，均耐贮运。从果实颜色看朗悦 2 号、旗胜 408、金剑 808、金剑 818、1424 5 个品种为浅黄绿色或黄绿外，其余 13 个品种均为绿或浅绿。4 个大羊角类品种中，单果质量以中华第一椒最高，为 105.1g，较其余品种增加 28.8 ~ 31.0g，提高 37.7% ~ 41.8%，金剑 210 最低，为 74.1g。青果浅绿或绿色，果味均微辣。5 个螺丝椒类品种中，以太空螺椒王最高，为 97.3g，较其余品种增加 5.2 ~ 42.8g，提高 56.5% ~ 78.5%，亨椒龙盛最低，为 54.5g。青果均为浓绿，果味除亨椒龙腾微辣外，其余品种均辣味浓或适中。6 个线椒类品种中，单果质量以长虹 369 最高，为 20.3g，较其余品种增加 0.7 ~ 5.9g，提高 3.6% ~ 41.0%，辣雄 8815 最低，为 14.4g。青果翠绿或浓绿，果味均辣味强。10 个甜椒类品种中，单果质量以绿星最高，为 267.5g，较其余品种增加 2.0 ~ 134.8g，提高 0.75% ~ 101.6%，红圣 201 最低，为 132.7g。青果浅绿或翠绿或深绿，老熟果鲜红或红，果味均甜。6 个彩椒类品种中，单果质量以黄川最高，为 230.6g，较其余品种增加 32.1 ~ 106.1g，提高 16.2% ~ 85.2%，月白最低，为 124.5g。果味甜。6 个美人椒类品种中，单果质量以红圣 202 最大，为 29.2g，较其余品种增加 0.7 ~ 8.2g，提高 2.5% ~ 39.0%，亨椒 4 号最低，为 21.0g。青果深绿或翠绿，老熟果深红或鲜红，果味均辣味浓。

（四）产量与产值

表 4　辣椒产量与产值

品种		23.4m² 小区产量 （kg）	折合亩产量 （kg）	比对照± （%）	折合亩产值 （元）	位次
	朗悦 2 号	188.0	5 358.8	14.1	4 822.9	5
	旗胜 408	193.8	5 524.1	17.7	4 971.7	1
	博泰 316	188.2	5 364.5	14.3	4 828.1	4
	博悦 228	180.9	5 156.4	9.8	4 640.8	8
	博泰 218	172.1	4 905.6	4.5	4 415.0	10
	PZ-01	178.7	5 093.7	8.5	4 584.3	9
	PXL-621	185.9	5 298.9	12.9	4 769.1	6
	620 牛角	183.8	5 239.1	11.6	4 715.2	7
大牛角	金剑 808	167.8	4 783.0	1.9	4 304.7	14
	金剑 818	168.8	4 811.5	2.5	4 330.4	12
	长城	191.4	5 455.7	16.2	4 910.1	3
	巨翠龙 2 号	169.4	4 828.6	2.9	4 345.8	11
	亨椒新 3 号	164.8	4 697.5	0.06	4 227.8	15
	亨椒金龙	191.7	5 464.3	16.4	4 917.8	2
	京椒 1 号	150.0	4 275.6	-8.9	3 848.1	18
	1412	168.1	4 791.6	2.1	4 312.4	13
	1424	160.4	4 572.1	-2.6	4 114.9	17
	亨椒 1 号（CK）	164.7	4 694.7		4 225.2	16
	中华第一椒	187.0	5 330.3		11 726.7	1
大羊角	金剑 207	133.2	3 796.8		8 352.9	3
	金剑 207B	147.0	4 190.1		9 218.3	2
	金剑 210	117.9	3 360.7		7 393.5	4
	亨椒龙霸	187.5	5 344.6		11 758.1	1
	亨椒龙腾	135.7	3 868.0		8 509.7	4
螺丝椒	亨椒龙盛	120.3	3 429.1		7 543.9	5
	太空螺椒王	184.8	5 267.6		11 588.7	2
	超级 2313	163.8	4 669.0		10 271.8	3

（续表）

品种		23.4m² 小区产量 (kg)	折合亩产量 (kg)	比对照± (%)	折合亩产值 (元)	位次
线椒	辣雄 8814	106.6	3 038.5	-2.1	9 115.7	4
	辣雄 8815	79.5	2 266.1	-27	6 798.3	6
	辣雄 8817	113.4	3 232.4	4.1	9 697.2	1
	辣雄 8818（CK）	108.9	3 104.1		9 312.3	3
	长虹 362	101.8	2 901.7	-7.5	8 705.2	5
	长虹 369	110.0	3 135.5	1.0	9 406.4	2
甜椒	绿星	183.0	5 216.3		10 432.6	4
	红塔	168.4	4 800.1		9 600.2	10
	中农 105	171.6	4 891.3		9 782.7	8
	中农 107	173.5	4 945.5		9 891.0	7
	中农 115	175.7	5 008.2		10 016.4	6
	中农 116	186.8	5 324.6		10 649.2	1
	中农 117	182.3	5 196.3		10 392.7	5
	红圣 201	168.5	4 803.0		9 605.9	9
	古华	183.8	5 239.1		10 478.1	3
	菲次罗	184.4	5 256.2		10 512.4	2
彩椒	月黄	178.1	5 076.6		10 153.2	1
	月白	166.2	4 736.8		9 473.4	6
	黄川	175.6	5 005.3		10 010.6	2
	月黑	170.3	4 853.8		9 707.5	5
	月紫	171.5	4 888.5		9 777.0	4
	红曼	174.9	4 986.3		9 972.6	3
美人椒	红圣 202	103.6	2 953.5		10 632.4	2
	红圣 203	96.1	2 739.3		9 861.3	3
	亨椒 4 号	77.8	2 217.6		7 983.5	6
	CTJ1	84.5	2 408.6		8 671.0	4
	CTJ2	83.0	2 365.9		8 517.1	5
	红钻 006	105.4	3 003.4		10 812.3	1

　　注：牛角、大羊角单价 0.9 元/kg，螺丝椒 2.2 元/kg，线椒 3.0 元/kg，甜椒、彩椒 2.0 元/kg，美人椒 3.6 元/kg

从表4可知，参试18个大牛角类品种中，以旗胜408折合亩产量最高，为5 524.1kg，较对照品种增产829.4kg，增幅17.7%；京椒1号、1424 2个品种均比对照减产，产量分别为4 275.6kg/亩和4 572.1kg/亩，减产幅度为2.6%~8.9%；其余14个品种均比对照增产，产量分别为4 697.5~5 464.3kg/亩，增产幅度为0.06%~16.4%。4个大羊角类品种中，以中华第一椒折合亩产量最高，为5 330.3kg，较其余品种增产1 140.2~1 969.6kg，增幅27%~58.6%；金剑210折合亩产量最低，为3 360.7kg。5个螺丝椒类品种中，以亨椒龙霸折合亩产量最高，为5 344.6kg，较其余品种增产77~1915.5kg，增幅14.6%~55.9%；亨椒龙盛产量最低，为3 429.1kg。6个线椒类品种中，以辣雄8817折合亩产量最高，为3 232.4kg，较对照品种增产128.3kg，增幅4.1%；辣雄8814、辣雄8815、长虹362 3个品种均较对照减产，减产幅度2.1%~27.0%。10个甜椒类品种中，以中农116折合亩产量最高，为5 324.6kg，较其余品种增产68.4~521.6kg，增幅1.3%~10.9%，其次菲次罗、古华、绿星3个品种产量较高，红塔产量最低，为4 800.1kg。6个彩椒类品种中，以月黄折合亩产量最高，为5 076.6kg，较其余品种增产71.3~339.8kg，增幅1.4%~7.2%，其次黄川、红曼2个品种产量较高，月白产量较低，为4 736.8kg。6个美人椒类品种中，以红钻006折合亩产量最高，为3 003.4kg，较其余品种增产49.9~785.8kg，增幅1.6%~35.4%，其次红圣202产量较高，亨椒4号最低，为2 217.6kg。

三、小结

综合分析参试55个展示辣椒品种的生育期、农艺性状、果实性状及产量，筛选出了以旗胜408、长城、亨椒金龙、博泰316、朗悦2号PXL-621、620牛角、中华第一椒、亨椒龙霸、太空螺椒王、辣雄8817、辣雄8818、长虹369、中农116、古华、菲次罗、绿星、月黄、黄川、红曼、红钻006、红圣202等品种综合性状表现好，增产潜力大，生长势强，椒果商品性好，适口性好，市场销售旺，抗病性强，折合总产量及效益显著高于其余品种，可在塑料大棚早春茬生产中进一步试验示范的基础上进行大面积推广种植，其余品种有待进一步试验观察。

大棚辣椒引种比较试验总结

近年来，随着彭阳县农业产业结构从过去的粮作型向经作蔬菜型的快速发展，辣椒种植面积达 8 万亩以上，生产效益显著。随着辣椒种植面积的逐年扩大，辣椒品种的表现直接关系到辣椒产品的品质和产量。为筛选出适宜彭阳县生态条件种植而具有适应性、丰产性、稳产性和抗逆性的辣椒品种，加速品种更新换代，确保牛角辣椒产业的可持续发展和菜农收入的稳步增长。我们于 2014 年对引进的 14 个品种进行了试验，现将结果总结如下。

一、材料与方法

（一）供试材料

参试 14 个辣椒品种为：中华 1 号、中华 2 号、嘉园 6 号、福牛 1 号由北京中农绿亨种子科技有限公司提供，博悦 258、旗胜 609、旗胜 307 由北京格瑞亚种子有限公司提供，金惠 13-F、金惠 13-E、BF-09-33、BF-11-98 由宁夏天缘公司提供，航椒 11 号、航椒 265、航椒 271 由天水神舟绿鹏农业科技有限公司提供，对照品种亨椒 1 号（CK）由北京中农绿亨种子科技有限公司提供。

（二）试验地点

试验地点选在设施农业建设区的新集乡沟口村水泥拱架塑料大棚实施。土壤为黄绵土，肥力中等水平，前作为辣椒。

（三）试验设计

试验共设 15 个处理，3 次重复，随机区组排列，小区面积

23.4m²。采用水肥一体化栽培，垄宽70cm，垄沟宽60cm，垄高25cm。单株栽植，行距65cm，株距35cm，田间管理按常规方法进行。观察记载物候期，农艺性状，并测定产量。

二、结果与分析

（一）物候期

表1　参试辣椒品种的物候期及生育期

品种	播种期 （月-日）	出苗期 （月-日）	定植期 （月-日）	开花期 （月-日）	坐果期 （月-日）	始收期 （月-日）	末收期 （月-日）	采收期 （天）
中华1号	1-28	2-21	4-21	6-4	6-11	7-1	10-21	112
中华2号	1-28	2-17	4-21	6-4	6-11	7-1	10-21	112
嘉园6号	1-28	2-20	4-21	5-31	6-7	6-27	10-19	114
福牛1号	1-28	2-16	4-21	6-4	6-11	7-1	10-22	113
博悦258	1-28	2-25	4-21	6-6	6-13	7-3	10-24	113
旗胜609	1-28	2-24	4-21	6-3	6-10	6-30	10-20	112
旗胜307	1-28	2-16	4-21	6-4	6-11	7-1	10-21	112
金惠13-F	1-28	2-27	4-21	6-4	6-11	7-1	10-22	113
金惠13-E	1-28	2-27	4-21	6-5	6-12	7-2	10-20	113
BF-09-33	1-28	2-23	4-21	5-30	6-6	6-26	10-19	115
BF-11-98	1-28	2-23	4-21	5-29	6-5	6-25	10-18	115
航椒11号	1-28	2-27	4-21	6-6	6-13	7-3	10-23	112
航椒265	1-28	2-27	4-21	6-5	6-12	7-2	10-23	113
航椒271	1-28	2-27	4-21	6-6	6-13	7-3	10-23	112
亨椒1号 （CK）	1-28	2-18	4-21	5-29	6-5	6-25	10-18	115

从表1可以看出，参试的14个品种中，除BF-11-98开花、坐果与对照相同外，其余13个品种均晚于对照亨椒1号，较对照延后1~8天。采收期除BF-11-98、BF-09-33与对照亨椒1号相同外，其余12个品种均短于对照，较对照提前1~3天。

（二）植株主要性状与抗病性

表 2　参试辣椒品种的植株主要性状与抗病性

品种	株高（cm）	茎粗（cm）	第一花序节位（节）	开展度（cm）	分枝数（个）	叶色	单株结果数（个）	植株长势	抗白粉病
中华 1 号	71.4	1.75	5.8	57.2	2.4	绿	23.7	中等	较强
中华 2 号	64.4	1.45	6.0	56.0	2.4	绿	24.4	中等	中
嘉园 6 号	78.2	1.69	6.6	60.2	2.8	绿	20.4	中等	较强
福牛 1 号	85.8	1.67	6.6	70.8	2.8	绿	24.8	中等	中
博悦 258	74.0	1.79	6.4	60.4	2.8	绿	23.4	中等	较强
旗胜 609	68.8	1.55	5.8	67.0	2.0	绿	23.4	中等	较强
旗胜 307	68.2	1.52	5.8	56.0	3.0	绿	21.8	中等	中
金惠 13-F	83.8	1.89	6.0	75.6	3.0	绿	22.4	较强	较强
金惠 13-E	90.8	1.87	6.4	74.0	3.0	绿	21.5	较强	较强
BF-09-33	81.6	1.75	5.8	78.6	2.2	绿	20.7	较强	中
BF-11-98	71.2	1.64	5.8	68.4	2.8	绿	21.9	中等	中
航椒 11 号	88.2	1.85	6.4	71.0	2.6	绿	22.8	较强	中
航椒 265	73.4	1.78	6.6	60.4	3.0	绿	23.4	中等	中
航椒 271	74.8	1.87	6.0	62.0	3.0	绿	24.0	较强	中
亨椒 1 号（CK）	80.0	1.56	6.2	73.0	2.4	绿	22.0	中等	中

从表 2 可知，金惠 13-F、金惠 13-E、博悦 258、旗胜 609、嘉园 6 号、中华 1 号 6 个品种表现出较强的抗病性，其余 8 个品种与对照抗病性中等。植株生长势金惠 13-F、金惠 13-E、航椒 271、航椒 11 号、BF-09-33 5 个品种较强，其余 9 个品种与对照中等。金惠 13－F、金惠 13－E、航椒 11 号、福牛 1 号、BF-09-33 5 个品种株高均高于对照，较对照增加 1.6~10.8cm，提高 2.0%～13.5%；其余 9 个品种均矮于对照，较对照减少 1.8~15.6cm，降低 2.3～19.5 个百分点。茎粗除中华 2 号、旗胜 609、旗胜 307 低于对照外，其余 11 个品种均高于对照，较对照增加 0.08~0.33cm，提高 5.1%～21.2%。第一花序节位中

华 1 号、旗胜 609、旗胜 307、BF-09-33、BF-11-98 5 个品种最低，为 5.8 节，较对照减少 0.4 节，降低 6.5%；其余品种均在 6.0~6.6 节。分枝数金惠 13-F、金惠 13-E、航椒 271、航椒 11 号、航椒 265、BF-11-98、旗胜 307、博悦 258、嘉园 6 号、福牛 1 号 10 个品种均高于对照，较对照增加 0.2~0.6 个，提高 8.3%~25%；BF-09-33、旗胜 609 2 个品种低于对照；其余 2 个品种与对照相同。从单株结果数看，中华 1 号、中华 2 号、福牛 1 号、博悦 258、旗胜 609、金惠 13-F、航椒 271、航椒 11 号、航椒 265 9 个品种结果数均高于对照，较对照增加 0.4~2.8 个，提高 1.8%~12.7%；其余 5 个品种均比对照少，较对照减少 0.1~1.6 个，降低 0.45~7.3 个百分点。

（三）果实性状

表3　参试辣椒品种的果实性状

品种	果长（cm）	果粗（cm）	心室数（个）	果肉厚度（cm）	单果质量（g）	果实外观、品质
中华 1 号	25.1	3.90	3~4	0.35	80.6	长牛角，浅绿，味辣，果面光滑，果肩微有皱褶，有光泽
中华 2 号	24.4	3.76	3~4	0.30	77.1	长牛角，黄绿，微辣，果肩微有皱褶，有光泽
嘉园 6 号	23.1	4.29	3~4	0.38	87.3	长牛角，浅绿，微辣，果面光滑顺直，光泽度好
福牛 1 号	24.4	4.07	3~4	0.35	84.6	长牛角，黄绿，微辣，果面有棱沟，果肩微有皱褶
博悦 258	23.4	4.78	3~4	0.33	88.5	长牛角，浅黄绿，微辣，果面微有皱褶，稍有棱沟，有光泽
旗胜 609	28.5	3.03	3~4	0.30	87.7	长牛角，浅绿，微辣，果面光滑，顺直
旗胜 307	24.1	4.46	3		87.4	长牛角，黄绿，味辣，果面光滑，前端稍弯曲
金惠 13-F	29.6	4.54	3~4	0.43	100.2	长牛角，浅绿，微辣，果面光滑，顺直，光泽度好
金惠 13-E	26.7	4.53	3~4	0.42	99.4	长牛角，绿色，微辣，果面光滑，顺直，果肩微有皱褶

（续表）

品种	果长（cm）	果粗（cm）	心室数（个）	果肉厚度（cm）	单果质量（g）	果实外观、品质
BF-09-33	25.1	4.88	3~4	0.40	97.7	长牛角，浅绿，微辣，果面光滑，顺直，光泽度好
BF-11-98	26.6	4.80	3~4	0.33	88.7	长牛角，浅绿，微辣，果面光滑，顺直，光泽度好
航椒11号	27.5	4.43	3~4	0.33	89.0	长牛角，浅绿，微辣，果面光滑，顺直，光泽度好
航椒265	28.8	4.65	3~4	0.33	89.3	长牛角，浅绿，微辣，果面光滑，顺直，光泽度好
航椒271	29.4	4.69	3~4	0.35	90.5	长牛角，浅绿，微辣，果面光滑，顺直，光泽度好
亨椒1号（CK）	26.2	4.22	3~4	0.38	87.5	长牛角，黄绿，微辣，果面光滑，果肩微有皱褶，有光泽

从表3看出，单果质量以金惠13-F最高，为100.2g，较对照增加12.7g，提高14.5%；其次金惠13-E为99.4g，较对照增加11.9g，提高13.6%；BF-09-33、航椒271、航椒265、航椒11号、BF-11-98、博悦258、旗胜609 7个品种单果质量均在87.7~97.7g，较对照增加0.2~10.2g，提高0.2%~11.7%；其余5个品种均低于对照，较对照减少0.1~10.4g，降低0.1~11.9个百分点。金惠13-F、航椒271、航椒265、金惠13-E、旗胜609、航椒11号、BF-11-98 7个品种果长均较对照长，较对照增加0.4~3.4cm，提高1.5%~12.9%；其余7个品种均较对照短，较对照减少1.1~2.8cm，降低4.2~10.7个百分点。BF-11-98、BF-09-33、金惠13-F、金惠13-E、航椒11号、航椒265、航椒271、博悦258、旗胜307、嘉园6号10个品种果粗均高于对照，较对照增加0.07~0.66cm，提高1.7%~15.6%；其余4个品种均较对照细，较对照减少0.15~1.19cm，降低3.6%~28.2%。以果肉厚度看，金惠13-F、金惠13-E、BF-09-33 3个品种均比对照厚，较对照增加0.02~0.05cm，提

高 5.3%~13.2%；嘉园 6 号与对照相同，均为 0.38cm；其余品种均较对照薄，较对照减少 0.03~0.08cm，降低 7.9%~21.1%。从果实外观、品质看，参试各品种均为大牛角椒，耐贮运；果味除中华 1 号、旗胜 307 2 个品种味辣外，其余 12 个品种均微辣；从果实颜色看，中华 2 号、福牛 1 号、旗胜 307 3 个品种与对照均为黄绿色，博悦 258 为浅黄绿色，金惠 13-E 为绿色，其余 9 个品种均为浅绿色。

（四）产量与产值

表 4 参试辣椒品种的产量与产值

| 品种 | 小区产量（kg） | | | | 折合亩产量（kg） | 比对照±（%） | 折合亩产值（元） | 新复极差比较 | | 产值位次 |
	I	II	III	平均				5%	1%	
中华 1 号	158.1	156.7	160.4	158.4	4 515.1	-0.9	4 063.6	g	DE	12
中华 2 号	155.7	157.5	153.9	155.7	4 438.1	-2.6	3 994.3	g	E	15
嘉园 6 号	158.5	147.8	162.3	156.2	4 452.4	-2.3	4 007.2	g	E	14
福牛 1 号	173.9	168.6	179.5	174.0	4 959.7	8.9	4 463.7	bcd	AB	4
博悦 258	174.4	162.8	176.9	171.4	4 885.6	7.3	4 397.0	bcd	BC	6
旗胜 609	169.7	158.2	179.6	169.2	4 822.9	5.9	4 340.6	cde	BCD	8
旗胜 307	158.1	153.5	162.7	158.1	4 506.5	-1.1	4 055.9	g	DE	13
金惠 13-F	185.5	189.6	180.4	185.2	5 279.0	15.9	4 751.1	a	A	1
金惠 13-E	177.2	175.8	179.5	177.5	5 060.0	11.1	4 554.0	abc	AB	3
BF-09-33	167.2	169.7	165.6	167.5	4 774.5	4.8	4 297.1	def	BCDE	9
BF-11-98	160.7	156.7	164.5	160.6	4 577.8	0.5	4 120.0	efg	CDE	10
航椒 11 号	170.7	164.3	173.8	169.6	4 834.3	6.1	4 350.9	cde	BCD	7
航椒 265	176.1	164.5	179.7	173.4	4 942.6	8.5	4 448.3	bcd	AB	5
航椒 271	179.7	182.0	177.5	179.7	5 122.2	12.4	4 610.0	ab	AB	2
亨椒 1 号（CK）	167.4	146.7	165.4	159.8	4 555.0		4 099.5	fg	CDE	11

注：单价 0.9 元/kg

从表 4 可以看出，金惠 13-F 折合产量最高，为 5 279.0kg/亩，比对照亨椒 1 号增产 15.9%；总产值 4 751.1 元/亩，较对照增收 651.6 元/亩。航椒 271、金惠 13-E、福牛 1 号、航椒 265 号、博悦 258、航椒 11 号、BF-09-33、旗胜 609、BF-11-98 9

个品种产量在 4 577.8~5 122.2kg/亩，均比对照增产，增产幅度为 0.5%~12.4%；中华 1 号、旗胜 307、嘉园 6 号、中华 2 号 4 个品种产量在 4 438.1~4 515.1kg/亩，均比对照减产，减产幅度为 0.9%~2.6%。

（五）辣椒产量方差分析

对小区产量进行方差分析和多重比较，由其结果可知，品种间差异达显著水平（$F = 10.4 > F_{0.05} = 2.1$），新复极差测验表明，中华 1 号、中华 2 号、嘉园 6 号、旗胜 307、BF-09-33、BF-11-98 6 个品种与对照亨椒 1 号差异不显著，其余 8 个品种与对照亨椒 1 号差异均达到显著水平；品种间差异达极显著水平（$F = 10.4 > F_{0.01} = 2.8$），新复极差测验表明，福牛 1 号、金惠 13-F、金惠 13-E、航椒 265、航椒 271 5 个品种与对照亨椒 1 号差异均达极显著水平，其余 9 个品种与对照亨椒 1 号差异没有达到极显著水平（表 5）。

表 5 参试辣椒小区总产量方差分析

变异原因	自由度 DF	平方和 SS	均方 MS	F 值	$F_{0.05}$	$F_{0.01}$
区组	2	411.2218	205.6109	8.318736	3.340385	5.452937
处理	14	3 613.224	258.0875	10.44187	2.063541	2.794596
误差	28	692.0649	24.7166			
总变异	44	4 716.511				

三、小结

综合分析参试 14 个牛角椒品种的生育期、农艺性状、果实性状及产量，以金惠 13-F、航椒 271、金惠 13-E 3 个品种综合性状好，增产潜力大，生长势较强，椒果商品性好，折合亩产量及效益显著高于对照亨椒 1 号，应在进一步试验示范的基础上进行大面积推广种植，其余品种有待继续试验。

日光温室辣椒品种区域试验总结

近年来，随着设施农业的不断发展，日光温室辣椒的种植面积不断扩大。为使科研成果尽快地发挥经济效益，加速利用育种新成果，因地制宜地推广优良品种，为审定、示范、推广、布局提供科学依据，筛选出早熟、丰产、优质、适应性、抗逆性强的辣椒新品种，我们承担固原市农技中心辣椒品种的区域试验工作，现总结如下。

一、材料与方法

（一）试验材料

供试 9 个辣椒品种为：卫椒 1、辣椒 13-02、卫椒 7、美琪 6、卫椒 3、卫椒 2、卫椒 4、美琪 3、卫椒 6。

（二）试验地情况

试验地点选在设施农业建设区的新集乡姚河村海子塬日光温室实施。土壤为黄绵土，肥力中等水平，前作为玉米。

（三）试验设计

试验共设 9 个处理，3 次重复，27 个小区，随机区组排列，小区面积 9.1m^2。采用水肥一体化栽培，垄宽 80cm，垄沟宽 70cm，垄高 25cm。单株栽植，行距 75cm，株距 40cm，每小区栽植 30 株，田间管理按常规方法进行。观察记载物候期，农艺性状，并测定产量。

二、结果与分析

（一）生育期的比较

从生育期看出，各品种开花相差 2 ~ 13 天，最早的是辣椒 13-02 品种，为 7 月 20 日；始收期相差 2 ~ 15 天，辣椒 13-02 品种最早，为 8 月 18 日，卫椒 6 最迟。采收期辣椒 13-02 品种最长，为 80 天，较其余 8 个品种延长 2 ~ 15 天；卫椒 6 最短，仅为 55 天。由于高温干旱缺水，导致白粉病发生早，均于 11 月 6 日采收结束。全生育期均为 177 天（表 1）。

表 1　各参试品种物候期的比较

品种	播种期（月-日）	定植期（月-日）	始花期（月-日）	结果期（月-日）	始收期（月-日）	盛收期（月-日）	末收期（月-日）	采收期（天）	全生育期（天）
卫椒 1	5-7	6-30	7-30	8-7	8-27	9-15	11-6	68	177
辣椒 13-02	5-7	6-30	7-20	7-28	8-18	9-5	11-6	80	177
卫椒 7	5-7	6-30	7-24	8-1	8-22	9-9	11-6	76	177
美琪 6	5-7	6-30	7-22	7-30	8-20	9-7	11-6	78	177
卫椒 3	5-7	6-30	7-26	8-3	8-24	9-11	11-6	74	177
卫椒 2	5-7	6-30	7-28	8-5	8-26	9-13	11-6	70	177
卫椒 4	5-7	6-30	7-27	8-4	8-25	9-12	11-6	75	177
美琪 3	5-7	6-30	7-24	8-1	8-22	9-9	11-6	76	177
卫椒 6	5-7	6-30	8-2	8-10	9-2	9-19	11-6	55	177

（二）植物学性状与抗病性的比较

表 2　各参试品种植物学性状与抗病性的比较

品种	株高（cm）	果实着生方向	始花节位（节）	分枝数（个）	茎粗（cm）	开展度（cm）	单株结果数（个）	植株长势	抗白粉病
卫椒 1	57.2	向下	7.4	2.4	1.22	38.2	8.0	中等	较弱
辣椒 13-02	64.8	向下	8.2	2.0	0.93	56.6	8.6	中等	较弱
卫椒 7	60.8	向下	7.2	2.2	1.13	41.0	7.4	中等	较强
美琪 6	55.0	向下	7.8	2.2	0.91	40.6	6.8	中等	中等
卫椒 3	44.6	向下	7.0	2.4	0.88	40.8	8.6	较弱	较弱
卫椒 2	51.0	向下	7.6	2.2	0.97	35.4	7.6	中等	较弱
卫椒 4	53.4	向下	6.4	2.6	1.07	47.8	6.0	中等	中等
美琪 3	54.6	向下	5.6	2.2	1.07	49.0	6.8	中等	较弱
卫椒 6	45.8	向下	7.8	2.4	1.12	31.8	2.8	较弱	较强

从表2可知，辣椒13-02株高最高，为64.8cm，卫椒3最矮，为44.6cm，其余品种介于两者之间。果实着生方向均向下。辣椒13-02始花节位最高，为8.2节，美琪3最低，为5.6节，其余品种相差不大。卫椒4分枝数最多，为2.6个，辣椒13-02和美琪6最少，为2.0个，其余品种介于两者之间。开展度以辣椒13-02最大，为56.6cm，较其余品种增加7.6~24.8cm，提高15.5%~78.0%；卫椒6最小，为31.8cm。单株结果数以卫椒3和辣椒13-02最多，为8.6个，卫椒6结果数最少，仅为2.8个。除卫椒7和卫椒6抗白粉病较强外，其余品种抗白粉病均中等或较弱。从植株长势上看，参试9个品种植株长势中等或较弱。

（三）果实性状的比较

表3 各参试品种果实性状的比较

品种	果长（cm）	果宽（cm）	心室数（个）	果肉厚度（mm）	单果质量（g）	果实外观、品质
卫椒1	22.9	3.47	2	3.02	61.7	长羊角椒，深绿，辣味浓，果肩皱褶多，果面有棱沟
辣椒13-02	19.6	2.84	2	2.63	38.9	长羊角椒，深绿，辣味强，果肩有皱褶，果面有棱沟
卫椒7	22.6	3.31	3	2.28	45.3	长羊角椒，深绿，辣味浓，果肩有皱褶，呈螺丝形弯曲
美琪6	22.3	2.48	2~3	2.75	35.4	长羊角椒，深绿，辣味浓，果肩皱褶多，呈螺丝形弯曲
卫椒3	18.3	3.36	2~3	2.98	55.9	大牛角椒，浅绿，辣味适中，果面光滑顺直
卫椒2	19.4	3.71	2	3.39	74.7	大牛角椒，浅绿，微辣，果面光滑顺直
卫椒4	18.8	3.38	2	2.49	57.3	大牛角椒，浅绿，微辣，果肩微有皱褶，果面光滑顺直
美琪3	20.4	2.91	2	2.45	34.6	长羊角椒，深绿，辣味浓，果肩有皱褶，弯曲
卫椒6	9.9	7.27	3~4	6.53	180.8	甜椒，深绿，味甜，果面光滑

参试各品种果实性状和品质从表3可知，卫椒1、辣椒13-02、卫椒7、美琪6、美琪3 5个品种均为长羊角椒，味辣，皮薄，口感好，果实为深绿色；卫椒3、卫椒2、卫椒4 3个品种为牛角椒，微辣或辣味适中，果实为浅绿色；卫椒6为甜椒，果实为深绿色，味甜。单果质量以卫椒6最重，为180.8g；美琪3单果重最小，为34.6g。

（四）丰产性的比较

从表4可知，参试9个品种中，以卫椒2牛角椒产量最高，折合亩产量为1 187.5kg，较其余品种增产95.4~696kg，增幅8.7%~141.7%；其次以卫椒6甜椒和卫椒1羊角折合亩产量较高，分别为1 092.1kg、1 062.8kg；美琪3和美琪6羊角椒折合亩产量最低，分别为491.1kg、505.7kg。

表4　各参试品种产量的比较

品种	各小区产量（kg）				折合亩产量（kg）	Duncan's 比较		位次
	I	II	III	平均				
卫椒1	13.6	14.3	15.5	14.5	1 062.8	b	B	3
辣椒13-02	8.7	9.5	10.9	9.7	711.0	c	C	6
卫椒7	9.4	9.0	10.2	9.5	696.3	c	C	7
美琪6	6.5	6.8	7.3	6.9	505.7	d	D	8
卫椒3	13.5	13.9	14.6	14.0	1 026.2	b	B	4
卫椒2	15.6	16.1	16.8	16.2	1 187.5	a	A	1
卫椒4	9.8	10.2	10.5	10.2	747.6	c	C	5
美琪3	6.6	6.2	7.3	6.7	491.1	d	D	9
卫椒6	15.6	14.3	14.7	14.9	1 092.1	b	B	2

（五）方差分析

从方差分析可以看出，卫椒2产量与其他品种存在极显著差异；卫椒1与卫椒3、卫椒6产量差异不显著，但与其他品种存在极显著差异；辣椒13-02与卫椒7、卫椒4产量差异不显著，但与美琪6、美琪3之间产量差异极显著（表5）。

表5　小区产量方差分析

变异原因	自由度 DF	平方和 SS	均方 MS	F 值	$F_{0.05}$	$F_{0.01}$
区组	2	4.7962963	2.3981481	10.36	3.6337235	6.2262354
处理	8	304.31407	38.039259	164.3296	2.5910962	3.8895721
误差	16	3.7037037	0.2314815			
总变异	26	312.81407				

三、小结

通过对9个参试品种产量比较试验结果显示，卫椒2、卫椒6、卫椒1、卫椒3的产量明显高于其他品种，体现出较好的丰产性，同时综合性状优于供试的其他品种，也符合当地消费者的要求，可作为日光温室辣椒种植新品种在重点试验示范的基础上再推广。

不同施肥种类对拱棚辣椒生长发育及光合特性的研究

摘　要：以新冠龙辣椒为供试材料，研究了不同施肥种类对拱棚辣椒生长发育、产量及光合特性的影响，结果表明，T4辣椒植株的株高、开展度最大，分别为104.3cm、90.6cm，T1辣椒单果重、果长、果粗均最大，分别为101.6g、25.49cm、4.86cm。T1辣椒叶片总叶绿素含量最高为66.7mg/g，根系活力最强为100.6μg/g·FW·h。T5辣椒叶片净光合速率下降幅度最高为6.6μmol·m^{-2}·s^{-1}，T1、T2辣椒叶片净光合速率下降幅度最低，波动于1.3~2.5μmol·m^{-2}·s^{-1}。T3辣椒叶片气孔导度下降幅度最高为2 658.1mol·m^{-2}·s^{-1}，T2、T5辣椒叶片气孔导度下降幅度最低，波动于386.7~428.7mol·m^{-2}·s^{-1}。T1辣椒叶片蒸腾速率下降幅度最高为4.7mmol·m^{-2}·s^{-1}，T5辣椒叶片蒸腾速率下降幅度最低为1.1mmol·m^{-2}·s^{-1}，辣椒叶片胞间CO_2浓度下降幅度最高为436.8μmol/mol。T1辣椒的小区产量、亩产量、亩效益均最高，分别为340.1kg、6 462.9 kg、10 857.7kg，T3辣椒的小区产量、亩产量、亩效益最低，分别在260.8kg、4 955.9kg、8 325.9kg。

关键词：施肥种类，拱棚，辣椒，生长发育，光合特性

引言

彭阳县位于宁夏回族自治区南部边缘，六盘山东麓，位于东经 106°32′~106°58′，北纬 35°41′~36°17′。年平均气温 7.4~8.5℃，无霜期 140~170 天，降水量 350~550mm。属典型的温带半干旱大陆性季风气候，特别适合辣椒栽培。然而，设施栽培年限增加，连续多年的季节性或常年覆盖，改变了自然状态下的生态平衡。尤其是周年多茬栽种，过高的土壤产出率，农民盲目的加大肥料投入，加剧了营养失衡，出现了不同程度的土壤恶化、生理病害、连作障碍，产量和品质下降等问题。为此，针对拱棚辣椒连续丰产栽培技术需求和目前经验型追肥时期不准、氮磷钾补充不均衡、肥效不高、费工等问题，在宁夏彭阳县新集乡白河村拱棚辣椒园区，选定本地区市场主要滴灌肥料种类，基于辣椒对氮磷钾的需求规律和水肥一体化技术，设计不同用量梯度试验对拱棚辣椒生长发育、产量及光合特性的影响，综合施肥种类、次数及用量与植株生长性状指标进行试验和分析总结，筛选适宜本区域拱棚辣椒水肥一体化配方施肥性价比好、易于推广应用的水肥一体化肥料种类，完善和提升拱棚辣椒连续丰产栽培施肥制度。

一、材料与方法

（一）时间、地点及规模

于 2015 年 5 月 20 日至 9 月 30 日期间，在彭阳县新集乡白河村河南拱棚辣椒园区 5 座拱棚进行。

（二）材料选择

供试辣椒品种：新冠龙。肥料种类：选用质量可靠，一是本区域目前较为普及应用利于推荐推广，二是中后期追肥所需较高的磷钾含量要求，三是速溶性突出，四是性价比好滴灌复合肥 5 种（表1）。

表1 肥料使用说明
Table 1　Application of fertilizer

品名 Type	产地 Place of Origin	有效成分 Active ingredient	推荐用量 Recommended dosage	规格 Specifications	单价 Unit Price
复合肥料鲁 西冲施肥 (T1)	鲁西化工集团 股份有限公司	N-P₂O₅-K₂O 16-5-30≥51% (硫酸钾型)	按 1：(300～ 500) 的比例用 清水稀释亩冲施 5～10kg	20kg (5kg×4 袋)	12.825 元/kg 64.125 元/次
大量元素水 溶肥料 (T2)	鲁西化工集团 股份有限公司	N-P₂O₅-K₂O 15-10-30≥55% (含硝态氮)	按 1：(300～ 500) 的比例用 清水稀释亩冲施 5～10kg	20kg (5kg×4 袋)	14.250 元/kg 71.25 元/次
美盛晶体钾 (T3)	美盛钾肥埃斯 特哈奇有限合 伙企业	氧化钾≥60%		50kg	4.6 元/kg 23 元/次
绿聚能大量 元素水溶肥 料 (T4)	江苏中东化肥 股份有限公司	N-P₂O₅-K₂O 15-7-30≥50%	600～1 000 倍液	25kg (5kg×5 袋)	14.775 元/kg 73.875 元/次
复合肥料硫 酸钾型 (T5)	湖北鄂中化工 有限公司	N-P₂O₅-K₂O 18-5-22≥45%			3.9 元/kg 19.5 元/次

（三）试验方法

不同肥亩用量投入情况（表2）。

表2 不同肥亩用量投入情况
Table 2　dosage of different fertilizer inputs

肥料	科目	冲施时间 Rush time （月-日）	冲施量 Impulse amount（kg）	亩投入 Investment（元）
	T1	6-10	5	79i.7
	T2	6-10	5	879.7
	T3	6-10	5	284.0
	T4	6-10	5	912.1
	T5	6-10	5	195.0
	对照（CK）	—	—	234.0

按各肥料种类推荐使用量做单因子处理，整个生育期均随滴灌冲施 10 次，自然对照。采用随机选株长期定点监测，采样实验室监测根系活力，移动仪器田间监测不同阶段叶绿素含量、光合速率，田间常规测量植株性状指标株高、门椒时间、平均单果重、产量等。

（1）根系活力。采用 TTC 法测定。

（2）叶片叶绿素含量。采用便携式 SPAD-502 叶绿素仪测定，选择晴天上午，生长一致的植株，第 5 片至第 8 片功能叶测定，每株测定 3 次，每个处理测定 5~7 个植株。

（3）光强。选择晴朗无云的天气在 10 时，测定不同处理辣椒光合速率指标。仪器使用英国 PP-systems 公司生产的 TPS-2 便携式光合仪，每个处理选择 5 株受光良好、生长一致的植株，在第 5 片功能叶上进行测量。

二、结果与分析

（一）不同肥种类对辣椒植株生长及果实性状的影响

从表 3 中可以看出，施用 5 种肥对辣椒植株性状有影响。T4、T5、CK 辣椒门椒采收时间最早，均在 6 月 17 日，T2、T3 辣椒门椒采收时间次之，T1 辣椒门椒采收时间最迟为 6 月 26 日。监测时间相同的条件下，5 种处理辣椒株高、开展度、单果重、果长、果粗、总叶绿素含量、根系活力均有差异，T4 辣椒植株的株高、开展度最大，分别为 104.3cm、92.7cm，T2、T3、T5 辣椒植株的株高、开展度分别在 93.7~97.9cm、86.5~90.6cm，CK 辣椒植株的株高、开展度最小，分别为 79.5cm、72.3cm。5 种处理辣椒果实性状有差异，T1 辣椒单果重、果长、果粗均最大，分别为 101.6g、25.49cm、4.86cm，其他处理及对照单果重、果长、果粗分别在 88.2~92.3g、19.98~21.87cm、4.67~4.70cm。5 种处理总叶绿素含量之间存在差异，T1 辣椒叶片总叶绿素含量最高为 66.7mg/g，T3 次之，T2、T4、T5 总叶绿素含量无明显差异。5 种肥料对辣椒根系活力影响不同，T1

辣椒根系活力最强 100.6μg/g·FW·h, T3 辣椒根系活力最弱为 76.4μg/g·FW·h。

表 3　不同肥种类对辣椒植株生长及果实性状的影响

Table3　Effects of different fertilizer types on plant growth traits

肥料	门椒采收时间 Door pepper Harvesting time（月-日）	监测时间 Monitoring time（月-日）	株高 Plant height（cm）	开展度 Plant expansion（cm）	单果重 Simple fruit quality（g）	果长 Fruit length（cm）	果粗 Fruit width（cm）	总叶绿素含量 total chlorophyll content（mg/g）	根系活力 root activity（μg/g.FW.h）
T1	6-26	7-23	88.5	84.8	101.6	25.49	4.86	66.7	100.6
T2	6-25	7-23	95.9	88.3	88.5	21.49	4.68	59.7	82.7
T3	6-25	7-23	93.4	86.5	88.2	21.27	4.70	62.2	76.4
T4	6-17	7-23	104.3	92.7	92.3	19.98	4.67	58.4	91.6
T5	6-17	7-23	97.9	90.6	89.1	21.86	4.70	58.2	88.3
CK	6-17	7-23	79.5	72.3	90.2	20.92	4.69	59.4	78.8

（二）不同施肥种类对辣椒叶片净光合速率（Pn）下降幅度的影响

从图 1 中可以看出，施用 5 种肥料，辣椒叶片净光合速率下降幅度有差异。T5 辣椒叶片净光合速率下降幅度最高为 6.6μmol·m^{-2}·s^{-1}，T1、T2 辣椒叶片净光合速率下降幅度最低，波动于 1.3～2.5μmol·m^{-2}·s^{-1}，T3、T4 辣椒叶片净光合速率下降幅度不显著，分别在 4.8～5.3μmol·m^{-2}·s^{-1}。净光合速率的降低必然导致同化积累量的下降，使植株的生长势减弱和干物质积累减小。

（三）不同施肥种类对辣椒叶片气孔导度（Gs）下降幅度的影响

从图 2 可以看出，施用 5 种肥料，辣椒叶片气孔导度下降幅度有差异。T3 辣椒叶片气孔导度下降幅度最高为 2 658.1mol·m^{-2}·s^{-1}，T1、T4 次之，T2、T5 辣椒叶片气孔导度下降幅度最低，波动于 386.7～428.7mol·m^{-2}·s^{-1}。气孔导度（Gs）的降

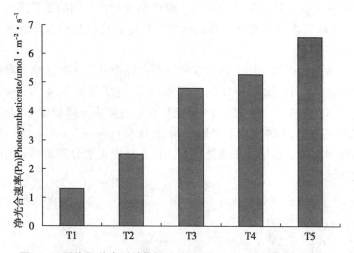

图1　不同施肥种类对辣椒净光合速率（Pn）下降幅度的影响

Fig. 1　Effect of different fertilizer application on the decrease
of net photosynthetic rate（Pn）of pepper

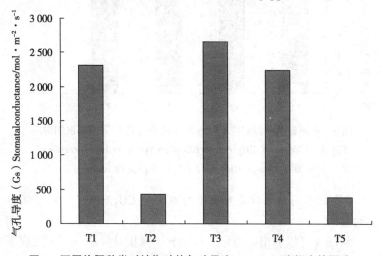

图2　不同施肥种类对辣椒叶片气孔导度（Gs）下降幅度的影响

Fig. 2　Effect of different fertilizer application on the decrease of
stomatal conductance（Gs）of pepper leaves

低会使光合底物传导能力降低，必然影响光合作用的正常进行。

（四）不同施肥种类对辣椒叶片蒸腾速率（Tr）下降幅度的影响

从图3可以看出，施用5种肥料，辣椒叶片蒸腾速率下降幅度有差异。T1辣椒叶片蒸腾速率下降幅度最高为4.7mmol·m^{-2}·s^{-1}，T3次之，T2、T4辣椒叶片蒸腾速率下降幅度不明显，T5辣椒叶片蒸腾速率下降幅度最低为1.1 mmol·m^{-2}·s^{-1}。蒸腾速率的降低必然减小蒸腾拉力，进而减慢了水分矿质养分的吸收和运输速率。

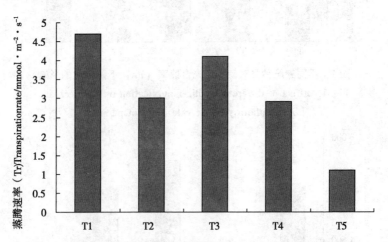

图3　不同施肥种类对辣椒叶片蒸腾速率（Tr）下降幅度的影响
Fig. 3　Effects of different fertilization types on the decrease of
the transpiration rate（Tr）of pepper leaves

（五）不同施肥种类对辣椒叶片胞间 CO_2 浓度（Ci）下降幅度的影响

从图4可以看出，施用5种肥料，辣椒叶片胞间 CO_2 浓度下降幅度有差异。T5辣椒叶片胞间 CO_2 浓度下降幅度最高为436.8μmol/mol，T1次之，T2、T3、T4辣椒叶片胞间 CO_2 浓度下降幅度不明显，分别在390.86~399.82μmol/mol。

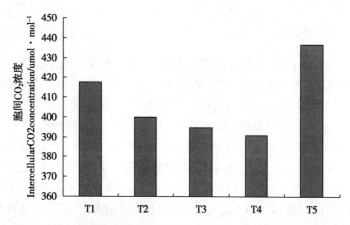

图4 不同施肥种类对辣椒叶片胞间 CO_2 浓度（Ci）下降幅度的影响

Fig. 4 Effects of different fertilizer application on the CO_2 concentration（Ci）of pepper leaves

（六）不同施肥种类与产量效益关系

从表4中可以看出，不同施肥种类对辣椒的产量及效益有影响。T1辣椒的小区产量、亩产量、亩效益均最高，分别为340.1kg、6 462.9kg、10 857.7kg，T4辣椒的小区产量、亩产量、亩效益次之，T2、T5、CK辣椒的小区产量、亩产量、亩效益差异不明显，T3辣椒的小区产量、亩产量、亩效益最低，分别在260.8kg、4 955.9kg、8 325.9kg。

表4 不同施肥种类与产量效益关系

Table 4 Relationship between different fertilizer types and yield benefit

科目 \ 处理	T1	T2	T3	T4	T5	CK
小区产量 Plot output/kg	340.1	278.0	260.8	313.1	295.2	300.0
亩产量 Yield（kg）	6 462.9	5 282.8	4 955.9	5 949.8	5 609.6	5 701.6
亩效益 Mu benefit/yuan	10 857.7	8 875.1	8 325.9	9 995.7	9 424.1	9 578.6

三、结论

（1）不同施肥种类对辣椒植物学性状和果实性状有影响。T4 辣椒植株的株高、开展度最大，分别为 104.3cm、90.6cm，T2、T3、T5 辣椒植株的株高、开展度分别在 93.7~97.9cm、86.5~90.6cm，CK 辣椒植株的株高、开展度最小，分别为 79.5cm、72.3cm。T1 辣椒单果重、果长、果粗均最大，分别为 101.6g、25.49cm、4.86cm。T1 辣椒叶片总叶绿素含量最高为 66.7mg/g，T3 次之。5 种肥料对辣椒根系活力影响不同，T1 辣椒根系活力最强 100.6μg/g·FW·h，T3 辣椒根系活力最弱为 76.4μg/g·FW·h。

（2）不同施肥种类对辣椒的光合特性有影响。T5 辣椒叶片净光合速率下降幅度最高为 6.6μmol·m^{-2}·s^{-1}，T1、T2 辣椒叶片净光合速率下降幅度最低，波动于 1.3~2.5μmol·m^{-2}·s^{-1}。T3 辣椒叶片气孔导度下降幅度最高为 2 658.1mol·m^{-2}·s^{-1}，T2、T5 辣椒叶片气孔导度下降幅度最低，波动于 386.7~428.7mol·m^{-2}·s^{-1}。T1 辣椒叶片蒸腾速率下降幅度最高为 4.7mmol·m^{-2}·s^{-1}，T5 辣椒叶片蒸腾速率下降幅度最低为 1.1mmol·m^{-2}·s^{-1}。T5 辣椒叶片胞间 CO_2 浓度下降幅度最高为 436.8μmol/mol。

（3）不同施肥种类对辣椒产量及效益有影响。T1 辣椒的小区产量、亩产量、亩效益均最高，分别为 340.1kg、6 462.9kg、10 857.7kg，T4 辣椒的小区产量、亩产量、亩效益次之，T2、T5、CK 辣椒的小区产量、亩产量、亩效益差异不明显，T3 辣椒的小区产量、亩产量、亩效益最低，分别在 260.8kg、4 955.9kg、8 325.9kg。

本试验中，施用 T1 滴灌肥对拱棚辣椒生长发育及产量的影响较大，适宜本区域拱棚辣椒水肥一体化配方施肥性价比好、是易于推广应用的水肥一体化肥料种类，并完善和提升拱棚辣椒连续丰产栽培施肥制度。

参考文献

冯义.2014.大棚辣椒病虫害绿色综合防控技术［J］.长江
　　蔬菜（13）：48-49.

马瑞，惠浩剑，马守才，等.2012.大棚辣椒品种引进观察
　　试验［J］.现代农业科技（7）：149-150.

孙红霞，武琴，郑国祥，等.2001.EM 对茄子、黄瓜抗连作
　　障碍和增强土壤生物活性的效果［J］.土壤（5）：264-
　　267.

周刚，刘琪，徐国友，等.2008.大棚早熟栽培辣椒品比试
　　验［J］.长江蔬菜（3）：48-49.

邹琦.1998.植物生理学实验指导［M］.北京：中国农业
　　出版社.

Study on the Growth and Photosynthetic Characteristics of Pepper in Different Fertilization Types

（GAOJing-xia[1]　WUXue-mei[2]　MAShou-cai[2]　XIE Hua[1]）

（1. Ningxia Academy of Agriculture and Forestry Plant Resources，Ningxia，
Yinchuan，750002；2. The Ningxia Hui Autonomous Region，Pengyang County
AgriculturalTechnology Extension and Service Center，Pengyang，Ningxia 756500）

Abstract：With the new pepper Guanlong as tested materials，Effects of different fertilizer application on growth and development，yield and photosynthetic characteristics of pepper were studied. The results show：The plant height and development of T4 pepper were the largest，respectively104. 3cm、90. 6cm. T1 of pepper fruit weight，fruit length，fruit diameter was maximum，respectively 101. 6g、25. 49cm、4. 86cm. The content of total chlorophyll in the leaves of T1 was 66. 7mg/g，The root activity of T1 was 100. 6 g/g · FW · h，The net photosynthetic rate of T5 pepper leaves was the highest in 6. 6μmol · m^{-2} · s^{-1}，The net photosynthetic rate of T1 and T2 was the lowest, fluctuate from 1.3 to 2.5μmol · m^{-2} · s^{-1}. The stomatal conductance of T3 pepper leaves was the highest in the range of 2 658.1 mol · m^{-2} · s^{-1}, T2, T5 pepper leaf stomatal conductance was the lowest, fluctuate from 386.7 to 428.7 mol · m^{-2} · s^{-1}. T1 pepper leaf transpiration rate decreased by 4.7 mmol · m^{-2} · s^{-1}, T5 pepper leaf transpiration rate decreased by 1.1 mmol · m^{-2} · s^{-1}. The concentration in the intercellular CO_2 was the highest in the leaves of T5 pepper, and was 436.8μmol/mol. The cell yield, 667m^2 yield and benefit were the highest in T1 pepper, respectively340.1kg、6 462.9kg、10 857.7kg, The cell yield, 667m^2 yield and benefit were the lowest in T3 pepper, respectively260.8kg、4 955.9kg、8 325.9kg.

Key word：Type of fertilizer application，Arch shed，pepper，growth and development，Photosynthetic Characteristics

大棚辣椒新品种展示试验总结

为了鉴定近年来各科研单位选育和引进筛选的优质高产杂交辣椒新品种在彭阳地区的适应性、抗逆性、丰产性，向生产者、消费者展示推介新的种业科研成果，加快新品种的应用，发挥品种效能，保障蔬菜安全。

一、试验材料与方法

（一）供试品种

本展示参试辣椒品种共 7 类 37 个。供试大羊角为旗胜 607、旗胜 608、博悦 406、博悦 408、羊角椒 1 号、羊角椒 2 号、23 号、金剑 207 8 个品种；螺丝椒为亨椒龙霸、亨椒龙腾、超级 2313、超级 2314、龙碧 2 号 5 个品种；线椒为辣雄 8814、辣雄 8818（CK）、龙美 2 号、龙美 5 号、长虹 362、长虹 366B、线椒 1 号 7 个品种；甜椒为绿星、中农 115、中农 118、红圣 201、古华 5 个品种；彩椒为月白、黄川、月黑、月紫、红曼 5 个品种；水果彩椒黄咪咪、红咪咪、橙咪咪 3 个品种；美人椒为红圣 202、红圣 203、红圣 205、红干椒 1 号 4 个品种。

（二）展示试验地点

试验地点选在设施农业建设区的新集乡沟口村水泥拱架塑料大棚实施。土壤为黄绵土，肥力中等水平，前作为辣椒。

（三）展示试验设计

试验采用大区观察栽培，共设 37 个处理，小区面积 46.8m^2。采用膜下滴灌，垄宽 70cm，垄沟宽 60cm，垄高 25cm。单株栽植，行距 65cm，株距 35cm。田间管理按常规方法进行。观察记载物候期、农艺性状，并测定产量。

二、结果与分析

（一）物候期

表1 辣椒物候期

品种		播种期 （月-日）	出苗期 （月-日）	定植期 （月-日）	开花期 （月-日）	坐果期 （月-日）	始收期 （月-日）
大羊角	旗胜 607	2-9	2-28	4-23	6-6	6-13	7-3
	旗胜 608	2-9	2-28	4-23	6-7	6-14	7-4
	博悦 406	2-9	2-28	4-23	6-3	6-10	7-1
	博悦 408	2-9	2-28	4-23	6-8	6-15	7-5
	羊角椒 1 号	2-9	2-28	4-23	6-8	6-15	7-6
	羊角椒 2 号	2-9	2-28	4-23	6-5	6-12	7-3
	23 号	2-9	2-28	4-23	6-3	6-10	7-1
	金剑 207	2-9	2-27	4-23	6-1	6-8	6-29
螺丝椒	亨椒龙腾	2-9	3-1	4-23	6-8	6-15	7-6
	亨椒龙霸	2-9	3-1	4-23	6-3	6-10	7-1
	超级 2313	2-9	3-2	4-23	5-31	6-7	6-28
	超级 2314	2-9	3-1	4-23	6-2	6-9	6-30
	龙碧 2 号	2-9	2-28	4-23	6-8	6-15	7-6
线椒	辣雄 8814	2-9	3-1	4-23	5-27	6-3	6-24
	龙美 2 号	2-9	3-1	4-23	6-2	6-9	6-30
	龙美 5 号	2-9	3-1	4-23	5-28	6-4	6-25
	长虹 362	2-9	3-1	4-23	5-27	6-4	6-25
	长虹 366B	2-9	3-1	4-23	5-26	6-3	6-24
	线椒 1 号	2-9	3-1	4-23	5-28	6-6	6-27
	辣雄 8818（CK）	2-9	3-1	4-23	6-3	6-10	7-1

（续表）

品种		播种期 （月-日）	出苗期 （月-日）	定植期 （月-日）	开花期 （月-日）	坐果期 （月-日）	始收期 （月-日）
甜椒	绿星	2-9	3-6	4-23	6-10	6-18	7-8
	中农 115	2-9	3-7	4-23	6-9	6-17	7-7
	中农 118	2-9	3-4	4-23	6-7	6-15	7-6
	古华	2-9	3-4	4-23	6-7	6-14	7-5
	红圣 201	2-9	3-6	4-23	6-4	6-12	7-3
彩椒	月白	2-9	3-2	4-23	6-9	6-17	7-8
	黄川	2-9	2-28	4-23	6-5	6-13	7-4
	月黑	2-9	3-3	4-23	6-8	6-15	7-5
	月紫	2-9	3-3	4-23	6-4	6-12	7-3
	红曼	2-9	3-1	4-23	6-9	6-16	7-7
水果椒	红咪咪	2-9	2-28	4-23	6-2	6-9	6-30
	黄咪咪	2-9	2-28	4-23	6-5	6-12	7-3
	橙咪咪	2-9	2-28	4-23	6-3	6-10	7-1
美人椒	红圣 202	2-9	3-1	4-23	6-1	6-8	6-29
	红圣 203	2-9	3-1	4-23	6-2	6-9	6-30
	红圣 205	2-9	3-1	4-23	6-2	6-9	6-30
	红干椒 1 号	2-9	3-1	4-23	6-2	6-9	6-30

从表 1 看出，参试 8 个大羊角类品种中，金剑 207 品种开花、坐果最早，较其余品种提前 2~7 天，博悦 408、羊角 1 号较晚；始收金剑 207 较早，较其余品种提前 2~7 天。5 个螺丝椒类品种中，开花、坐果以超级 2313 最早，较其余品种提前 2~8 天，亨椒龙腾、龙碧 2 号 2 个品种较晚；超级 2313 采收较早。7 个线椒类品种中，参试的 6 个品种开花、坐果均早于对照，较对照品种提前 1~8 天，参试品种采收均比对照早。5 个甜椒类品种中，开花、坐果参试品种红圣 201 最早，较其余品种提前 3~6 天，绿星最晚。5 个彩椒类品种中，月紫开花、坐果最早，较其余品种提前 1~5 天，月白、红曼最晚。3 个水果椒中，红咪咪开花、坐果最早，较其余品种提前 1~3 天。4 个美人椒类品种中，

开花、坐果红圣 202 最早，较其余品种提前 1 天。

（二）辣椒植物学性状与抗病性

表 2　辣椒植物学性状与抗病性

	品种	株高（cm）	茎粗（cm）	开展度（cm）	分枝数（个）	叶色	单株结果数（个）	植株长势	抗白粉病
大羊角	旗胜 607	86.0	1.73	89.6	2.4	绿	26.8	强	强
	旗胜 608	68.0	1.69	84.3	2.5	绿	26.4	中等	强
	博悦 406	91.5	14.2	98.4	2.6	绿	25.0	强	强
	博悦 408	94.0	1.63	104.0	2.8	绿	22.4	强	强
	羊角椒 1 号	85.7	1.37	77.8	2.4	绿	26.0	强	强
	羊角椒 2 号	68.4	1.56	82.0	2.8	绿	26.5	中等	强
	23 号	64.5	1.29	83.0	2.0	绿	22.5	中等	强
	金剑 207	75.2	1.51	86.7	2.2	绿	22.4	中等	强
螺丝椒	亨椒龙腾	71.0	1.23	70.3	2.3	绿	21.5	中等	强
	亨椒龙霸	68.0	1.27	69.5	2.8	绿	23.7	中等	强
	超级 2313	62.4	1.39	64.5	2.4	绿	23.0	中等	强
	超级 2314	63.5	1.39	84.0	2.6	绿	21.8	中等	强
	龙碧 2 号	62.7	1.56	61.0	2.4	绿	22.3	中等	强
线椒	辣雄 8814	86.0	1.42	101.4	2.0	绿	48.6	强	强
	龙美 2 号	100.0	1.49	92.3	2.4	绿	41.5	强	强
	龙美 5 号	80.9	1.25	74.8	2.8	绿	42.0	较强	强
	长虹 362	118.7	1.64	99.6	2.2	绿	43.8	强	强
	长虹 366B	79.5	1.32	86.7	2.5	绿	47.8	较强	强
	线椒 1 号	93.0	1.44	110.5	2.4	绿	46.3	强	强
	辣雄 8818（CK）	90.5	1.01	104.0	2.2	绿	48.4	强	强
甜椒	绿星	67.6	2.05	61.0	2.8	绿	7.2	中等	强
	中农 115	57.8	1.54	74.6	3.0	绿	11.0	中等	强
	中农 118	74.8	2.03	60.5	3.0	绿	9.0	较强	强
	古华	75.5	1.81	89.7	2.8	绿	9.5	较强	强
	红圣 201	68.0	1.72	83.5	2.8	绿	13.8	中等	强

（续表）

品种		株高（cm）	茎粗（cm）	开展度（cm）	分枝数（个）	叶色	单株结果数（个）	植株长势	抗白粉病
彩椒	月白	59.8	1.68	67.8	2.6	绿	12.8	中等	强
	黄川	54.5	1.61	58.6	2.2	绿	9.2	中等	强
	月黑	74.3	1.74	66.0	2.8	绿	11.8	较强	中等
	月紫	81.0	1.68	77.5	3.0	绿	13.0	强	强
	红曼	85.7	1.72	72.5	2.6	绿	10.5	强	强
水果椒	红咪咪	80.0	1.79	86.7	2.4	绿	47.2	强	强
	黄咪咪	92.7	1.56	76.8	2.2	绿	48.5	强	强
	橙咪咪	89.6	1.82	73.5	3.0	绿	44.4	中等	强
美人椒	红圣202	81.3	1.45	90.6	2.6	绿	43.4	强	强
	红圣203	93.8	1.35	105.7	2.5	绿	42.4	强	强
	红圣205	106.5	1.38	110.8	2.4	绿	44.6	强	强
	红干椒1号	124.7	1.59	112.0	2.2	绿	43.8	强	强

从表2可知，8个大羊角类品种中，株高以博悦408最高，为94.0cm，较其余品种增加2.5~29.5cm，提高2.7%~45.7%；23号最低，为64.5cm。开展度以博悦408最大，为104.0个，较其余品种增加5.6~26.2个，提高5.7%~33.7%。单株结果数以旗胜607最多，为26.8个，较其余品种增加0.3~4.4个，提高1.1%~19.6%；博悦408、金剑207最少，为22.4个。5个螺丝椒类品种中，亨椒龙腾株高最高，为71.0cm，较其余品种增加3.0~8.6cm，提高4.4%~13.8%；超级2313最低，为62.4cm。开展度超级2314最大，为84.0cm，较其余品种增加13.7~23.0cm，提高19.5%~37.7%。龙碧2号最低，为61.0cm。单株结果数亨椒龙霸最多，为23.7个，较其余品种增加0.7~2.2个，提高3.0%~10.2%；亨椒龙腾最少，为21.5个。7个线椒类品种中，长虹362株高最高，为118.7cm，较对照品种增加28.2cm，提高31.2%；长虹366B最低，为79.5cm。单株结果数辣雄8814最多，为48.6个，较对照品种增加0.2个，提高0.4%；龙美2号最少，为41.5

个。5个甜椒类品种中，古华株高最高，为75.5cm，较其余品种增加0.7~17.7cm，提高0.9%~30.6%；中农115最低，为57.8cm。单株结果数红圣201最多，为13.8个，较其余品种增加2.8~6.6个，提高25.5%~91.7%；绿星最少，为7.2个。5个彩椒类品种中，红曼株高最高，为85.7cm，较其余品种增加4.7~25.9cm，提高5.8%~43.3%；月白最低，为59.8cm。单株结果数月紫最多，为13.0个，较其余品种增加0.2~3.8个，提高1.6%~41.3%。3个水果椒中，黄咪咪株高最高，为92.7cm，较其余品种增加3.1~12.7cm，提高3.5%~15.9%。单株结果数黄咪咪最多，为48.5个，较其余品种增加1.3~4.1个，提高2.8%~9.2%。4个美人椒类品种中，红干椒1号株高最高，为124.7cm，较其余品种增加18.2~43.4cm，提高17.1%~53.4%；红圣202最低，为81.3cm。单株结果数红圣205最多，为44.6个，较其余品种增加0.8~2.2个，提高1.83%~5.2%；红圣203最少，为42.4个。

（三）辣椒果实性状

表3 辣椒果实性状

品种		果长（cm）	果粗（cm）	心室数（个）	果肉厚度（cm）	单果质量（g）	果实外观、品质
大羊角	旗胜607	24.5	3.48	3	0.34	67.7	大羊角，青果黄绿，微辣，果面光滑，羊角形弯曲
	旗胜608	28.2	3.36	3~4	0.33	71.2	大羊角，青果黄绿，无味，果面光滑，羊角形弯曲
	博悦406	29.6	4.02	3	0.36	77.7	大羊角，青果浅绿，无味，果面光滑，羊角形弯曲
	博悦408	30.0	3.37	3~4	0.35	71.9	大羊角，青果浅绿，无味，果面光滑，羊角形弯曲
	羊角椒1号	24.6	2.82	3	0.34	78.3	大羊角，青果绿色，微辣，果面光滑，顺直，光泽度好
	羊角椒2号	27.7	4.38	3	0.33	73.2	大羊角，青果绿色，味辣，果面光滑，顺直

（续表）

品种		果长 （cm）	果粗 （cm）	心室数 （个）	果肉 厚度 （cm）	单果 质量 （g）	果实外观、品质
大羊角	23 号	21.8	2.82	3~4	0.33	82.1	大羊角，青果绿色，味辣，果面光滑，顺直，光泽度好
	金剑 207	27.3	3.09	3	0.32	61.9	大羊角，青果浅绿，微辣，果面光滑，顺直，光泽度好
螺丝椒	亨椒 龙腾	31.0	0.35	3	0.24	62.4	螺丝椒，青果浓绿，微味，果肩皱褶多，变曲
	亨椒 龙霸	28.3	4.26	3	0.29	64.0	螺丝椒，青果浓绿，辣味适中，果肩皱褶多，果面有棱沟
	超级 2313	27.3	4.11	3	0.25	50.8	螺丝椒，青果浓绿，辣味浓，果面皱褶多且有棱沟，变曲
	超级 2314	24.3	4.04	3	0.26	48.8	螺丝椒，青果浓绿，辣味浓，果面皱褶多且有棱沟
	龙碧 2 号	30.6	3.96	2~3	0.28	61.1	螺丝椒，青果浓绿，微辣，果面皱褶多且有棱沟
线椒	辣雄 8814	24.7	1.06	2~3	0.14	18.1	长线椒，青果翠绿，老熟果鲜红，辣味香，光滑，皮薄
	龙美 2 号	27.1	2.24	3	0.27	28.7	粗长线椒，青果黄绿，老熟果鲜红，辣味极强，果面光滑
	龙美 5 号	34.2	2.21	3	0.23	29.6	粗长线椒，青果深绿，老熟果鲜红，辣味淡，果面光滑
	长虹 362	22.2	1.40	2	0.25	18.9	长线椒，青果深绿，老熟果鲜红，辣味极强，光滑顺直
	长虹 366B	26.2	1.44	2	0.17	23.7	长线椒，青果浅绿，老熟果鲜红，辣味香浓，果面光滑
	线椒 1 号	23.8	1.75	2~3	0.25	25.4	长线椒，青果浓绿，老熟果鲜红，辣味浓，果面光滑顺直，
	辣8818 （CK）	27.7	1.39	3	0.20	20.4	长线椒，青果翠绿，老熟果鲜红，辣味香浓，有皱褶，皮薄

（续表）

	品种	果长 （cm）	果粗 （cm）	心室数 （个）	果肉 厚度 （cm）	单果 质量 （g）	果实外观、品质
甜椒	绿星	9.3	8.63	4	0.65	304.0	长灯笼，青果深绿，老熟果鲜红，果味甜，果面光滑
	中农115	9.7	8.28	4	0.53	234.0	长灯笼，青果翠绿，老熟果鲜红，果味甜，果面光滑
	中农118	10.0	10.67	4	0.74	289.0	方灯笼，青果翠绿，老熟果鲜红，果味甜，果面光滑
	古华	9.8	8.46	4	0.67	310.0	长灯笼，青果深绿，老熟果鲜红，果味甜，果面光滑
	红圣201	11.0	6.01	3	0.49	126.0	圆锥形，青果翠绿，老熟果鲜红，果味甜，果面光滑
彩椒	月白	8.3	7.20	3~4	0.47	173.0	方灯笼，青果白色，老熟果淡黄色，果味甜，果面光滑
	黄川	8.9	9.00	4	0.60	296.4	方灯笼，青果浅绿，老熟果金黄色，果味甜，果面光滑
	月黑	8.0	8.01	4	0.52	186.0	长灯笼，青果黑色，老熟果红色，果味甜，果面光滑
	月紫	8.5	8.21	4	0.52	182.0	方灯笼，青果紫色，老熟果桔红，果味甜，果面光滑
	红曼	10.0	8.28	3~4	0.72	252.0	方灯笼，青果深绿，老熟果红色，果味甜，果面光滑
水果椒	红咪咪	6.5	3.57	3	0.37	33.7	圆锥形，青果深绿，老熟果鲜红，果味甜，果面光滑
	黄咪咪	7.4	3.74	3	0.44	38.0	圆锥形，青果深绿，老熟果黄色，果味甜，果面光滑
	橙咪咪	8.4	4.11	2~4	0.49	39.5	圆锥形，青果深绿，老熟果桔红，果味甜，果面光滑
美人椒	红圣202	14.7	2.23	3	0.25	28.4	尖椒，青果深绿，老熟果深红，辣味浓，果面光滑，顺直
	红圣203	13.2	2.93	3	0.25	33.0	尖椒，青果深绿，老熟果深红，辣味浓，果面光滑，顺直

（续表）

品种		果长 （cm）	果粗 （cm）	心室数 （个）	果肉 厚度 （cm）	单果 质量 （g）	果实外观、品质
美人椒	红圣 205	17.5	2.85	3	0.24	35.0	尖椒，青果深绿，老熟果深红，味辣，果面光滑，顺直
	红干椒 1号	14.9	2.40	3	0.22	27.6	尖椒，青果深绿，老熟果深红，味辣，果面光滑，顺直

　　参试各品种果实性状和品质从表3可知，参试8个大羊角类品种中，单果质量以23号最高，为82.1g，较其余品种增加3.8~20.2g，提高4.9%~32.6%；金剑207最低，为61.9g。青果浅绿或黄绿色。5个螺丝椒类品种中，单果质量以亨椒龙霸最高，为64.0g，较其余品种增加1.6~15.2g，提高2.6%~31.1%；超级2314最低，为48.8g。青果均为浓绿，果味除亨椒龙腾和龙碧2号微辣外，其余3个品种均辣味浓或适中。7个线椒类品种中，单果质量以龙美5号最高，为29.6g，较对照品种增加9.2g，提高45.1%，辣雄8814最低，为18.1g。果味均辣味强。5个甜椒类品种中，单果质量以古华最高，为310.0g，较其余品种增加6.0~184g，提高2.0%~146.0%；红圣201最低，为126.0g。青果翠绿或深绿，老熟果鲜红，果味均甜。5个彩椒类品种中，单果质量以黄川最高，为296.4g，较其余品种增加44.4~123.4g，提高17.6%~71.3%；月白最低，为173.0g。果味甜。3个水果椒中，单果质量以橙咪咪最大，为39.5g，较其余品种增加1.5~5.8g，提高3.9%~17.2%；红咪咪最少，为33.7g。4个美人椒类品种中，单果质量以红圣205最大，为35.0g，较其余品种增加2.0~7.4g，提高6.1%~26.8%，红干椒1号最低，为27.6g。青果深绿，老熟果深红，果味均辣味浓。

（四）产量与产值

表4 辣椒产量与产值

品种		小区产量（kg）	折合亩产量（kg）	折合亩产值（元）	位次
大羊角	旗胜607	317.0	4 517.9	7 228.6	6
	旗胜608	328.6	4 683.2	7 493.1	4
	博悦406	339.5	4 838.6	7 741.8	2
	博悦408	281.5	4 012.0	6 419.2	7
	羊角椒1号	355.9	5 072.3	8 115.7	1
	羊角椒2号	339.1	4 832.9	7 732.6	3
	23号	322.9	4 602.0	7 363.2	5
	金剑207	242.4	3 454.7	5 527.5	8
螺丝椒	亨椒龙腾	234.5	3 342.1	6 684.2	3
	亨椒龙霸	261.0	3 719.8	7 439.6	1
	超级2313	204.2	2 910.3	5 820.6	4
	超级2314	186.0	2 650.9	5 301.8	5
	龙碧2号	238.2	3 394.9	6 789.8	2
线椒	辣雄8814	153.8	2 192.0	6 576.0	6
	龙美2号	208.2	2 967.3	8 901.9	2
	龙美5号	217.3	3 097.0	9 291.0	1
	长虹362	144.7	2 062.3	6 186.9	7
	长虹366B	198.0	2 821.9	8 465.7	4
	线椒1号	205.6	2 930.2	8 790.6	3
	辣雄8818（CK）	172.6	2 459.9	7 379.7	5
甜椒	绿星	382.6	5 452.9	10 905.8	4
	中农115	449.9	6 412.0	12 824.0	3
	中农118	454.7	6 480.4	12 968.8	2
	古华	514.8	7 337.0	14 674.0	1
	红圣201	303.9	4 331.2	8 662.4	5
彩椒	月白	387.1	5 517.0	11 034.0	4
	黄川	476.7	6 808.5	13 617.0	1
	月黑	383.7	5 468.5	10 937.0	5
	月紫	413.5	5 893.3	11 786.6	3
	红曼	462.5	6 591.6	13 183.2	2

（续表）

	品种	小区产量（kg）	折合亩产量（kg）	折合亩产值（元）	位次
水果椒	红咪咪	278.0	3 962.1	7 924.2	3
	黄咪咪	320.2	4 563.5	9 127.4	1
	橙咪咪	306.6	4 369.7	8 739.4	2
美人椒	红圣202	215.5	3 071.3	11 056.7	3
	红圣203	244.3	3 481.8	12 534.5	2
	红圣205	272.9	3 889.4	14 001.8	1
	红干椒1号	211.5	3 014.3	10 851.5	4

注：大羊角单价1.6元/kg，螺丝椒2.0元/kg，线椒3.0元/kg，甜椒、彩椒2.0元/kg，美人椒3.6元/kg

从表4可知，参试8个大羊角类品种中，以羊角椒1号折合亩产量最高，为5 072.3kg，较其余品种增产233.7～1 617.6kg，增幅4.8%～46.8%；金剑207折合亩产量最低，为3 454.7kg。5个螺丝椒类品种中，以亨椒龙霸折合亩产量最高，为3 719.8kg，较其余品种增产324.9～1 068.9kg，增幅9.6%～40.3%；超级2314产量最低，为2 650.9kg。7个线椒类品种中，以龙美5号折合亩产量最高，为3 097.0kg，较对照品种增产637.1kg，增幅25.9%；龙美2号、线椒1号、长虹366B 3个品种均较对照增产，增产幅度14.7%～20.6%；辣雄8814、长虹362 2个品种均减产，减产幅度10.9%～16.2%。5个甜椒类品种中，以古华折合亩产量最高，为7 337.0kg，较其余品种增产857.0kg，增幅13.2%，其次中农118、中农115、绿星3个品种产量较高，红圣201产量最低，为4 331.2kg。5个彩椒类品种中，以黄川折合亩产量最高，为6 808.5kg，较其余品种增产216.9～1 340.0kg，增幅3.3%～24.5%，其次红曼、月紫2个品种产量较高，月黑产量较低，为5 468.5kg。3个水果椒中，以黄咪咪折合亩产量最高，为4 563.5kg，较其余品种增产193.8～601.4kg，增幅4.4%～15.2%。4个美人椒类品种中，以红圣205折合亩产量最高，为3 889.4kg，较其余品种增产407.6～

875.1kg, 增幅 11.7%~29.0%, 其次红圣 203 产量较高, 红干椒 1 号产量最低, 为 3 014.3kg。

三、小结

综合分析参试 37 个展示辣椒品种的生育期、农艺性状、果实性状及产量, 筛选出了以羊角椒 1 号、羊角椒 2 号、博悦 406、亨椒龙霸、龙碧 2 号、龙美 5 号、龙美 2 号、线椒 1 号、、古华、中农 118、中农 115、黄川、红曼、月紫、黄咪咪、橙咪咪、红圣 205、红圣 203 等品种综合性状表现好, 增产潜力大, 生长势强, 椒果商品性好, 适口性好, 市场销售旺, 抗病性强, 折合总产量及效益显著高于其余品种, 可在塑料大棚早春茬生产中进一步试验示范的基础上进行大面积推广种植, 其余品种有待进一步试验观察。

彭阳县蔬菜产业发展服务中心

2015 年 12 月 5 日

大棚辣椒引种比较试验总结

近年来, 随着彭阳县农业产业结构从过去的粮作型向经作蔬菜型的快速发展, 辣椒种植面积达 8 万亩以上, 生产效益显著。随着辣椒种植面积的逐年扩大, 辣椒品种的表现直接关系到辣椒产品的品质和产量。为筛选出适宜彭阳县生态条件种植而具有适应性、丰产性、稳产性和抗逆性的辣椒品种, 加速品种更新换代, 确保牛角辣椒产业的可持续发展和菜农收入的稳步增长。我们于 2015 年对引进的 14 个品种进行了试验, 现将结果总结如下。

一、材料与方法

(一) 供试材料

参试 14 个辣椒品种为: 神龙、亨椒神剑、神剑 23、亨椒巨翠龙、对照品种亨椒 1 号（CK）由北京中农绿亨种子科技有限公司提供，博悦 308、旗胜 612 由北京格瑞亚种子有限公司提供，BFC-13-178、BF-11-100、BFC-13-179、正大宝鼎 298 由宁夏天缘公司提供，15-29、1885、15-146、坂田神椒由宁夏巨丰公司提供。

（二）试验地点

试验地点选在设施农业建设区的新集乡姚河村水泥拱架塑料大棚实施。土壤为黄绵土，肥力中等水平，前作为辣椒。

（三）试验设计

试验共设 15 个处理，3 次重复，45 个小区，随机区组排列，小区面积 23.4m²。采用水肥一体化栽培，垄宽 70cm，垄沟宽 60cm，垄高 25cm。单株栽植，行距 65cm，株距 35cm，田间管理按常规方法进行。观察记载物候期，农艺性状，并测定产量。

二、结果与分析

（一）物候

表1　参试辣椒品种的物候期及生育期

品种	播种期（月-日）	出苗期（月-日）	定植期（月-日）	开花期（月-日）	坐果期（月-日）	始收期（月-日）	末收期（月-日）
神龙	2-9	3-4	4-21	6-1	6-8	6-28	10-3
亨椒神剑	2-9	3-2	4-21	6-1	6-8	6-28	10-3
神剑 23	2-9	3-2	4-21	6-1	6-8	6-28	10-3
亨椒巨翠龙	2-9	3-10	4-21	6-10	6-17	7-7	10-3
博悦 308	2-9	3-3	4-21	6-1	6-8	6-28	10-3
旗胜 612	2-9	3-3	4-21	6-1	6-8	6-28	10-3
BFC-13-178	2-11	2-28	4-21	5-25	6-1	6-21	10-3
BF-11-100	2-11	2-28	4-21	5-31	6-7	6-27	10-3
BFC-13-179	2-11	2-28	4-21	5-26	6-2	6-22	10-3
正大宝鼎 298	2-11	2-28	4-21	5-22	5-30	6-19	10-3
15-29	2-11	2-28	4-21	6-2	6-10	6-30	10-3

（续表）

品种	播种期 （月-日）	出苗期 （月-日）	定植期 （月-日）	开花期 （月-日）	坐果期 （月-日）	始收期 （月-日）	末收期 （月-日）
1885	2-11	3-1	4-21	6-2	6-9	6-29	10-3
15-146	2-11	3-1	4-21	5-24	6-1	6-20	10-3
坂田神椒	2-11	2-27	4-21	6-2	6-9	6-29	10-3
亨椒1号（CK）	2-9	3-1	4-21	6-1	6-8	6-28	10-3

从表1可以看出，参试的14个品种中，神龙、亨椒神剑、神剑23、博悦308、旗胜612 5个品种开花、坐果与对照相同，亨椒巨翠龙、15-29、1885、坂田神椒4个品种晚于对照亨椒1号，较对照延后1~9天，其余5个品种均早于对照亨椒1号，较对照提前1~9天。采收期正大宝鼎298最早，较对照提前9天，神龙、亨椒神剑、神剑23、博悦308、旗胜612与对照亨椒1号相同，亨椒巨翠龙最晚，较对照延后9天。

（二）植株主要性状与抗病性

表2 参试辣椒品种的植株主要性状与抗病性

品种	株高 （cm）	茎粗 （cm）	开展度 （cm）	分枝数 （个）	叶色	单株结 果数 （个）	植株 长势	抗白 粉病
神龙	78.0	1.54	90.2	3.0	绿	23.4	较强	强
亨椒神剑	84.5	1.78	86.7	2.7	绿	24.0	较强	强
神剑23	78.2	1.79	87.3	2.6	绿	27.6	较强	强
亨椒巨翠龙	68.8	1.67	70.8	2.4	绿	22.1	中等	中
博悦308	80.6	1.54	90.8	2.7	绿	24.6	较强	强
旗胜612	68.8	1.55	67.0	2.7	绿	23.9	中等	较强
BFC-13-178	64.2	1.52	65.0	2.3	绿	22.4	中等	中
BF-11-100	85.8	1.57	85.6	2.5	绿	23.0	较强	较强
BFC-13-179	80.6	1.59	87.8	2.7	绿	26.5	较强	较强
正大宝鼎298	65.6	1.23	73.4	2.2	绿	29.7	中等	中
15-29	65.2	1.12	56.4	3.0	绿	22.7	中等	中
1885	92.2	1.72	89.0	3.0	绿	24.5	强	较强
15-146	66.4	1.38	60.4	2.7	绿	24.5	中等	中
坂田神椒	74.0	1.49	77.0	2.8	绿	24.0	较强	中
亨椒1号（CK）	69.0	1.29	75.0	2.2	绿	24.2	中等	中

从表2可知，神龙、亨椒神剑、神剑23、博悦308、旗胜612、BF-11-100、BFC-13-179、1885 8个品种表现出较强的抗病性，其余6个品种与对照抗病性中等。植株生长势神龙、亨椒神剑、神剑23、博悦308、BF-11-100、BFC-13-179、1885、坂田神椒8个品种较强，其余5个品种与对照中等。神龙、亨椒神剑、神剑23、博悦308、BF-11-100、BFC-13-179、1885、坂田神椒8个品种株高均高于对照，较对照增加5~23.2cm，提高7.2%~33.6%；其余6个品种均矮于对照，较对照减少0.2~4.8cm，降低0.29~7.0个百分点。茎粗除15-29、正大宝鼎298 2个品种低于对照外，其余12个品种均高于对照，较对照增加0.09~0.5 cm，提高7.0%~38.8%。分枝数除正大宝鼎298与对照相同外，其余13个品种均高于对照，较对照增加0.1~0.8个，提高4.5%~36.4%。从单株结果数看，神剑23、博悦308、BFC-13-179、正大宝鼎298、1885、15-146 6个品种结果数均高于对照，较对照增加0.3~5.5个，提高1.2%~22.7%，其余品种均低于对照。

（三）果实性状

表3　参试辣椒品种的果实性状

品种	果长（cm）	果粗（cm）	心室数（个）	果肉厚度（cm）	单果质量（g）	果实外观、品质
神龙	26.7	4.52	3	0.36	98.5	长牛角，浅色，无味，果面光滑、果肩微有皱褶，稍弯曲
亨椒神剑	27.6	4.32	3~4	0.44	97.8	长牛角，浅绿，无味，果肩微有皱褶，光泽度好
神剑23	29.5	4.70	3~4	0.38	81.4	长牛角，浅绿，微辣，果肩微有皱褶，光泽度好
亨椒巨翠龙	25.4	5.40	2~4	0.37	87.3	长牛角，绿色，无味，果面有棱沟，果肩微有皱褶
博悦308	28.4	4.42	3~4	0.38	101.5	长牛角，黄绿，无味，果面光滑顺直，光泽度好

（续表）

品种	果长（cm）	果粗（cm）	心室数（个）	果肉厚度（cm）	单果质量（g）	果实外观、品质
旗胜 612	27.3	4.48	3~4	0.40	82.8	长牛角，浅绿，无味，果面光滑顺直，光泽度好
BFC-13-178	25.7	4.04	3~4	0.34	90.9	长牛角，黄绿，无味，果面光滑顺直，光泽度好
BF-11-100	24.0	4.06	3	0.33	81.9	长牛角，黄绿，微辣，果面光滑顺直，光泽度好
BFC-13-179	31.0	4.49	3~4	0.33	92.9	长牛角，浅绿，味辣，果面光滑顺直，光泽度好
正大宝鼎 298	24.3	3.37	3	0.31	62.6	长牛角，黄绿，微辣，果面有棱沟，果肩微有皱褶
15-29	22.4	4.80	3~4	0.41	92.1	长牛角，绿色，无味，果面光滑顺直，有光泽
1885	28.0	4.33	3~4	0.35	95.2	长牛角，浅绿，微辣，果面光滑顺直，有光泽
15-146	26.9	4.80	2~3	0.30	78.3	长牛角，浅绿，无味，果面光滑顺直，有光泽
坂田神椒	22.6	4.93	2~3	0.39	83.3	长牛角，浅绿，微辣，果面光滑顺直，有光泽
亨椒 1 号（CK）	21.9	4.22	3~4	0.38	87.0	长牛角，黄绿，微辣，果面光滑，果肩微有皱褶，有光泽

从表 3 看出，单果质量以博悦 308 最高，为 101.5g，较对照增加 14.5g，提高 16.7%；神龙、亨椒神剑、亨椒巨翠龙、BFC-13-178、BFC-13-179、15-29、1885 7 个品种单果质量均在 87.3~98.5g，较对照增加 0.3~11.5g，提高 0.3%~13.2%；其余 6 个品种均低于对照，较对照减少 4.3~24.4g，降低 3.7~28.0 个百分点。参试的 14 个品种果长均较对照长，较对照增加 0.7~9.1cm，提高 3.2%~41.6%。神龙、亨椒神剑、神剑 23、亨椒巨翠龙、博悦 308、旗胜 612、BFC-13-179、15-29、1885、15-146、坂田神椒 11 个品种果粗均高于对照，较对照增加 0.1~1.18cm，提高 2.4%~28.0%；其余 3 个品种均较对照细，较对

照减少 0.16~0.85cm，降低 3.8%~20.1%。以果肉厚度看，亨椒神剑、旗胜 612、15-29、坂田神椒 4 个品种均比对照厚，较对照增加 0.01~0.06cm，提高 2.6%~15.8%；神剑 23、博悦308 与对照相同，均为 0.38cm；其余 8 个品种均较对照薄，较对照减少 0.01~0.07cm，降低 2.6%~18.4%。从果实外观、品质看，参试各品种均为大牛角椒，耐贮运；果味除 BFC-13-179 品种味辣外，其余 13 个品种均微辣或无味。从果实颜色看，博悦308、BFC-13-178、BF-11-100、正大宝鼎 298 4 个品种与对照均为黄绿色，亨椒巨翠龙、15-29 为绿色，其余 8 个品种均为浅绿色。

（四）产量与产值

表4　参试辣椒品种的产量与产值

品种	小区产量（kg）				折合亩产量（kg）	比对照±（%）	折合亩产值（元）	新复极差比较		产值位次
	Ⅰ	Ⅱ	Ⅲ	平均				5%	1%	
神龙	188.7	192.6	191.4	190.9	5 441.5	9.5	8 178.4	d	B	5
亨椒神剑	194.5	193.7	194.3	194.2	5 535.5	11.4	8 856.8	c	B	3
神剑 23	185.6	187.5	184.9	186.0	5 301.8	6.7	8 482.9	e	C	6
亨椒巨翠龙	159.7	157.8	161.4	159.6	4 549.3	-9.1	7 278.9	i	G	12
博悦 308	206.2	208.5	205.3	206.7	5 891.8	18.6	9 426.9	a	A	1
旗胜 612	163.9	164.5	163.4	163.9	4 671.9	-6.0	7 475.0	h	F	11
BFC-13-178	171.4	168.6	165.7	168.6	4 805.8	-3.3	7 689.3	g	E	9
BF-11-100	155.5	158.1	154.4	156.0	4 446.7	-10.5	7 114.7	j	GH	14
BFC-13-179	201.7	205.4	204.3	203.8	5 809.2	16.9	9 294.7	b	A	2
正大宝鼎 298	155.0	152.5	153.8	153.8	4 384.0	-11.8	7 014.4	j	H	15
15-29	171.4	175.0	172.7	173.2	4 936.9	-0.6	7 899.0	f	D	8
1885	193.5	194.0	192.4	193.3	5 509.9	10.9	8 815.8	cd	B	4
15-146	160.3	157.5	158.6	158.8	4 526.5	-8.9	7 242.4	i	G	13
坂田神椒	164.2	167.3	165.0	165.5	4 717.5	-5.0	7 548.0	h	EF	10
亨椒 1 号（CK）	172.5	174.0	176.3	174.3	4 968.3			7 949.3	f	D	7

备注：单价 1.6 元/kg

从表 4 可以看出，博悦 308 折合产量最高，为 5 891.8kg/亩，比对照亨椒 1 号增产 18.6%；总产值 9 426.9元/亩，较对照增收 1 477.6元/亩。BFC-13-179、亨椒神剑、1885、神龙、神剑 23 5 个品种产量在 5 301.8~5 809.2kg/亩，均比对照增产，增产幅度为 6.7%~16.9%；15-29 等 4 个品种产量在 4 384.0~4 936.9kg/亩，均比对照减产，减产幅度为 0.6%~11.8%。

（五）辣椒产量方差分析

对小区产量进行方差分析和多重比较，由其结果可知，品种间差异达显著水平（$F = 345.3 > F_{0.05} = 2.1$），新复极差测验表明，除 15-29 品种与对照亨椒 1 号差异不显著外，其余 13 个品种与对照亨椒 1 号差异均达到显著水平；品种间差异达极显著水平（$F = 345.3 > F_{0.01} = 2.8$），新复极差测验表明，除 15-29 品种与对照亨椒 1 号差异没有达极显著水平外，其余 13 个品种与对照亨椒 1 号差异均达到极显著水平（表 5）。

表 5 参试辣椒小区总产量方差分析

变异原因	自由度 DF	平方和 SS	均方 MS	F 值	$F_{0.05}$	$F_{0.01}$
区组	2	8.221778	4.110889	1.491932	3.340385	5.452937
处理	14	13 318.66	951.3331	345.2597	2.063541	2.794596
误差	28	77.15156	2.755413			
总变异	44	13 404.04				

三、小结

综合分析参试 14 个牛角椒品种的生育期、农艺性状、果实性状及产量，以博悦 308、BFC-13-179 2 个品种综合性状好，增产潜力大，生长势较强，椒果商品性好，折合亩产量及效益显著高于对照亨椒 1 号，应在进一步试验示范的基础上进行大面积推广种植，亨椒神剑、1885、神龙、神剑 23 4 个品种有待继续试验，其余品种建议淘汰。

大棚牛角椒品种观察试验总结 (1)

随着大棚辣椒栽培面积迅速扩大，辣椒栽培小气候条件发生了重大变化，选择适合拱架大棚可控小气候条件下的辣椒新品种成为一项新课题。结合当地实际情况，选择牛角椒新品种进行试验，鉴定新育成的牛角辣椒品系及杂交组合的遗传稳定性、形态特征、生物学特性等，测试新品种的生产潜力，以期为新品种的审定、推广提供依据。

一、材料与方法

（一）供试材料

供试 7 个辣椒品种为：14-17、14-34、14-35、14-36、14-37、14-39、14-40 由宁夏农林科学院提供，对照品种亨椒 1 号由北京中农绿亨种子科技有限公司提供。

（二）试验方法

试验地点选在设施农业建设区的新集乡沟口村水泥拱架塑料大棚实施。土壤为黄绵土，肥力中等水平，前作为辣椒。

（三）试验设计

试验采用大区观察栽培，共设 8 个处理，不设重复，小区面积 46.8m²。采用水肥一体化栽培，垄宽 70cm，垄沟宽 60cm，垄高 25cm。单株栽植，行距 65cm，株距 35cm。田间管理按常规方法进行。观察记载物候期、农艺性状，并测定产量。

二、结果与分析

（一）物候期

表 1　辣椒各品种物候期

品种	播种期（月-日）	出苗期（月-日）	定植期（月-日）	开花期（月-日）	坐果期（月-日）	始收期（月-日）	末收期（月-日）
14-17	2-9	3-2	4-22	6-6	6-13	7-3	10-2

（续表）

品种	播种期 （月-日）	出苗期 （月-日）	定植期 （月-日）	开花期 （月-日）	坐果期 （月-日）	始收期 （月-日）	末收期 （月-日）
14-34	2-9	3-1	4-20	6-2	6-9	6-29	10-2
14-35	2-9	3-1	4-20	6-2	6-9	6-29	10-2
14-36	2-9	3-2	4-20	6-2	6-9	6-29	10-2
14-37	2-3	3-2	4-20	6-6	6-13	7-3	10-2
14-39	2-9	3-4	4-20	6-5	6-12	7-2	10-2
14-40	2-9	3-2	4-20	6-2	6-9	6-29	10-2
亨椒 1 号 （CK）	2-9	3-1	4-20	6-1	6-8	6-28	10-2

从表 1 看出，参试牛角椒品种开花、坐果期、始收期均晚于对照品种亨椒 1 号，较对照品种延后 1~5 天，以 14-17、14-37品种开花、坐果、始收最迟。

（二）辣椒各品种植物学性状与抗病性

表 2　辣椒各品种植物学性状与抗病性

品种	株高 （cm）	茎粗 （cm）	开展度 （cm）	分枝数 （个）	叶色	单株结 果数 （个）	植株 长势	抗白 粉病
14-17	94.0	1.34	78.7	2.8	绿	22.2	强	强
14-34	74.5	1.75	91.6	2.8	绿	26.6	强	较等
14-35	80.7	1.59	95.8	2.6	绿	24.7	强	强
14-36	76.2	1.55	91.0	2.5	绿	21.5	较强	强
14-37	80.4	1.52	85.6	2.6	绿	25.0	强	强
14-39	77.2	1.76	86.4	2.6	绿	25.5	较强	强
14-40	85.0	1.54	90.6	2.4	绿	28.4	强	强
亨椒 1 号 （CK）	83.0	1.46	91.5	2.4	绿	24.0	强	强

从表 2 可知，株高以 14-17 品种植株最高，为 94.0cm，较对照品种增加 11.0cm，提高 13.3%。其余 6 个品种株高均在74.5~85.0cm。茎粗以 14-39 品种最粗，为 1.76m，较对照品种

增加 0.3cm，提高 20.5%；14-17 品种最细，为 1.34cm。分枝数以 14-17、14-34 品种最多，为 2.8 个，较对照品种增加 0.4 个，提高 16.7%，其余 6 个品种均 2.4~2.6 个。开展度 14-35 品种最大，为 95.8cm，较对照品种增加 4.3cm，提高 4.7%；14-17 品种最小，为 78.7cm。单株结果数以 14-40 品种最多，为 28.4 个，较对照品种增加 4.4 个，提高 18.3%；14-36 品种结果数最少，仅为 21.5 个。参试品种其植株长势、抗病性均较强。

（三）不同品种辣椒果实性状

表3　辣椒各品种果实性状

品种	果长 （cm）	果粗 （mm）	心室数 （个）	果肉厚度 （cm）	单果质量 （g）	果实外观、品质
14-17	17.5	4.14	2~3	0.35	85.9	长牛角椒，黄绿，无味，果面光滑，顺直
14-34	27.9	3.95	2~3	0.33	68.5	长牛角，浅绿，微辣，果面光滑顺直，有光泽
14-35	28.6	3.54	2~3	0.30	69.5	长牛角，浅绿，无味，果面光滑顺直，有光泽
14-36	28.2	3.60	3~4	0.30	89.1	长牛角，浅绿，微辣，果面光滑顺直，有光泽
14-37	28.9	4.38	2~3	0.40	90.5	长牛角，黄绿，微辣，果肩微有皱褶
14-39	27.1	4.24	2~3	0.39	87.7	长牛角，黄绿，辣味浓，果面光滑顺直
14-40	24.5	4.53	2~3	0.36	70.1	长牛角，黄绿，味辣，果面光滑顺直
亨椒1号（CK）	25.8	4.32	2~3	0.38	87.5	长牛角，黄绿，微辣，果面光滑，果肩微有皱褶，有光泽

从表3可知，果长以 14-37 品种最长，为 28.9cm，较对照品种增加 3.1cm，提高 12.0%；14-17 最短，仅为 17.5cm。果粗以 14-40 最粗，为 4.53cm，较对照品种增加 0.21cm，提高 4.9%。果肉厚度以 14-37 品种最厚，为 0.40cm，较对照品种增加 0.02cm，提高 5.3%；其余 6 个品种均在 0.30~0.39。单果质

量以 14-37 品种最重，为 90.5g，较对照品种增加 3.0g，提高 3.4%，其余 6 个品种均在 68.5～89.1g，14-34 单果重最小，为 68.5g。

（四）产量与产值

表 4　辣椒各品种产量与产值

品种	小区产量（kg）	折合亩产量（kg）	比对照±（%）	亩产值（元）	位次
14-17	333.4	4 751.7	-9.2	7 602.7	6
14-34	318.5	4 539.3	-13.2	7 262.9	7
14-35	300.0	4 275.6	-18.3	6 841.0	8
14-36	334.9	4 773.0	-8.8	7 636.8	5
14-37	394.4	5 621.0	7.4	8 993.6	1
14-39	390.9	5 571.2	6.5	8 913.9	2
14-40	348.0	4 959.7	-5.2	7 935.5	4
亨椒 1 号（CK）	367.1	5 232.0		8 371.2	3

注：单价 1.6 元/kg

从表 4 可知，参试 7 个品种中，以 14-37 品种折合亩产量最高，为 5 621.0kg，较对照品种增产 389.0kg，增幅 7.4%。其次 14-39 品种折合亩产量较高，为 5 571.2kg，较对照品种增产 339.2kg、增幅 6.5%；其余 5 个品种均较对照减产，减产幅度在 5.2%～18.3%。

三、小结

综合分析参试 7 个牛角品种的生育期、农艺性状、果实性状及产量，以 14-37、14-39 品种综合性状表现好，增产潜力大，生长势强，椒果商品性好。折合总产量及效益显著高于对照种，可在塑料大棚早春茬生产中进一步试验示范的基础上进行大面积种植，其余 5 个品种建议淘汰。

大棚牛角椒品种观察试验总结 （2）

随着大棚辣椒栽培面积迅速扩大，辣椒栽培小气候条件发生了重大变化，选择适合拱架大棚可控小气候条件下的辣椒新品种成为一项新课题。结合当地实际情况，选择牛角椒新品种进行试验，鉴定新育成的牛角辣椒品系及杂交组合的遗传稳定性、形态特征、生物学特性等，测试新品种的生产潜力，以期为新品种的审定、推广提供依据。

一、材料与方法

（一）供试材料

供试 18 个品种为：旗胜 609、朗悦 206 由北京格瑞亚种子有限公司提供，龙脊 1 号由宁夏天缘公司提供，鑫椒 1、鑫椒 2、鑫椒 4、鑫椒 5、亨椒新冠龙、金剑 818、红光 2 号、超大青萃、亨椒 1 号由北京中农绿亨种子科技有限公司提供，14-17、14-34、14-35、14-36、14-37、14-39、14-40 由宁夏农林科学院提供。

（二）试验方法

试验地点选在设施农业建设区的新集乡姚河村水泥拱架塑料大棚实施。土壤为黄绵土，肥力中等水平，前作为辣椒。

（三）试验设计

试验采用大区观察栽培，共设 19 个处理，小区面积 46.8m²。采用水肥一体化栽培，垄宽 70cm，垄沟宽 60cm，垄高 25cm。单株栽植，行距 65cm，株距 35cm。田间管理按常规方法进行。观察记载物候期、农艺性状，并测定产量。

二、结果与分析

（一）物候期

表 1 辣椒各品种物候期

品种	播种期（月-日）	出苗期（月-日）	定植期（月-日）	开花期（月-日）	坐果期（月-日）	始收期（月-日）	末收期（月-日）
鑫椒 1	2-9	3-5	4-20	6-2	6-9	6-29	10-2
鑫椒 2	2-9	3-3	4-20	6-6	6-13	7-3	10-2
鑫椒 4	2-9	3-2	4-20	6-6	6-13	7-3	10-2

（续表）

品种	播种期 （月-日）	出苗期 （月-日）	定植期 （月-日）	开花期 （月-日）	坐果期 （月-日）	始收期 （月-日）	末收期 （月-日）
鑫椒 5	2-9	3-3	4-20	6-5	6-12	7-2	10-2
旗胜 609	2-9	3-6	4-20	6-10	6-10	7-7	10-2
朗悦 206	2-9	3-11	4-20	6-2	6-9	6-29	10-2
亨椒新冠龙	2-9	2-26	4-20	5-21	5-28	6-20	10-2
金剑 818	2-9	2-28	4-20	6-2	6-9	6-29	10-2
龙脊 1 号	2-11	2-28	4-20	5-27	6-3	6-23	10-2
红光 2 号	2-9	3-3	4-20	5-30	6-6	6-26	10-2
超大青萃	2-9	3-1	4-20	5-25	6-1	6-21	10-2
14-17	2-9	3-2	4-22	6-6	6-13	7-3	10-2
14-34	2-9	3-1	4-20	6-2	6-9	6-29	10-2
14-35	2-9	3-1	4-20	6-2	6-9	6-29	10-2
14-36	2-9	3-2	4-20	6-2	6-9	6-29	10-2
14-37	2-3	3-2	4-20	6-6	6-13	7-3	10-2
14-39	2-9	3-4	4-20	6-5	6-12	7-2	10-2
14-40	2-9	3-1	4-20	6-2	6-9	6-29	10-2
亨椒 1 号 （CK）	2-9	3-1	4-20	6-1	6-8	6-28	10-2

从表 1 看出，参试牛角椒品种开花、坐果期、始收期以亨椒新冠龙最早，较对照品种提前 11 天；其次超大青萃较早，较对照早 6 天；以旗胜 609 开花、坐果、始收最迟，较对照延后 9 天。始收期亨椒新冠龙最早，较对照品种提前 8 天采收；以旗胜 609 采收最迟，较对照品种延后 9 天采收。参试品种均于 10 月 2 日采收结束。

（二）辣椒各品种植物学性状与抗病性

表 2　辣椒各品种植物学性状与抗病性

品种	株高 （cm）	茎粗 （cm）	开展度 （cm）	分枝数 （个）	叶色	单株结 果数 （个）	植株 长势	抗白 粉病
鑫椒 1	75.0	1.45	84.6	2.8	绿	23.2	较强	强
鑫椒 2	67.3	1.49	80.6	3.0	绿	25.4	较强	强

（续表）

品种	株高（cm）	茎粗（cm）	开展度（cm）	分枝数（个）	叶色	单株结果数（个）	植株长势	抗白粉病
鑫椒 4	85.6	1.67	95.8	2.4	绿	25.0	强	强
鑫椒 5	71.5	1.66	86.4	2.4	绿	25.1	较强	强
旗胜 609	62.7	1.61	73.2	2.8	绿	23.4	中等	强
朗悦 206	86.3	1.74	98.5	2.8	绿	25.3	强	强
亨椒新冠龙	70.4	1.58	79.0	2.4	绿	24.5	较强	强
金剑 818	72.7	1.48	89.0	2.4	绿	23.0	较强	中等
龙脊 1 号	58.6	1.55	64.6	2.2	绿	22.6	中等	强
红光 2 号	77.4	1.48	86.7	2.0	绿	21.6	较强	强
超大青萃	62.4	1.45	85.0	2.0	绿	21.2	中等	强
14-17	94.0	1.34	78.7	2.8	绿	22.2	强	强
14-34	74.5	1.75	91.6	2.8	绿	26.6	强	较等
14-35	80.7	1.59	95.8	2.6	绿	24.7	强	强
14-36	76.2	1.55	91.0	2.5	绿	21.5	较强	强
14-37	80.4	1.52	85.6	2.6	绿	25.0	强	强
14-39	77.2	1.76	86.4	2.6	绿	25.5	较强	强
14-40	85.0	1.54	90.6	2.4	绿	28.4	强	强
亨椒 1 号（CK）	83.0	1.46	91.5	2.4	绿	24.0	强	强

从表 2 可知，株高以 14-17 品种植株最高，为 94.0cm，较对照品种增加 11.0cm，提高 13.3%。其余 17 个品种株高均在 58.6~86.3cm。茎粗以 14-39 品种最粗，为 1.76cm，较对照品种增加 0.3cm，提高 20.5%；14-17 品种最细，为 1.34cm。分枝数以鑫椒 2 品种最多，为 3.0 个，较对照品种增加 0.6 个，提高 20%，其余 17 个品种均 2.2~2.8 个。开展度朗悦 206 品种最大，为 98.5cm，较对照品种增加 7.0cm，提高 7.7%；龙脊 1 号品种最小，为 64.6cm，降低 29.7%。单株结果数以 14-40 品种最多，为 28.4 个，较对照品种增加 4.4 个，提高 18.3%；其余品种均在 21.5~26.6，14-36 品种结果数最少，仅为 21.5 个。参试品种其植株长势、抗病性，除旗胜 609 超大青翠、龙脊 1 号

中等外，其余 15 个品种均较强。

（三）不同品种辣椒果实性状

表 3　辣椒各品种果实性状

品种	果长（cm）	果粗（mm）	心室数（个）	果肉厚度（cm）	单果质量（g）	果实外观、品质
鑫椒 1	25.6	5.64	3～4	0.36	79.9	长牛角，绿色，无味，果面光滑，光泽度好。
鑫椒 2	29.2	4.69	3～4	0.38	86.8	长牛角，绿色，无味，果面光滑，光泽度好
鑫椒 4	24.0	5.14	2～3	0.35	84.7	长牛角，浅绿，无味，果面光滑，光泽度好
鑫椒 5	25.2	4.38	3～4	0.38	90.6	长牛角，浅绿，无味，果面光滑顺直，光泽度好
旗胜 609	27.4	4.09	2～3	0.32	87.5	长牛角，浅绿，无味，果面光滑顺直
朗悦 206	26.3	4.77	2～3	0.40	89.3	长牛角，浅绿，微辣，果面光滑顺直，光泽度好
亨椒新冠龙	30.9	4.34	2～3	0.38	94.4	长牛角，浅绿，无味，果面光滑顺直，光泽度好
金剑 818	28.8	3.97	2～3	0.35	75.0	长牛角，黄绿，微辣，果面光滑顺直，光泽度好
龙脊 1 号	26.4	4.20	2～3	0.30	65.0	长牛角，浅绿，味辣，果面光滑顺直，光泽度好
红光 2 号	18.4	2.93	3～4	0.36	82.0	泡椒，深绿，无味，果面光滑顺直
超大青萃	18.7	4.95	3～4	0.33	83.9	泡椒，浅绿，微辣，果面皱褶多，有棱沟
14－17	17.5	4.14	2～3	0.35	85.9	长牛角椒，黄绿，无味，果面光滑，顺直
14－34	27.9	3.95	2～3	0.33	68.5	长牛角，浅绿，微辣，果面光滑顺直，有光泽
14－35	28.6	3.54	2～3	0.30	69.5	长牛角，浅绿，无味，果面光滑顺直，有光泽

（续表）

品种	果长（cm）	果粗（mm）	心室数（个）	果肉厚度（cm）	单果质量（g）	果实外观、品质
14-36	28.2	3.60	3~4	0.30	89.1	长牛角，浅绿，微辣，果面光滑顺直，有光泽
14-37	28.9	4.38	2~3	0.40	90.5	长牛角，黄绿，微辣，果肩微有皱褶
14-39	27.1	4.24	2~3	0.39	87.7	长牛角，黄绿，辣味浓，果面光滑顺直
14-40	24.5	4.53	2~3	0.36	70.1	长牛角，黄绿，味辣，果面光滑顺直
亨椒1号（CK）	25.8	4.32	2~3	0.38	87.5	长牛角，黄绿，微辣，果面光滑，果肩微有皱褶，有光泽

从表3可知，果长以亨椒新冠龙品种最长，为30.9cm，较对照品种增加5.1cm，提高19.9%；14-17最短，仅为17.5cm。果粗以鑫椒1最粗，为5.64cm，较对照品种增加1.32cm，提高30.1%。果肉厚度以朗悦206和14-37品种最厚，为0.40cm，较对照品种增加0.02cm，提高5.3%；其余16个品种均在0.30~0.39。单果质量以亨椒新冠龙品种最重，为94.4g，较对照品种增加6.9g，提高7.9%，其余17个品种均在65.0~90.5g，龙脊1号单果重最小，为65.0g。

（四）产量与产值

表4　辣椒各品种产量与产值

品种	小区产量（kg）	折合亩产量（kg）	比对照±（%）	亩产值（元）	位次
鑫椒1	324.0	4 617.7	-11.7	7 388.3	13
鑫椒2	385.4	5 492.8	5.0	8 788.5	6
鑫椒4	370.1	5 274.7	0.8	8 439.5	7
鑫椒5	397.5	5 665.2	8.3	9 064.3	3

（续表）

品种	小区产量 （kg）	折合亩 产量（kg）	比对 照± （%）	亩产值 （元）	位次
旗胜 609	357.9	5 100.8	-2.5	8 161.2	9
朗悦 206	399.6	5 695.2	8.9	9 112.3	2
亨椒新冠龙	404.3	5 762.1	10.2	9 219.4	1
金剑 818	301.5	4 297.0	-17.8	6 875.2	17
龙脊 1 号	256.8	3 660.0	-30.0	5 856	19
红光 2 号	309.6	4 412.5	-15.7	7 060.0	16
超大青萃	310.9	4 431.0	-15.3	7 089.6	15
14-17	333.4	4 751.7	-9.2	7 602.7	12
14-34	318.5	4 539.3	-13.2	7 262.9	14
14-35	300.0	4 275.6	-18.3	6 841.0	18
14-36	334.9	4 773.0	-8.8	7 636.8	11
14-37	394.4	5 621.0	7.4	8 993.6	4
14-39	390.9	5 571.2	6.5	8 913.9	5
14-40	348.0	4 959.7	-5.2	7 935.5	10
亨椒 1 号 （CK）	367.1	5 232.0		8 371.2	8

注：单价 1.6 元/kg

从表 4 可知，参试 18 个品种中，以亨椒新冠龙折合亩产量最高，为 5 762.1kg，较对照品种增产 530.1kg，增幅 10.2%；其次以朗悦 206 折合亩产量较高，较对照品种增产 463.2kg，增幅 8.9%；鑫椒 2、鑫椒 4、鑫椒 5、14-37、14-39 5 个品种均比对照增产，增产幅度在 0.8%~8.3%；其余品种均较对照减产，减产幅度在 2.5%~30%；以龙脊 1 号折合亩产量最低，为 3 660.0kg。

三、小结

综合分析参试 18 个品种的生育期、农艺性状、果实性状及产量，以亨椒新冠龙、朗悦 206、鑫椒 5 3 个品种综合性状表现好，增产潜力大，生长势强，椒果商品性好，抗病性强，折合总产量及效益显著高于其余 15 个品种，可在塑料大棚早春茬生产中进一步试验示范的基础上进行大面积种植，其余 14-37、14-39、鑫椒 4、鑫椒 2 4 个品种有待进一步试验观察，其余品种建议淘汰。

大棚羊角椒品种观察试验总结

随着大棚辣椒栽培面积迅速扩大，辣椒栽培小气候条件发生了重大变化，选择适合拱架大棚可控小气候条件下的辣椒新品种成为一项新课题。结合当地实际情况，选择羊角椒新品种进行试验，鉴定新育成的螺丝辣椒品系及杂交组合的遗传稳定性、形态特征、生物学特性等，测试新品种的生产潜力，以期为新品种的审定、推广提供依据。

一、材料与方法

（一）供试材料

供试 21 个辣椒品种为：14-11、14-12、14-13、14-15、14-16、14-18、14-19、14-20、14-21、14-22、14-23、14-24、14-25、14-26、14-27、14-28、14-29、14-30、14-31、14-32、14-33辣椒均由宁夏农林科学院提供。

（二）试验方法

试验地点选在设施农业建设区的新集乡姚河村水泥拱架塑料大棚实施。土壤为黄绵土，肥力中等水平，前作为辣椒。

（三）试验设计

试验采用大区观察栽培，共设 21 个处理，不设重复，小区面积 35.1m²。采用水肥一体化栽培，垄宽 70cm，垄沟宽 60cm，垄高 25cm。单株栽植，行距 65cm，株距 35cm。田间管理按常规方法进行。观察记载物候期、农艺性状，并测定产量。

二、结果与分析

（一）物候期

表1　辣椒各品种物候期

品种	播种期（月-日）	出苗期（月-日）	定植期（月-日）	开花期（月-日）	坐果期（月-日）	始收期（月-日）	末收期（月-日）
14-11	2-9	2-28	4-22	5-30	6-6	6-26	10-4
14-12	2-9	3-4	4-22	6-2	6-9	6-29	10-4
14-13	2-9	3-3	4-22	6-1	6-8	6-28	10-4
14-15	2-9	3-3	4-22	6-5	6-12	7-2	10-4
14-16	2-9	3-3	4-22	6-4	6-11	7-1	10-4
14-18	2-9	3-3	4-22	6-4	6-11	7-1	10-4
14-19	2-9	3-2	4-22	6-5	6-12	7-2	10-4
14-20	2-9	3-4	4-22	6-3	6-10	6-30	10-4
14-21	2-9	3-3	4-22	6-2	6-9	6-29	10-4
14-22	2-9	3-5	4-22	6-6	6-13	7-3	10-4
14-23	2-9	3-1	4-22	5-26	6-2	6-22	10-4
14-24	2-9	3-1	4-22	6-2	6-9	6-29	10-4
14-25	2-9	3-3	4-22	5-30	6-6	6-26	10-4
14-26	2-9	3-3	4-22	6-3	6-10	6-30	10-4
14-27	2-9	3-4	4-22	6-2	6-9	6-29	10-4
14-28	2-9	3-3	4-22	6-3	6-10	6-30	10-4
14-29	2-9	3-2	4-22	6-2	6-9	6-29	10-4
14-30	2-9	3-3	4-22	6-2	6-9	6-29	10-4
14-31	2-9	3-1	4-22	5-30	6-6	6-26	10-4
14-32	2-9	2-28	4-22	5-31	6-7	6-27	10-4
14-33	2-9	3-1	4-22	5-27	6-3	6-23	10-4

从表1看出，参试羊角椒品种开花、坐果期以14-23辣椒最早，较其余20个品种提前1~11天；其次以14-33辣椒较早，较其余19个品种提前3~11天；以14-22辣椒开花、坐果最迟，较其余品种晚11天。始收期以14-23辣椒最早，较其余品种提

前 1~12 天；以 14-22 辣椒最迟，较其余品种延后 1~12 天，末收期均为 10 月 4 日。

（二）辣椒各品种植物学性状与抗病性

表 2　辣椒各品种植物学性状与抗病性

品种	株高（cm）	茎粗（cm）	开展度（cm）	分枝数（个）	叶色	单株结果数（个）	植株长势	抗白粉病
14-11	79.0	1.55	100.0	2.4	绿	28.0	强	较强
14-12	94.8	1.58	134.5	2.6	绿	23.2	强	强
14-13	98.7	1.60	101.0	2.8	绿	28.4	强	强
14-15	98.3	1.47	122.4	2.6	绿	27.0	强	强
14-16	94.2	1.36	102.7	2.4	绿	23.0	强	强
14-18	87.6	1.60	103.5	2.4	绿	26.2	较强	强
14-19	92.2	1.55	83.4	2.4	绿	25.0	强	强
14-20	98.5	1.38	87.6	2.4	绿	28.4	强	强
14-21	104.2	1.57	96.3	2.2	绿	31.0	强	较强
14-22	99.5	1.43	101.0	2.4	绿	28.0	强	中等
14-23	84.5	1.60	125.5	2.4	绿	31.9	较强	较强
14-24	84.0	1.35	93.0	2.4	绿	31.0	较强	较强
14-25	95.5	1.63	116.0	2.4	绿	26.0	强	中等
14-26	88.0	1.60	112.4	2.6	绿	31.3	较强	强
14-27	93.2	1.35	110.0	2.6	绿	30.0	强	强
14-28	89.0	1.41	105.0	2.4	绿	27.8	强	强
14-29	94.7	1.39	134.0	2.2	绿	24.0	强	中等
14-30	99.0	1.59	109.8	2.2	绿	29.8	强	中等
14-31	93.8	1.55	116.0	2.4	绿	25.8	强	强
14-32	91.3	1.56	100.0	2.4	绿	26.6	强	强
14-33	92.5	1.24	116.5	2.8	绿	23.6	强	强

从表 2 可知，株高以 14-21 品种植株最高，为 104.2cm，较其余品种增加 4.7~25.2cm，提高 4.7%~31.9%。其余 20 个品种株高均在 79.0~99.5cm。茎粗以 14-25 品种最粗，为 1.63cm，

较其余品种增加 0.03～0.39cm，提高 1.9%～31.5%；14－33 品种最细，为 1.24cm。分枝数以 14－13、14－33 2 个品种最多，为 2.8 个，较其余品种增加 0.2～0.6 个，提高 7.7%～27.3%；其余 19 个品种均 2.2～2.6 个。开展度以 14－12 品种最大，为 134.5cm，较其余品种增加 0.5～51.1cm，提高 0.4%～61.3%；14－19 最小，为 83.4cm。单株结果数以 14－23 品种最多，为 31.9 个，较其余品种增加 0.6～8.9 个，提高 1.9%～38.7%；14－16品种结果数最少，仅为 23.0 个。除 14－22、14－25、14－29、14－30 4 个品种抗病性中等外，其余 17 个品种抗病性均较强。从植株长势上看，参试的 21 品种植株长势均较强。

（三）不同品种辣椒果实性状

表 3　辣椒各品种果实性状

品种	果长（cm）	果粗（cm）	心室数（个）	果肉厚度（cm）	单果质量（g）	果实外观、品质
14－11	27.7	3.75	3～4	0.29	58.7	长羊角椒，浓绿，无味，果肩皱褶多，果面有棱沟
14－12	24.3	5.69	3～4	0.27	68.1	长羊角椒，绿色，辣味浓，果肩有皱褶，果面有棱沟
14－13	27.1	3.80	2～3	0.23	59.5	长羊角椒，浓绿，辣味浓，果肩有皱褶，羊角形弯曲
14－15	31.3	3.47	2～3	0.25	62.7	长羊角椒，浓绿，辣味浓，果肩微有皱褶，果面有棱沟
14－16	30.6	3.88	2～3	0.33	54.5	长羊角椒，浓绿，辣味浓，果肩有皱褶，果面有棱沟
14－18	30.0	3.81	2～3	0.31	60.4	长羊角椒，浓绿，辣味浓，果肩深皱褶
14－19	30.1	3.47	2～3	0.23	58.8	长羊角椒，浓绿，味辣，果肩深皱褶
14－20	27.6	3.99	2	0.28	65.7	长羊角椒，浓绿，无味，果肩有皱褶，多弯曲
14－21	28.4	3.42	2	0.25	54.3	长羊角椒，浓绿，无味，果肩有皱褶，变曲

（续表）

品种	果长 （cm）	果粗 （cm）	心室 数 （个）	果肉 厚度 （cm）	单果 质量 （g）	果实外观、品质
14-22	27.7	3.16	2~3	0.24	49.1	长羊角椒，浓绿，辣味浓，果肩深皱褶，变曲
14-23	27.6	3.48	2	0.25	52.9	长羊角椒，绿，味辣，果肩有皱褶
14-24	29.9	3.24	2	0.25	49.0	长羊角椒，浓绿，辣味浓，果肩皱褶深且多，果面有棱沟
14-25	29.7	3.43	2~3	0.20	51.0	长羊角椒，翠绿，味辣，果肩有皱褶，变曲
14-26	30.9	3.36	2~3	0.28	48.4	长羊角椒，翠绿，辣味浓，果肩深皱褶，果面有棱沟
14-27	31.1	3.68	2	0.32	53.1	长羊角椒，浓绿，辣味浓，果肩深皱褶，果面有棱沟
14-28	29.3	3.60	2	0.23	46.1	长羊角椒，翠绿，无味，果肩皱褶深且多，果面有棱沟
14-29	26.4	3.24	2	0.22	42.2	长羊角椒，翠绿，味辣，果肩有皱褶，果面有棱沟，变曲
14-30	31.8	2.86	2	0.22	37.4	长羊角椒，浓绿，辣味浓，果肩有皱褶
14-31	30.1	3.12	2~3	0.29	37.1	长羊角椒，翠绿，辣味浓，果肩皱褶多，且有棱沟
14-32	29.2	3.13	3~4	0.24	48.1	长羊角椒，翠绿，辣味浓，果肩有皱褶，且有棱沟
14-33	29.3	3.35	2	0.26	47.5	长羊角椒，翠绿，味辣，果肩有皱褶，变曲

　　参试各品种果实性状和品质从表3可知，21个品种均为长羊角椒，除14-11、14-20、14-21、14-28无味外，其余17个品种均味辣，皮薄，口感好。果长以14-30品种最长，为31.8cm，较其余品种增加0.7~7.5cm，提高2.3%~30.9%；果粗以14-12品种最粗，为5.69cm，较其余品种增加1.7~2.6cm，

提高 42.6%~83.3%；单果质量以 14-12 品种最重，为 68.1g，较其余品种增加 2.4~31.0g，提高 3.7%~83.6%，其余 20 个品种单果质量均在 37.1~65.7g，14-31 单果重最小，为 37.1g。

（四）产量与产值

表4　辣椒各品种产量与产值

品种	小区产量 （kg）	折合亩 产量（kg）	亩产值 （元）	位次
14-11	204.1	3 878.5	7 757.0	5
14-12	196.2	3 728.4	7 456.8	9
14-13	209.9	3 988.7	7 977.4	3
14-15	210.3	3 996.3	7 992.6	2
14-16	158.7	3 015.8	6 031.6	17
14-18	201.8	3 834.8	7 669.6	6
14-19	186.3	3 540.2	7 080.4	13
14-20	208.9	3 969.7	7 939.4	4
14-21	195.6	3 717.0	7 434.0	11
14-22	189.1	3 593.4	7 186.8	12
14-23	211.1	4 011.5	8 023.0	1
14-24	196.0	3 724.6	7 449.2	10
14-25	168.3	3 198.2	6 396.4	14
14-26	201.5	3 829.1	7 658.2	7
14-27	197.6	3 755.0	7 510.0	8
14-28	164.2	3 120.3	6 240.6	15
14-29	128.3	2 438.1	4 876.2	20
14-30	143.5	2 726.9	5 453.8	18
14-31	121.4	2 306.9	4 613.8	21
14-32	162.8	3 093.7	6 187.4	16
14-33	142.6	2 709.8	5 419.6	19

注：单价 2.0 元/kg

从表4可知，参试 21 个羊角品种中，以 14-23 品种折合亩产量最高，为 4 011.5kg，较其余品种增产 15.2~1 704.6kg，增幅 0.38%~42.7%。其次以 14-15、14-13、14-20 等品种折合亩产量较高，分别为 3 996.3kg、3 988.7kg、3 969.7kg，分别较其余品种增产 7.6~1 689.4kg、增幅 0.2%~73.2%；19~1 681.7kg、增幅 0.5%~72.9%；90.8~1 662.4kg、增幅 2.3%~72.1%。以 14-31 品种折合亩产量最低，为 2 306.9kg。

三、小结

综合分析参试 21 个羊角辣椒品种的生育期、农艺性状、果实性状及产量，以 14-23、14-15、14-13、14-20 4 个羊角品种综合性状表现好，增产潜力大，生长势强，椒果商品性好，适口性好，市场销售旺，抗病性较强，折合总产量及效益显著高于其余 17 个品种，可在塑料大棚早春茬生产中进一步试验示范的基础上进行大面积推广种植。

溶磷菌和解钾菌配施对连作辣椒土壤养分及生长发育的影响（1）

一、材料与方法

（一）供试材料

试验用微生物菌剂为广州市微元生物科技有限公司提供的溶磷菌（有效活菌数≥200 亿/g）和解钾菌（有效活菌数≥30 亿/g）。

（二）试验地点

试验地点选在设施农业建设区的新集乡沟口村水泥拱架塑料大棚实施。土壤为黄绵土，肥力中等水平，前作为辣椒。

（三）试验方法

试验设四个处理，处理 1，溶磷菌施用处理；处理 2，解钾菌施用处理；处理 3，溶磷菌和解钾菌配施处理；处理 4，空白对照。

溶磷菌和解钾菌均 500 倍液稀释，分别在定植时、营养生长期（定植后30天）、开花期（定植后60天）、结果旺期（定植后90天）灌根，每处理每株灌100ml。

（四）试验设计

试验共设4个处理，3次重复，12个小区，随机区组排列，小区面积35.1m²。采用水肥一体化栽培，垄宽70cm，垄沟宽60cm，垄高25cm。单株栽植，行距65cm，株距35cm，5月4日定植，10月14日采收结束。田间管理按常规方法进行，调查辣椒株高、茎粗、单果重和产量。

（五）取样时期及方法

土壤取样时间及方法：分别菌剂施用10天后及拉秧期取辣椒根际土壤，采集0~20cm土壤样品，每个处理混合5株根际土壤（不同行，S形取5株根际土壤，充分混匀），三次重复。

二、结果与分析

（一）不同处理植株性状比较

表1 不同处理不同时期植株性状表现

项目\处理（cm）	定植后10天		定植后30天		定植后50天		定植后70天		定植后90天	
	株高(cm)	茎粗(mm)	株高(cm)	茎粗(mm)	株高(cm)	茎粗(mm)	株高(cm)	茎粗(mm)	株高(cm)	茎粗(mm)
溶磷菌	9.3	4.2	30.1	7.2	61.4	10.5	85.6	13.1	96.9	16.3
解钾菌	10.9	4.3	30.9	7.5	63.8	10.7	87.7	13.8	97.4	17.8
溶磷菌+解钾菌	11.2	4.3	31.8	7.7	65.1	11.5	91.5	14.9	102.0	18.4
空白对照	8.7	3.9	28.7	6.9	59.3	9.6	83.1	12.7	94.4	15.9

表1试验结果表明，不同处理间辣椒株高有所差异，随着处理时间的增加，不同处理间辣椒株高逐渐增大。溶磷菌、解钾菌、溶磷菌+解钾菌3个处理植株株高均高于空白对照；茎粗的变化趋势与株高相似，均随辣椒生育进程而增加，溶磷菌、解钾菌、溶磷菌+解钾菌3个处理植株茎粗均大于空白对照。

（二）不同处理产量表现

表2 不同处理小区产量

处理	单果重 (g)	单株产量 (kg)	小区总产量 (kg/35.1m²)				折合总产量 (kg/亩)	比对照± (%)	新复极差比较 5% 1%	位次
			I	II	III	平均				
溶磷菌	79.3	1.71	226.5	235.1	247.6	236.4	4 492.3	5.7	c B	3
解钾菌	81.5	1.78	236.4	248.7	251.0	245.4	4 663.3	9.8	b AB	2
溶磷菌+解钾菌	82.9	1.85	245.8	257.5	262.0	255.1	4 847.6	14.1	a A	1
空白对照	78.6	1.62	213.7	224.4	232.8	223.6	4 249.0		d C	4

从表2可以看出，溶磷菌+解钾菌折合亩产量最高，为4 847.6 kg，比对照增产14.1%；解钾菌次之，比对照增产9.8%。溶磷菌比对照增产5.7%。

（三）不同处理辣椒产量方差分析

对小区产量进行方差分析和多重比较，由其结果可知，处理间差异达显著水平（$F = 33.9 > F_{0.05} = 4.8$），新复极差测验表明，溶磷菌、解钾菌、溶磷菌+解钾菌3个处理与空白对照差异均达到显著水平；处理间差异达极显著水平（$F = 33.9 > F_{0.01} = 9.8$），新复极差测验表明，3个处理与空白对照差异均达到极显著水平，溶磷菌+解钾菌于解钾菌2处理差异没有达到极显著水平，但于溶磷菌差异达到极显著水平，溶磷菌和解钾菌2处理差异没有达到极显著水平（表3）。

表3 不同处理辣椒产量方差分析

变异原因	自由度 DF	平方和 SS	均方 MS	F 值	$F_{0.05}$	$F_{0.01}$
区组	2	36.735	18.3675	1.15715	5.143253	10.92477
处理	3	1 612.729	537.5764	33.86723	4.757062	9.779538
误差	6	95.23833	15.87306			
总变异	11	1 744.702				

三、小结

综合分析不同处理辣椒的生长、单果重、产量等相关测试指标，得出溶磷菌+解钾菌是该试验条件下种植辣椒较理想的一种微生物菌剂。

溶磷菌和解钾菌配施对连作辣椒
土壤养分及生长发育的影响（2）

一、材料与方法

（一）供试材料

试验用微生物菌剂为广州市微元生物科技有限公司提供的溶磷菌（有效活菌数≥200亿/g）和解钾菌（有效活菌数≥30亿/g）。

（二）试验地点

试验地点选在设施农业建设区的新集乡沟口村水泥拱架塑料大棚实施。土壤为黄绵土，肥力中等水平，前作为辣椒。

（三）试验方法

试验设6个处理，处理1，复合木霉菌；处理2，胶质芽孢杆菌；处理3，巨大芽孢杆菌；处理4，枯草芽孢杆菌；处理5，胶质芽孢杆菌+巨大芽孢杆菌+枯草芽孢杆菌；处理6，空白对照。

微生物菌剂均用500倍液稀释灌根，分别在定植后10天、开花坐果期（定植后50天）、结果旺期（定植后90天）灌根，每处理每株灌100ml。

（四）试验设计

试验共设6个处理，3次重复，18个小区，随机区组排列，小区面积23.4m²。采用水肥一体化栽培，垄宽70cm，垄沟宽60cm，垄高25cm。单株栽植，行距65cm，株距35cm，4月14日定植，10月11日采收结束。田间管理按常规方法进行，调查辣椒株高、茎粗、单果重和产量。

（五）取样时期及方法

土壤取样时间及方法：定植时和每次灌根 5 天后取辣椒根际土壤，采样深度 0～20cm，每个处理最少分散 6 点混合 1 个样1000g，取 100g 保持鲜样，4℃冷藏。

二、结果与分析

（一）不同处理植株性状比较

表 1　不同处理不同时期植株性状表现

项目 处理	定植后 15 天		定植后 55 天		定植后 95 天		单果质量 （g）	单株结果数 （个）
	株高 （cm）	茎粗 （mm）	株高 （cm）	茎粗 （mm）	株高 （cm）	茎粗 （mm）		
复合木霉菌	14.82	4.72	55.53	11.58	87.0	15.87	94.9	19.4
胶质芽孢杆菌	14.79	4.50	54.27	11.41	86.40	15.52	93.7	18.5
巨大芽孢杆菌	15.62	4.86	58.47	11.67	96.60	16.65	95.9	19.7
枯草芽孢杆菌	15.51	4.76	58.30	11.55	89.87	16.25	94.3	18.8
胶质+巨大+ 枯草芽孢	15.74	4.95	58.67	11.75	97.47	17.10	96.4	20.3
空白对照	14.33	4.43	53.67	11.37	85.07	15.45	93.2	18.3

表 1 试验结果表明，不同处理间辣椒株高有所差异，随着处理时间的增加，不同处理间辣椒株高逐渐增大。5 个处理植株株高均高于空白对照；茎粗的变化趋势与株高相似，均随辣椒生育进程而增加，5 个处理植株茎粗均大于空白对照。单株结果数处理 5 最多，为 20.3 个，较对照增加 2.0 个，提高 10.9%，其余处理均在 0.2～1.4 个，提高 1.1%～7.7%。单果质量处理 5 最大，为 96.4g，较对照增加 3.2g，提高 3.4%，其余处理均在0.5～2.7g，提高 0.5%～2.9%。

（二）不同处理产量表现

表2　不同处理小区产量

处理	小区总产量（kg/23.4m²）				折合总产量（kg/亩）	比对照±（%）	显著性比较		位次
	I	II	III	平均			5%	1%	
复合木霉菌	157.4	163.9	161.5	160.9	4 586.3	7.6	b	BC	3
胶质芽孢杆菌	153.6	149.7	151.2	151.5	4 318.4	1.3	cd	D	5
巨大芽孢杆菌	165.0	167.2	163.8	165.3	4 711.8	10.5	b	AB	2
枯草芽孢杆菌	157.6	152.5	154.2	154.8	4 412.5	3.5	c	CD	4
胶质+巨大+枯草	171.3	169.4	173.6	171.4	4 885.6	14.6	a	A	1
空白对照	150.0	151.3	147.5	149.6	4 264.2		d	D	6

从表2可以看出，施用微生物菌剂的5个处理均比对照增产，以处理5折合亩产量最高，为4 885.6 kg，较对照增产14.6%；处理3次之，较对照增产10.5%；处理1较对照增产7.6%。处理4和处理2增产最少，仅为1.3%和3.5%。

（三）不同处理辣椒产量方差分析

对小区产量进行方差分析和多重比较，由其结果可知，处理间差异达显著水平（$F = 33.7 > F_{0.05} = 3.3$），新复极差测验表明，处理1、处理3、处理4、处理5与空白对照差异均达到显著水平，处理2与空白对照差异没有达到显著水平；处理间差异达极显著水平（$F = 33.7 > F_{0.01} = 5.6$），新复极差测验表明，处理1、处理3、处理5与空白对照差异均达到极显著水平，处理2、处理4与空白对照差异没有达到极显著水平（表3）。

表3　不同处理辣椒产量方差分析

变异原因	自由度DF	平方和SS	均方MS	F值	$F_{0.05}$	$F_{0.01}$
区组	2	0.847778	0.423889	0.065986	4.102821	7.559432
处理	5	1 082.809	216.5619	33.71196	3.325835	5.636326
误差	10	64.23889	6.423889			
总变异	17	1 147.896				

三、小结

综合分析不同处理辣椒的生长、单果重、产量等相关测试指标，得出胶质+巨大+枯草芽孢杆菌、巨大芽孢杆菌是该试验条件下种植辣椒较理想的一种微生物菌剂。

水泥拱架大棚辣椒连续丰产肥料配方校正试验研究

摘 要： 在半干旱设施农业区实施水泥拱架大棚辣椒肥料配方校正试验，是进行辣椒连续丰产科学、经济、环保施肥的重要措施。试验结果分析表明，实现目标产量 6 000 kg 的施肥量为亩施 N 31.09kg/亩、P_2O_5 35.10kg、K_2O 13.70kg、黄腐酸 1.85kg，即亩基施 N 14.82kg、P_2O_5 23.46kg、K_2O 9.26kg，亩追施 N 16.27kg、P_2O_5 11.64kg、K_2O 4.44kg、黄腐酸 1.85kg，平均亩增产 269.1kg，增收 387.09 元，且反映在品种上亨椒新冠龙增产、增收效果优于亨椒 1 号；基施肥料配方总养分≥47%（N-P_2O_5-K_2O =15-23-9）-S 和追施肥料配方总养分≥33%（N-P_2O_5-K_2O = 16-12-5-HA2）-S 基于推荐基施配方肥 A 总养分≥43%（N-P_2O_5-K_2O = 12-23-8）-S 和追施配方肥 B 总养分≥30%（N-P_2O_5-K_2O =23-0-7-HA5）-S。据磷肥一次性基施效益最大的原则，在半干旱井灌设施农业区轻壤质老牙村淤绵土上种植辣椒，应稳氮、减磷、控钾施用肥料配方或施用推荐的基施、追施配方肥其节本增收效果会更好。试验结果分析认为，辣椒产量高峰期是合理追肥的重要依据，产值高峰期（据年度定）是获得效益的重要依据，在农业生产中应重点进行调控；施用腐植酸肥料可抑病、供钾、补微、促生、提质。

关键词： 拱棚辣椒；连续丰产；肥料配方校正；试验研究

辣椒为双子叶植物纲茄目，一年或多年生草本植物，有辣味，供食用。辣椒喜温、喜水、喜肥，含有丰富的维生素 C、β-胡萝卜素、叶酸、镁及钾，其维生素 C 的含量在蔬菜中居第一位，辣椒中的辣椒素还具有抗炎及抗氧化作用。辣椒是彭阳县经济社会发展的三大产业之一，已成为促进种植业结构调整、农业增效、农民增加收入的主要途径。由于水泥拱架大棚辣椒面积逐年上升，为提高设施辣椒的生产效益，本着优质、高产、高效的产质原则，实现设施辣椒产业的可持续发展，充分利用大棚空间，发挥设施配套优势，增加种植次数，提高复种指数，促使效益倍增，进行了大棚"多茬栽培、周年利用、全年增收"和"春提早、秋延后、打季节差"的综合增产增效栽培技术。随着棚型不断改进，水泥拱架大棚棚型得到广泛应用，棚内空间和面积增大，小气候发生了明显变化，经过新型水泥拱架大棚立体高效栽培模式研究，针对水泥拱架大棚辣椒生产中存在的病、虫、杂草为害严重的主要问题，尤其是辣椒疫病等病害的威胁，在古城镇温沟村、新集乡沟口村、红河乡友联村设施辣椒基地进行水泥拱架大棚一年三茬、冬灌冷冻等轮作栽培模式，取得了显著成效。但设施辣椒的测土配方施肥工作较为滞后，因此，特设该项试验研究，以便为水泥拱架大棚辣的推广提供科学、经济、环保的施肥依据。

一、试验设计与方法

（一）试验条件

1. 自然条件

试验区境内白河源于泾源县与彭阳县交界处的红砂石梁南，有周家庄水库（154 714.87 m^2）水流从西南向东北流经庙咀水库（285 487.74 m^2），全长 15 336.83 m，还有苏沟水库（124 194.53 m^2）水流从西北向东南（长度 1 010.36m）流入白河。中低产田类型有瘠薄培肥型和坡地梯改型，质地构型为通体壤，耕层质地为壤质土，常年降水量 400~500mm，$\geqslant 10$℃积温 2 500~2 750℃。白河村有 1~4 等耕地面积 7 812.17亩，其中一等耕地（水浇地）2 308.69亩，发展设施农业前景良好。

该试验设在新集乡白河村下河队设施农业区，位于 N35°76330′~35°76417′，E106°52925′~106°53080′，海拔高度

1 574~1 583m，≥10℃积温 2 685℃，常年降水量 440.8mm。

2. 生产条件

试验地旱作具井灌条件，水源条件基本满足，设施拱棚辣椒连作 4 年，单产 6 000kg 左右，属中产田。

3. 土壤条件

试验地为一等地老牙村淤绵土，无明显侵蚀，属瘠薄培肥型，土壤有机质平均为 10.22g/kg、全氮 0.75g/kg、碱解氮 49.63mg/kg、有效磷 9.43mg/kg、速效钾 206mg/kg。

（二）试验设计与实施

1. 供试材料

供试辣椒种苗为亨椒 1 号、亨椒新冠龙；磷酸二铵 64%（18-46-0）、复合肥 45%（15-15-15）、硫酸钾 52%（5-3-44）、腐植酸钾 4%（0-0-4-HA20）、帝益肥 50%（15-10-25）、硝酸钾 42%（16-6-20）；自产有机肥（羊圈粪）。

2. 试验设计

试验在亩基施羊圈粪 2 800kg、磷酸二铵 30.87kg、复合肥 61.73kg 的基础上，追肥按氮（N）16.0kg/亩计，追肥设 3 个处理，即①亨椒 1 号；②亨椒新冠龙；③亨椒新冠龙（习惯追肥），以棚为单位处理面积 540m²（60m×9m），追肥 4 次，不设重复。

3. 施肥推荐

目标产量 6 000 kg/亩，推荐亩施 N 25.9kg/亩、P_2O_5 37.8kg、K_2O 17.9kg、黄腐酸 3.7kg。

4. 试验实施

（1）施肥方案。2014 年辣椒定植前准备工作不到位，只能在整理上年度实施资料的基础上，根据立地条件、农户施肥情况、辣椒田间长势推荐施肥。试验①、②处理每棚追施尿素、磷酸二铵各 20kg、硫酸钾与腐植酸钾各 7.5kg，习惯追肥每棚追施尿素、磷酸二铵各 20kg、硝酸钾 5kg、帝益肥 10kg（表1）。亩定植密度 3 766 株，田间管理措施同大田生产。

表 1　设施辣椒示范区建议施肥推荐　　　　单位：kg/亩

项目	目标产量	施肥养分总量			常用化肥或配方肥（磷肥全部基施）建议方案							
					方案 I					方案 II		
					基肥			追肥		基肥		追肥
		N	P_2O_5	K_2O	尿素	二铵	硫钾	尿素	硫钾	配方肥 A	尿素	硫钾	配方肥 B
无土测值	4 000	23.0	11.2	8.2	5.7	24.4	6.6	34.8	9.8	48.7	2.5	0	64.0
	5 000	26.8	13.7	10.4	5.7	29.8	8.3	40.9	12.5	59.6	1.8	0	75.2
	6000	30.0	16.2	12.7	5.8	35.2	10.2	45.7	15.2	70.4	1.2	0	84.0
有土测值	4 000	21.6	24.0	10.5	0	52.2	8.4	31.7	12.6	104.3	0	0	63.5
	5 000	24.1	30.2	13.7	0	65.7	11.0	35.0	16.4	131.3	0	0	70.0
	6 000	25.9	37.8	17.9	0	82.2	14.3	36.7	21.5	164.3	0	0	73.5
	7 000	27.0	47.4	23.3	0	103.0	18.6	37.0	28.0	206.1	0	3.3	73.9

注：配方肥 A 总养分≥43%（N-P_2O_5-K_2O = 12-23-8）-S；配方肥 B 总养分≥30%（N-P_2O_5-K_2O = 23-0-7-HA5）-S

（2）施肥量。试验在实际操作过程中肥料配方施肥量与施肥推荐有出入，实际施肥量为亩基施 N 14.82kg、P_2O_5 23.46kg、K_2O 9.26kg，相当于配方肥 A 总养分≥47%（N-P_2O_5-K_2O = 15-23-9）-S；亩追施 N 16.27kg、P_2O_5 11.64kg、K_2O 4.44kg、黄腐酸 1.85kg，相当于配方肥 B 总养分≥33%（N-P_2O_5-K_2O = 16-12-5-HA2）-S（表 2）。

（三）试验调查

试验中亨椒 1 号于 6 月 20 日、7 月 15 日、8 月 2 日、8 月 12 日追肥 4 次，亨椒新冠龙于 6 月 19 日、7 月 14 日、7 月 27 日、8 月 11 日追肥 4 次，亨椒新冠龙 CK 于 6 月 18 日、7 月 12 日、8 月 25 日、8 月 10 日追肥 4 次。亨椒 1 号于 6 月 20 日开始采收，10 月 18 日采收结束，采收期 130 天；亨椒新冠龙于 6 月 18 日开始采收，10 月 16 日采收结束，采收期 130 天；亨椒新冠龙 CK 于 6 月 17 日开始采收，10 月 5 日采收结束，采收期 120 天。采收结束前每棚 0～20cm 按 "S" 形采集土样 11 钻混合，采用对角线分样法留足 1kg 土样装袋，带回风干进行常规七项检验分析。

表2　设施辣椒示范区实际施肥量　　单位：kg/亩

处理	肥料名称	养分含量%	kg/亩	N	P_2O_5	K_2O	黄腐酸	备注
				基　肥				
①②③	磷酸二铵	18-46-0	30.87	5.56	14.2	0		
	复合肥	15-15-15	61.73	9.26	9.26	9.26		
	羊圈粪		2 800					
				追　肥				
①②	尿素	46-0-0	24.69	11.36				尿素4次，5kg/棚·次
	磷酸二铵	18-46-0	24.69	4.44	11.36			二铵4次，5kg/棚·次
	硫酸钾	5-3-44	9.26	0.46	0.28	4.07		硫酸钾3次，2.5kg/棚·次
	腐植酸钾	0-0-4-HA20	9.26	0		0.37	1.85	腐植酸钾3次，2.5kg/棚·次
③	尿素	46-0-0	24.69	11.36				尿素4次，5kg/棚·次
	磷酸二铵	18-46-0	24.69	4.44	11.36			二铵4次，5kg/棚·次
	帝益肥	15-10-25	12.35	1.85	1.24	3.09		帝益肥2次，5kg/棚·次
	硝酸钾	16-6-20	6.17	0.99	0.37	1.23		硝酸钾1次，5kg/棚·次

二、结果与分析

（一）腐植酸肥料的增产机理分析

腐植酸肥料富含有机质，可改善土壤结构，优化土壤环境，诱导土壤中多种有益菌的形成，达到解磷、释钾、固氮之功效，进而提高各种肥料的利用率；该肥料富含黄腐酸，可有效地抑制枯萎病、黄萎病、根腐病等多种土传病害的发生。另外，该肥料除含钾元素外，还含有中量元素钙、硫、镁和微量元素铁、锌、铜、锰、钼、生命钛等，在给作物提供钾元素的同时，还能补充中微量元素，促进作物对养分的平衡吸收，使作物迅速合成生命源蛋白钛，提高产量。

（二）产量及产值分析

亨椒1号采摘25次，亨椒新冠龙采摘22次，亨椒新冠龙CK采摘21次。产量变异亨椒1号最大为61.99%，亨椒新冠龙CK最小为52.2%；单价变异亨椒新冠龙最大为42.59%，亨椒新冠龙 CK 最小为 39.32%；产值变异亨椒 1 号最大为 91.08%，亨椒新冠龙最小为 76.34%。产量是决定产值的主因，单价是决定产值的次因（表 3）。

表 3　试验不同采收期产量及产值分析

采摘时间		①亨椒 1 号			②亨椒新冠龙			③亨椒新冠龙 CK		
		产量(kg)	单价(元)	产值(元)	产量(kg)	单价(元)	产值(元)	产量(kg)	单价(元)	产值(元)
6 月	中旬	59	1.30	76.70	190	1.30	247.00	160	1.30	208.00
	下旬	503	1.64	823.50	205	1.60	328.00	595	1.60	952.00
7 月	上旬	809	1.93	1 565.00	565	1.82	1 028.90	752	1.87	1 404.20
	中旬	1 034	1.23	1 273.20	725	1.80	1 305.00	371	1.20	445.20
	下旬	587	0.90	528.30	910	1.00	910.00	734	1.08	789.50
8 月	上旬	160	0.80	128.00	—	—	—	775	0.73	563.10
	中旬	—	—	—	420	0.75	316.00	—	—	—
	下旬	185	0.60	111.00	795	0.65	516.20	430	0.65	279.00
9 月	上旬	—	—	—	200	1.20	240.00	580	0.67	385.80
	中旬	576	0.74	425.00	369	0.64	237.60	—	—	—
	下旬	397	0.83	331.30	220	0.70	154.00	156	0.70	109.20
10 月	上旬	—	—	—	—	—	—	194	0.70	135.80
	中旬	538	0.61	329.60	483	0.66	319.20	—	—	—
Σ		4 848	—	5 591.60	5 082	—	5 601.90	4 747	—	5 271.80
$\bar{X}$		484.8	1.15	559.16	462.0	1.10	509.26	474.7	1.11	527.18
S		300.5624	0.4527	509.3052	258.7404	0.4695	388.7784	247.6606	0.4365	413.3605
C.V.		61.9972	39.3644	91.0840	56.0044	42.5886	76.3413	52.1720	39.3234	78.4097

图 1 表明试验配方施肥肥区亨椒 1 号产量高峰期在 7 月中旬、亨椒新冠龙产量高峰期在 7 月下旬，习惯施肥亨椒新冠龙产量高峰期在 8 月上旬。

图 2 表明试验配方施肥肥区亨椒 1 号产值高峰期在 7 月上旬、亨椒新冠龙产值高峰期在 7 月中旬，习惯施肥亨椒新冠龙产值高峰期在 7 月上旬。

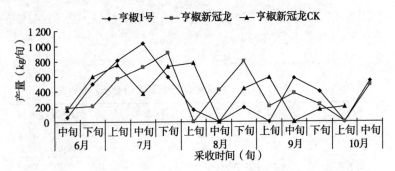

图1 试验不同采收时间产量旬变化

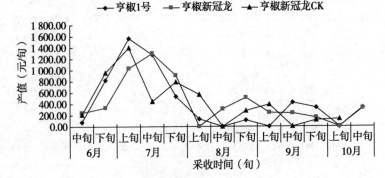

图2 试验不同采收时间产值旬变化

（三）增产与增收

试验亩平均增产 269.1kg、增收 387.09 元，亨椒新冠龙增产、增收效果优于亨椒 1 号（表4）。

表4 试验增产与增收

| 处理 | 追肥纯量（kg/亩） | | | | kg、元/540m² | | kg、元/亩 | | 增产率 | | 元/亩 | | 产投比 |
	N	P₂O₅	K₂O	黄腐酸	产量	产值	产量	产值	±	%	投入	增收	
①	31.09	35.10	13.70	1.85	4 848	5 591.60	5 985.5	6 883.31	124.7	2.13	386.36	377.83	0.98
②	31.09	35.10	13.70	1.85	5 082	5 601.90	6 274.4	6 901.83	413.6	7.06	386.36	396.35	1.03
③	33.46	36.42	13.58	0	4 747	5 271.80	5 860.8	6 505.47	—	—	390.71	—	—

注：N 3.97 元/kg、P₂O₅ 5.00 元/kg、K₂O 5.58 元/kg、黄腐酸 5.94 元/kg

（四）增产率与配方准确度

表 5 增产率与准确度电算结果表明，辣椒肥料配方施肥较习惯施肥平均增产 4.59%，变幅在 2.13%~7.06%。2 种配方肥增产在 ±5% 的 2 个占 100%，增产 -0.24%~4.57% 通过配方准确度检验。

表 5　增产率与准确度电算结果

施肥产量		目标产量	增产率	配方准确度检验	总数据个数	准确度评价	施肥平均产量			
习惯区	配方区						习惯	配方	目标	无肥
5 860.8	5 985.5	6 000	2.13	-0.24	3	准确度：100%	5 860.8	6 129.9	6 000	0
5 860.8	6 274.4	6 000	7.06	4.57	正增产个数 1 [-5, 5] 数据个数		配方是否合理		平均增产率	
—	—	—	—	—	负增产个数 1 准确度：2		准确度：合理		4.59%	

三、结论

（1）试验结果分析认为，辣椒产量高峰期是合理追肥的重要依据，产值高峰期是获得效益的重要依据，在农业生产中应重点进行调控。

（2）试验结果分析表明，在亩施 N 31.09kg、P_2O_5 35.10kg、K_2O 13.70kg、黄腐酸 1.85kg 的基础上，亨椒新冠龙增产、增收效果优于亨椒 1 号，下年度应稳氮、减磷、控钾进行多点试验以验证其增产增收效果。

（3）在试验的基础上，初步推荐设施辣椒亩产 6 000kg 的基施肥料配方 47%（$N-P_2O_5-K_2O=15-23-9$）-S 与推荐配方肥 A 总养分 ≥43%（$N-P_2O_5-K_2O=12-23-8$）-S 基本相符，追施肥料配方 33%（$N-P_2O_5-K_2O=16-12-5-HA2$）基于推荐配方肥 B 总养分 ≥30%（$N-P_2O_5-K_2O=23-0-7-HA5$）-S，据磷肥一次性基施效益最大的原则，在该设施农业区水泥拱架大棚辣椒上应用推荐配方肥节本增收效果会更好。

（4）腐植酸肥料可抑制枯萎病、黄萎病、根腐病等多种土传病害的发生，该肥除含钾元素外，还含有中量元素，可抑病、供钾、补微、促生、提质。

综上所述，在半干旱井灌区轻壤质老牙村淤绵土种植设施辣椒，应稳氮、减磷、控钾施用肥料配方或施用推荐的基施、追施配方肥，进行科学、经济、环保施肥。

大棚辣椒新品种引种比较试验总结

近年来，随着彭阳县农业产业结构从过去的粮作型向经作蔬菜型的快速发展，辣椒种植面积达 8 万亩以上，生产效益显著。随着辣椒种植面积的逐年扩大，辣椒品种的表现直接关系到辣椒产品的品质和产量。为筛选出适宜彭阳县生态条件种植而具有适应性、丰产性、稳产性和抗逆性的辣椒品种，加速品种更新换代，确保牛角辣椒产业的可持续发展和菜农收入的稳步增长。我们于 2016 年对引进的 11 个品种进行了试验，现将结果总结如下。

一、材料与方法

（一）供试材料

参试 12 个辣椒品种为：亨椒神剑、神剑 23、对照品种亨椒 1 号（CK）由北京中农绿亨种子科技有限公司提供，14-1885、巨丰牛角王、15-779、超级椒王由宁夏巨丰公司提供，金牛由安徽砀山县良种种苗研究所提供，杰农大牛角、杰农 22 号由宁夏农之杰种业有限公司提供，大帅 F_1 由山东寿光瑞丰种业有限公司提供，朗悦 308 由北京格瑞亚种子有限公司提供。

（二）试验地点

试验地点选在设施农业建设区的新集乡沟口村水泥拱架塑料大棚实施。土壤为黄绵土，肥力中等水平，前作为辣椒。

（三）试验设计

试验共设 12 个处理，3 次重复，36 个小区，随机区组排列，小区面积 23.4m^2。采用水肥一体化栽培，垄宽 70cm，垄沟宽 60cm，垄高 25cm。单株栽植，行距 65cm，株距 35cm，田间管理按常规方法进行。观察记载物候期，农艺性状，并测定产量。

二、结果与分析

（一）物候期

表 1　参试辣椒品种的物候期及生育期

品种	播种期（月-日）	出苗期（月-日）	定植期（月-日）	开花期（月-日）	坐果期（月-日）	始收期（月-日）	末收期（月-日）
亨椒神剑	1-16	2-1	4-12	5-26	6-1	6-23	10-14
神剑 23	1-16	2-1	4-12	5-27	6-2	6-24	10-14
14-1885	1-19	2-4	4-12	5-26	6-1	6-23	10-10
巨丰牛角王	1-19	2-3	4-12	5-26	6-1	6-23	10-14
15-779	1-19	2-3	4-12	5-25	5-31	6-22	10-8
超级椒王	1-19	2-4	4-12	5-18	5-24	6-16	10-6
金牛	1-26	2-11	4-12	5-19	5-25	6-19	10-6
杰农大牛角	1-26	2-11	4-12	5-24	5-30	6-21	10-16
杰农 22 号	1-26	2-11	4-12	5-25	5-31	6-22	10-16
大帅 F$_1$	1-26	2-11	4-12	5-23	5-29	6-20	10-12
朗悦 308	1-19	2-1	4-12	5-27	6-3	6-25	10-14
亨椒 1 号（CK）	1-19	2-1	4-12	5-23	5-29	6-20	10-6

从表 1 可以看出，参试的 11 个品种中，超级椒王、金牛 2个品种开花、坐果均早于对照亨椒 1 号，较对照提前 4~5 天。其余 9 个品种均晚于对照亨椒 1 号，较对照延后 1~4 天。始收期超级椒王、金牛最早，较对照提前 1~4 天，大帅 F$_1$ 与对照亨

椒 1 号相同，其余 8 个品种较对照延后 1~5 天。

（二）植株主要性状与抗病性

表 2　参试辣椒品种的植株主要性状与抗病性

品种	株高 （cm）	茎粗 （mm）	开展度 （cm）	分枝数 （个）	叶色	单株结 果数 （个）	植株 长势	抗白 粉病
亨椒神剑	122.0	16.6	96.2	2.8	绿	21.5	强	强
神剑 23	102.3	16.4	91.5	2.2	绿	23.4	强	强
14-1885	109.2	15.3	89.6	2.0	绿	20.8	强	强
巨丰牛角王	131.9	15.8	90.2	2.8	绿	21.2	强	强
15-779	103.7	17.0	85.8	2.6	绿	21.7	强	强
超级椒王	96.5	15.7	70.1	2.5	绿	20.3	较强	强
金牛	101.3	14.3	74.0	2.2	绿	20.5	强	强
杰农大牛角	129.6	17.1	82.2	2.9	绿	21.8	强	强
杰农 22 号	127.7	17.8	85.1	2.3	绿	19.5	强	强
大帅 F_1	126.8	18.3	83.0	2.5	绿	19.8	强	强
朗悦 308	113.3	18.0	90.9	2.2	绿	21.3	强	强
亨椒 1 号 （CK）	112.3	15.6	83.5	2.0	绿	21.4	强	较强

从表 2 可知，参试的 11 个品种植株生长势为强或较强，均表现出强的抗病性。亨椒神剑、巨丰牛角王、杰农大牛角、杰农 22 号、大帅 F_1、朗悦 308 6 个品种株高均高于对照，较对照增加 1.0~19.6cm，提高 0.9%~17.5%；其余 5 个品种均矮于对照，较对照减少 9.7~15.8cm，降低 8.6~14.1 个百分点。茎粗除 14-1885、金牛 2 个品种低于对照外，其余 9 个品种均高于对照，较对照增加 0.1~2.7cm，提高 0.64%~17.3%。分枝数除 14-1885 与对照相同外，其余 10 个品种均高于对照，较对照增加 0.2~0.9 个，提高 10%~45.0%。

（三）果实性状

表3　参试辣椒品种的果实性状

品种	果长（cm）	果粗（mm）	心室数（个）	果肉厚度（mm）	单果质量（g）	果实外观、品质
亨椒神剑	27.0	47.6	3	3.81	117.5	长牛角，浅黄色，味辣，果面光滑，果肩微有皱褶，稍弯曲
神剑23	26.6	43.4	3~4	3.27	105.5	长牛角，浅黄绿，微辣，果肩微有皱褶，光泽度好
14-1885	24.2	46.6	3	3.60	110.2	长牛角，浅绿，微辣，果面光滑，光泽度好
巨丰牛角王	27.3	45.5	3	3.55	114.6	长牛角，黄绿，味辣，果面微有棱沟，果肩微有皱褶
15-779	23.6	47.5	3~4	3.45	103.7	长牛角，浅绿，微辣，果面光滑顺直，光泽度好
超级椒王	21.8	50.7	3~4	3.03	103.1	长牛角，浅绿，微辣，果面光滑顺直
金牛	22.2	50.6	3~4	3.43	103.5	长牛角，浅绿，微辣，果面光滑顺直
杰农大牛角	25.0	47.0	3	3.03	112.0	长牛角，浅绿，微辣，果面微有棱沟，顺直
杰农22号	27.9	50.9	3~4	3.98	132.4	长牛角，黄绿，微辣，果面光滑顺直，光泽度好
大帅 F_1	26.2	44.9	3	3.77	111.4	长牛角，黄绿，微辣，果面有棱沟
朗悦308	24.2	56.4	3~4	4.10	119.5	长牛角，浅绿，微辣，果面光滑顺直，有光泽
亨椒1号（CK）	21.5	55.4	3~4	3.59	94.5	长牛角，黄绿，微辣，果面光滑顺直，有光泽

从表3看出，单果质量以杰农22最高，为132.4g，较对照增加37.9g，提高40.1%；其余10个品种单果质量均在105.5~119.5g，较对照增加11.0~25.0g，提高11.6%~26.5%。参试的11个品种果长均较对照长，较对照增加0.3~6.4cm，提高

1.4%~29.8%。以果肉厚度看，亨椒神剑、杰农22号、大帅F₁、朗悦308、14-1885 5个品种均比对照厚，其余6个品种均较对照薄。从果实外观、品质看，参试各品种均为大牛角椒，耐贮运；果味除亨椒神剑、巨丰牛角王2个品种味辣外，其余9个品种均微辣。

（四）产量与产值

表4　参试辣椒品种的产量与产值

品种	小区产量（kg）				折合亩产量（kg）	比对照±（%）	折合亩产值（元）	新复极差比较		位次
	I	II	III	平均				5%	1%	
亨椒神剑	204.7	215.5	209.4	209.9	5 983.0	25.5	7 179.6	ab	ABC	3
神剑23	201.3	206.0	205.5	204.3	5 823.4	22.1	6 988.1	bc	BC	4
14-1885	196.6	187.3	184.7	189.5	5 401.6	13.3	6 481.9	d	D	7
巨丰牛角王	201.4	198.0	204.3	201.2	5 735.1	20.3	6 882.1	c	C	6
15-779	184.5	189.2	185.3	186.3	5 310.3	11.4	6 372.4	d	D	8
超级椒王	170.8	176.5	172.0	173.1	4 934.1	3.5	5 920.9	ef	F	11
金牛	172.5	175.0	179.0	175.5	5 002.5	4.9	6 003.0	e	EF	10
杰农大牛角	206.0	202.5	197.6	202.0	5 757.9	20.7	6 909.5	c	BC	5
杰农22号	213.0	215.4	212.5	213.6	6 088.5	27.7	7 306.2	a	A	1
大帅F₁	182.6	179.5	187.0	183.0	5 216.3	9.4	6 259.6	d	DE	9
朗悦308	210.0	213.7	209.4	211.0	6 014.4	26.1	7 217.3	a	AB	2
亨椒1号（CK）	169.0	165.4	167.5	167.3	4 768.8		5722.6	f	F	12

注：单价1.2元/kg

从表4可以看出，杰农22号折合产量最高，为6 088.5kg/亩，比对照亨椒1号增产27.7%，朗悦308、亨椒神剑、神剑23、杰农大牛角、巨丰牛角王4个品种产量较高，较对照亨椒1号增产20.3%~26.1%，其余5个品种增产幅度为3.5%~13.3%。

（五）辣椒产量方差分析

表5 参试辣椒小区总产量方差分析

变异原因	自由度 DF	平方和 SS	均方 MS	F 值	$F_{0.05}$	$F_{0.01}$
区组	2	6.495556	3.247778	0.236543	3.443357	5.719022
处理	11	8 490.692	771.8811	56.21775	2.258518	3.183742
误差	22	302.0644	13.7302			
总变异	35	8 799.252				

对小区产量进行方差分析和多重比较，由其结果可知，品种间差异达显著水平（$F = 56.2 > F_{0.05} = 2.3$），新复极差测验表明，除超级椒王品种与对照亨椒1号差异不显著外，其余10个品种与对照亨椒1号差异均达到显著水平；品种间差异达极显著水平（$F = 56.2 > F_{0.01} = 3.2$），新复极差测验表明，除超级椒王和金牛2个品种与对照亨椒1号差异没有达到极显著水平外，其余9个品种与对照亨椒1号差异均达到极显著水平（表5）。

三、小结

综合分析参试12个牛角椒品种的生育期、农艺性状、果实性状及产量，以杰农22号、朗悦308、亨椒神剑3个品种综合性状好，增产潜力大，生长势较强，椒果商品性好，折合亩产量及效益显著高于对照亨椒1号，应在进一步试验示范的基础上进行大面积推广种植，神剑23、杰农大牛角、巨丰牛角王、14-1885、15-779 5个品种有待继续试验，其余3个品种建议淘汰。

大棚羊角椒品种观察试验总结

随着大棚辣椒栽培面积迅速扩大，辣椒栽培小气候条件发生了重大变化，选择适合拱架大棚可控小气候条件下的辣椒新品种成为一项新课题。结合当地实际情况，选择羊角椒新品种进行试验，鉴定新育成的螺丝辣椒品系及杂交组合的遗传稳定性、形态特征、生物学特性等，测试新品种的生产潜力，以期为新品种的审定、推广提供依据。

一、材料与方法

（一）供试材料

供试 17 个辣椒品种为：15-11、15-12、15-13、15-14、15-15、15-16、15-17、15-18、15-19、15-20、15-21、15-22、15-25、15-27、15-28、61×39、70×123-6辣椒均由宁夏农林科学院提供。

（二）试验方法

试验地点选在设施农业建设区的新集乡沟口村水泥拱架塑料大棚实施。土壤为黄绵土，肥力中等水平，前作为辣椒。

（三）试验设计

试验采用大区观察栽培，共设 17 个处理，不设重复，小区面积 23.4m^2。采用水肥一体化膜下滴灌栽培，垄宽 70cm，垄沟宽 60cm，垄高 25cm。单株栽植，行距 65cm，株距 35cm。田间管理按常规方法进行。观察记载物候期、农艺性状，并测定产量。

二、结果与分析

（一）物候期

表1　辣椒各品种物候期

品种	播种期 （月-日）	出苗期 （月-日）	定植期 （月-日）	开花期 （月-日）	坐果期 （月-日）	始收期 （月-日）	末收期 （月-日）
15-11	1-16	2-2	4-13	5-22	5-28	6-20	10-12
15-12	1-16	2-2	4-13	5-26	6-1	6-23	10-12
15-13	1-16	2-2	4-13	5-29	6-5	6-27	10-12
15-14	1-16	2-2	4-13	5-28	6-4	6-26	10-12
15-15	1-16	2-1	4-13	5-27	6-3	6-25	10-12

（续表）

品种	播种期 （月-日）	出苗期 （月-日）	定植期 （月-日）	开花期 （月-日）	坐果期 （月-日）	始收期 （月-日）	末收期 （月-日）
15-16	1-16	2-2	4-13	5-27	6-3	6-25	10-12
15-17	1-16	2-2	4-13	5-24	5-30	6-21	10-12
15-18	1-16	2-1	4-13	5-18	5-25	6-18	10-12
15-19	1-16	2-1	4-13	5-28	6-4	6-26	10-12
15-20	1-16	2-2	4-13	5-28	6-4	6-26	10-12
15-21	1-16	2-2	4-13	5-25	5-31	6-22	10-12
15-22	1-16	2-2	4-13	5-23	5-29	6-20	10-12
15-25	1-16	2-2	4-13	5-23	5-29	6-20	10-12
15-27	1-16	2-1	4-13	5-23	5-29	6-20	10-12
15-28	1-16	2-2	4-13	5-25	5-31	6-22	10-12
61×39	1-16	2-3	4-13	5-27	6-3	6-25	10-12
70×123-6	1-16	2-2	4-13	5-26	6-2	6-24	10-12

从表 1 看出，参试羊角椒品种开花、坐果期以 15-18 辣椒最早，较其余 16 个品种提前 4~11 天；其次以 15-11 辣椒较早，较其余 15 个品种提前 1~7 天；以 15-13 辣椒开花、坐果最迟，较其余品种晚 1~11 天。始收期以 15-18 辣椒最早，较其余品种提前 2~9 天；以 15-13 辣椒最迟，较其余品种延后 1~9 天，末收期均为 10 月 12 日。

（二）辣椒各品种植物学性状与抗病性

表 2　辣椒各品种植物学性状与抗病性

品种	株高 （cm）	茎粗 （mm）	开展度 （cm）	分枝数 （个）	叶色	单株结 果数 （个）	植株 长势	抗白 粉病
15-11	142.8	14.4	90.8	2.4	绿	30.2	强	强
15-12	156.0	14.5	106.4	2.8	绿	21.2	强	强
15-13	102.0	17.0	83.8	2.2	绿	30.8	强	强
15-14	99.2	15.5	75.8	2.8	绿	24.5	较强	强

（续表）

品种	株高（cm）	茎粗（mm）	开展度（cm）	分枝数（个）	叶色	单株结果数（个）	植株长势	抗白粉病
15-15	92.6	12.8	69.0	2.4	绿	28.4	较强	强
15-16	108.4	16.3	80.4	2.8	绿	23.6	强	强
15-17	103.0	15.0	85.8	2.8	绿	29.0	强	强
15-18	108.8	14.5	89.6	2.2	绿	27.4	强	强
15-19	147.0	18.4	114.2	2.6	绿	25.5	强	强
15-20	141.0	18.0	122.6	2.4	绿	23.5	强	强
15-21	139.8	15.8	118.8	2.0	绿	26.8	强	强
15-22	151.0	14.8	127.4	2.8	绿	32.6	强	强
15-25	125.6	15.5	93.0	2.0	绿	34.0	强	较强
15-27	111.8	16.1	76.6	2.2	绿	35.8	强	强
15-28	105.8	15.2	86.4	2.6	绿	29.6	强	强
61×39	121.6	15.1	106.6	2.3	绿	28.5	强	强
70×123-6	124.2	15.6	94.2	2.4	绿	28.0	强	强

从表2可知，株高以15-12品种植株最高，为156.0cm，较其余品种增加5.0~63.8cm，提高3.3%~64.3%。其余16个品种株高均在99.2~151.0cm。茎粗以15-19品种较粗，为18.4mm，较其余品种增加0.4~5.6mm，提高2.2%~43.8%；15-15品种最细，为12.8mm。分枝数以15-12、15-14、15-16、15-17、15-22 5个品种最多，为2.8个，较其余品种增加0.2~0.8个，提高7.7%~40.0%；其余11个品种均在2.0~2.6个。开展度以15-22品种最大，为127.4cm，较其余品种增加4.8~58.4cm，提高3.9%~84.6%；15-15最小，为69.0cm。单株结果数以15-27品种最多，为35.8个，较其余品种增加1.8~14.6个，提高5.2%~68.9%；其余品种均在21.2~34个。从植株长势、抗病性上看，参试的17个品种植株长势、抗病性均强或

较强。

(三) 不同品种辣椒果实性状

表3 辣椒各品种果实性状

品种	果长 (cm)	果粗 (mm)	心室数 (个)	果肉厚度 (mm)	单果质量 (g)	果实外观、品质
15-11	29.0	36.0	3~4	2.67	64.9	长羊角椒，浓绿，微辣，果面粗糙，果肩有皱褶，凹凸不平
15-12	35.2	32.0	3~4	2.57	93.2	长羊角椒，浅绿，辣味浓，果面粗糙，有皱褶，凹凸不平
15-13	32.8	32.2	3	2.10	69.1	长羊角椒，浅绿，味辣，果肩有皱褶，羊角形弯曲
15-14	28.0	34.6	3	3.61	86.8	长羊角椒，浅绿，辣味浓，果肩微有皱褶，果面光滑
15-15	30.6	29.8	3~4	2.83	60.9	长羊角椒，黄绿，辣味浓，果肩有皱褶，果面凹凸不平
15-16	27.0	36.6	3	3.00	99.9	长羊角椒，绿色，味辣，果肩微有皱褶，果面粗糙
15-17	30.3	28.0	2~3	2.10	69.0	长羊角椒，黄绿，辣味浓，果肩深皱褶，果面皱褶多
15-18	32.9	30.4	3~4	3.00	76.0	长羊角椒，翠绿，辣味浓，果肩有皱褶
15-19	26.9	27.6	3~4	3.10	76.2	长羊角椒，浓绿，微辣，果面光滑，变曲
15-20	31.0	27.5	3	2.63	93.1	长羊角椒，黄绿，味辣，果面有皱褶，螺丝形弯曲
15-21	29.2	28.4	3~4	2.40	50.7	长羊角椒，翠绿，辣味浓，果面皱褶多，粗糙，凹凸不平
15-22	31.2	28.6	3	2.03	56.9	长羊角椒，浓绿，辣味浓，果肩皱褶深且多，果面有棱沟
15-25	27.4	28.5	3	2.48	56.6	长羊角椒，浅绿，微辣，果面微有皱褶，稍弯曲
15-27	29.6	32.8	3	1.96	63.8	长羊角椒，翠绿，辣味浓，果肩深皱褶且多，果面有棱沟
15-28	29.6	27.9	3~4	2.37	57.5	长羊角椒，翠绿，微辣，果肩皱褶多且深，果面有棱沟

（续表）

品种	果长 （cm）	果粗 （mm）	心室 数 （个）	果肉 厚度 （mm）	单果 质量 （g）	果实外观、品质
61×39	29.4	31.3	3	1.85	77.3	长羊角椒，绿，味辣，果肩有皱褶，果面有棱沟
70 × 123 -6	29.6	33.9	3	2.93	79.5	长羊角椒，翠绿，味辣，果肩有皱褶，果面有棱沟

参试各品种果实性状和品质从表3可知，17个品种均为长羊角椒，除15-19品种果面光滑外，其余16个品种果面均有皱褶，螺丝形变曲。果味除15-11、15-19、15-25、15-28微辣外，其余13个品种均味辣，皮薄，口感好。果长以15-12品种最长，为35.2cm，较其余品种增加2.3~8.2cm，提高7.0%~30.4%；果粗以15-16品种最粗，为36.6cm，较其余品种增加0.6~9.1cm，提高1.7%~33.1%；单果质量以15-16品种最重，为99.9g，较其余品种增加6.7~49.2g，提高7.2%~97.0%；15-12、15-20次之，分别为93.2、93.1g；其余14个品种单果质量均在50.7~86.8g。

（四）产量与产值

表4　辣椒各品种产量与产值

品种	小区产量 （kg）	折合亩产量 （kg）	亩产值 （元）	位次
15-11	162.3	4 626.2	7 401.9	11
15-12	163.9	4 671.9	7 475.0	10
15-13	176.4	5 028.2	8 045.1	5
15-14	175.5	5 002.5	8 004.0	6
15-15	143.2	4 081.8	6 530.9	15
15-16	166.4	4 743.1	7 589.0	8
15-17	165.7	4 723.2	7 557.1	9
15-18	172.2	4 908.4	7 853.4	7
15-19	160.6	4 577.8	7 324.5	12

（续表）

品种	小区产量 （kg）	折合亩产量 （kg）	亩产值 （元）	位　次
15-20	181.5	5 165.0	8 264.0	4
15-21	112.6	3 209.6	5 135.4	17
15-22	153.6	4 378.3	7 005.3	14
15-25	159.3	4 540.7	7 265.1	13
15-27	189.1	5 390.2	8 624.3	1
15-28	140.9	4 016.3	6 426.1	16
61×39	182.2	5 193.5	8 309.6	3
70×123-6	184.6	5 261.9	8 419.0	2

注：单价1.6元/kg

从表4可知，参试17个羊角品种中，以15-27品种折合亩产量最高，为5 390.2kg，较其余品种增产128.3~2 180.6kg，增幅2.4%~67.9%。其次以70×123-6、61×39品种折合亩产量较高，分别为5 261.9kg、5 193.5kg，其余品种产量均在3 209.6~5 028.2kg。

三、小结

综合分析参试17个羊角辣椒品种的生育期、农艺性状、果实性状及产量，以15-27、70×123-6、61×39、15-20、15-13、15-14、15-18 7个羊角品种综合性状表现好，增产潜力大，生长势强，椒果商品性好，适口性好，市场销售旺，抗病性较强，折合总产量及效益显著高于其余10个品种，可在塑料大棚早春茬生产中进一步试验示范的基础上进行大面积推广种植。

彭阳县辣椒产业关键技术研究总结

随着彭阳县辣椒种植年限逐渐延长，受气候、配套设施和管理技术滞后等因素综合影响，诱发设施大棚辣椒不同程度出现疫病、茎基腐、根腐病等土传病害，导致部分大棚辣椒整棚死苗绝收，给菜农带来了巨大的经济损失，严重影响生产和农民种植积极性。该项目针对设施辣椒栽培和管理中存在的技术难题开展相关研究，通过该试验的实施和开展，筛选出适宜当前设施栽培环境下的栽培模式，制定技术标准，为今后设施栽培提供科学合理的理论依据。

一、研究预期目标

（1）通过生物秸秆反应堆技术研究，确定获得高产的适宜秸秆类型和最佳秸秆用量。

（2）通过该试验研究总结出一套科学合理的栽培技术规程，为菜农生产提供理论依据。

二、项目研究进展

2016 年度承担不同生物秸秆反应堆技术研究，按照项目实施进度安排表和各项考核指标认真开展试验专题工作。

1. 不同生物秸秆反应堆技术应用研究

试验设在彭阳县新集乡姚河村日光温室，以单个日光温室为单位，采用行下内置式秸秆反应堆技术规程，配套标准二代节能日光温室、集约化育苗，膜下滴灌，病虫害物理防控、环境综合调控等技术。

行内内置式秸秆反应堆技术其操作规程如下：①菌种的准备和处理；②秸秆种类的选择；③开沟：温室内南北向开沟，沟宽50cm，深 35cm，沟与沟的中心距离为 120~150cm；④铺秸秆：在开好的沟内铺满秸秆，厚度约为 30cm，将秸秆在沟的两端各出槽 10~15cm，便于灌水；⑤撒菌种：秸秆铺好后、按说明撒入专用微生物菌种，用铁锹拍一遍；⑥覆土：将沟两边的土回填于秸秆上，覆土厚度不低于 30cm；⑦浇水：以湿透秸秆为宜，隔 3~4d 后，秸秆覆膜。⑧打孔：在垄上用 φ14#钢筋（一般长80~100cm，并在顶端焊接一个 T 型把）打三行孔，行距 25~

30cm，孔距 20cm，孔深以穿透秸秆层为准。⑨定植：秸秆经过微生物腐解 15 天后，定植作物。

2. 供试材料

亨椒 1 号品种、菌种（北京市圃园生物工程有限公司制造的秸秆生物发酵沟专用菌曲）。

3. 试验设计与方法

试验采用随机区组，设置 3 种不同秸秆用量：分别为 1 500kg/亩、3 000kg/亩、4 500kg/亩，2 种不同的秸秆模式：①玉米秸秆反应堆；②小麦秸秆反应堆，无秸秆反应堆为对照，共设置 7 个处理，每个处理 2 次重复，随机区组排列。每两垄为一个处理，面积 20.8m² （8m×2.6m）。采用膜下滴灌，垄高 35cm，垄宽 70cm，垄沟宽 60cm，单株栽植，行距 50cm，株距 30cm，栽培密度为 2 460株/亩。

4. 田间管理

起垄覆膜前结合深翻整地施入腐熟农家肥 4 000kg/亩、生物有机肥 37kg/亩、磷酸二铵 25kg/亩。生育期间追肥 2 次，每次用生物有机肥 40kg/亩、磷酸二铵 20kg/亩、尿素 10kg/亩。其余管理按常规进行。

5. 田间观察记载

观察记载农艺性状，每小区取 10 株进行田间测产，并统计单位面积产量。

三、研究进展和结果

2016 年度完成彭阳县辣椒产业关键技术研究试验，通过田间生长发育阶段农艺性状和产量性状调查记载，获得相关数据，通过数据分析得到阶段性理论基础，在分析的基础上得出以下结论：

采用秸秆生物反应堆 6 种不同秸秆用量处理下，均可达到提高辣椒产量和经济效益的作用，以 3 000kg/亩的用量为最佳模式，产量最高。

1. 不同类型生物秸秆反应堆辣椒农艺性状表现

由表 1 可以看出，与对照相比，生物秸秆下的株高普遍高，其中小麦秸秆 3 000 kg/亩下株高最高，为 61.6cm；玉米秸秆 3 000kg/亩下株高最高，为 63.0cm。

表 1　不同类型生物秸秆反应堆辣椒农艺性状表现

处理	秸秆用量（kg/亩）	株高（cm）	茎粗（mm）	果长（cm）	果粗（cm）
对照	0	47.6	8.64	25.0	4.29
小麦秸秆	1 500	56	11.28	23.00	2.42
	3 000	61.6	11.43	23.80	3.56
	4 500	56	10.18	21.80	2.96
玉米秸秆	1 500	51.8	11.49	27.60	4.10
	3 000	63	10.66	27.70	3.32
	4 500	56.4	11.77	27.60	5.0

2. 不同类型生物秸秆反应堆辣椒产量表现

由表 2 中得出，小麦秸秆 3 000 kg/亩产量较对照高，为 4 556.59kg/亩，较对照增产 46.64%；玉米秸秆 3 000kg/亩下产量为 3 485.93kg/亩，较对照增产 12.18%，由此可以看出在生物秸秆反应堆技术的应用下辣椒长势好，有助于增产，综合田间性状和产量表现，生物秸秆用量 3 000kg/亩下的辣椒生长发育较对照好。

表 2　不同类型生物秸秆反应堆辣椒产量表现

处理	秸秆用量（kg/亩）	重复 I	重复 II	平均值（kg/亩）
对照	0	2 636.67	3 578.18	3 107.43
小麦秸秆	1 500	4 575.60	3 630.74	4 103.17
	3 000	4 165.23	4 947.95	4 556.59
	4 500	3621.79	3 336.65	3 479.22
玉米秸秆	1 500	3437.29	3 515.56	3 476.43
	3 000	3 357.34	3 614.52	3 485.93
	4 500	3 192.41	3 242.73	3 217.57

四、创新点、好经验和好做法

结合当地产业发展现状和趋势，针对当前农业生产中存在的技术难题开展基础性应用研究，本试验针对设施辣椒栽培中存在的栽培模式固定和技术落后等问题设置了不同试验研究，为进一步寻找高产因素和设施栽培条件下存在的技术难题提供理论依据。

认认真真仔仔细细去完成试验田间记载环节，对每个阶段的具体工作和细节部分做好记载，对于田间表现突出的性状进行标记，及时总结。

有机肥与秸秆配施对连作辣椒
土壤环境及辣椒生长的影响

一、材料与方法

（一）供试材料

羊粪、牛粪、鸡粪、玉米秸秆（使用前分别进行腐熟处理），辣椒品种为嫁接亨椒1号。

（二）试验地点

试验地点选在设施农业建设区的新集乡沟口村水泥拱架塑料大棚中实施。土壤为黄绵土，肥力中等水平，前作为辣椒。

（三）试验方法

试验设7个处理

处理1：底肥施腐熟羊粪，每亩用量3 000kg。

处理2：底肥施腐熟牛粪，每亩用量6 000kg。

处理3：底肥施腐熟消毒鸡粪，每亩用量1 000kg。

处理4：底肥施腐熟羊粪＋玉米秸秆，每亩用量羊粪3 000kg+玉米秸秆2 000kg。

处理5：底肥施腐熟牛粪＋玉米秸秆，每亩用量牛粪

6 000kg+玉米秸秆 2 000kg。

处理 6：底肥施腐熟鸡粪＋玉米秸秆，每亩用量鸡粪 1 000kg+玉米秸秆 2 000kg。

处理 7：设空白处理，底肥不施有机肥。

（四）试验设计

试验共设 7 个处理，3 次重复，21 个小区，随机区组排列，即每个处理为一个小区，每区栽植 2 垄，小区面积 23.4m²。采用水肥一体化栽培，垄宽 70cm，垄沟宽 60cm，垄高 25cm。单株栽植，行距 65cm，株距 35cm，4 月 10 日定植，10 月 12 日采收结束，田间管理按常规方法进行。

（五）取样时期及方法

（1）羊粪、牛粪、消毒鸡粪以及秸秆分别在腐熟前和腐熟后取样，取样量 500g。

（2）土壤分别在定植后 10 天、坐果期、拉秧前取样（3 个时期），采样深度为 0~20cm，每个处理最少分散 6 点混合 1 个样 1 000g，取 100g 保持鲜样，4℃冷藏，其余风干待测。

（3）辣椒植株在坐果后期（在辣椒充分坐果后，植株长势最为健壮时）调查株高、茎粗、坐果数。

（4）每个处理随机取 10 株辣椒调查单株产量、小区产量及亩产量。

二、结果与分析

（一）不同处理植物学性状比较

表1　不同处理植物学性状表现

处理	株高（cm）	茎粗（mm）	单株结果数（个）	果长（cm）	果粗（mm）	单果重（g）
羊粪	99.6	13.8	23.2	23.6	42.4	98.0
牛粪	105.0	14.7	23.6	24.0	43.2	99.0
鸡粪	95.4	13.3	21.0	22.3	41.0	96.0
羊粪+秸秆	101.3	14.3	23.4	23.9	42.7	98.2

（续表）

处理	株高 （cm）	茎粗 （mm）	单株结果 数（个）	果长 （cm）	果粗 （mm）	单果重 （g）
牛粪+秸秆	107.2	14.9	23.8	24.5	44.8	99.5
鸡粪+秸秆	97.6	13.6	21.3	22.8	41.6	96.2
空白对照	91.9	13.0	20.0	22.0	40.3	93.4

由表1可以看出，与对照相比而言，施用有机肥处理的株高、茎粗都普遍高，其中以处理5株高、茎粗最高，分别为107.2cm、14.9mm，分别较对照增加15.3cm、1.9mm，分别提高16.6%、14.6%；其余处理株高在95.4~105.0cm变化，提高3.8%~14.3%。单果质量以处理5最大，为99.5g，较对照增加6.1g，提高6.5%；其余5个处理单果质量均在96.0~99.0g，较对照增加2.6~5.6g，提高2.7%~6.0%。由此可以看出，施用有机肥应用下辣椒果实大、长势好，有助于增产。

（二）不同处理产量表现

表2　不同处理小区产量

处理	小区总产量（kg/23.4m²）				折合总产量 （kg/亩）	比对照± （%）	新复极差比较		位次
	Ⅰ	Ⅱ	Ⅲ	平均			5%	1%	
羊粪	185.7	191.5	187.3	188.2	5364.5	21.5	c	B	4
牛粪	194.9	190.8	195.6	193.8	5524.1	25.1	ab	AB	2
鸡粪	165.7	169.3	166.8	167.3	4768.8	8.0	d	C	6
羊粪+秸秆	188.5	190.7	192.4	190.5	5430.1	23.0	bc	AB	3
牛粪+秸秆	197.3	192.6	199.5	196.5	5601.1	26.9	a	A	1
鸡粪+秸秆	167.4	169.8	172.3	169.8	4840.0	9.6	d	C	5
空白对照	155.4	158.7	150.6	154.9	4415.3		e	D	7

从表2可以看出，参试6个处理均比对照增产，以处理5和处理2增产幅度最大，分别比对照增产26.9%和25.1%；其次是处理4和处理1，分别比对照增产23.0%和21.5%。

（三）不同处理辣椒产量方差分析

对小区产量进行方差分析和多重比较，由其结果可知，处理间差异达显著水平（$F = 85.2 > F_{0.05} = 3.0$），新复极差测验表明，6 个处理与空白对照差异均达到显著水平；处理间差异达极显著水平（$F = 85.2 > F_{0.01} = 4.8$），新复极差测验表明，6 个处理与空白对照差异均达到极显著水平。处理 5 与处理 1、处理 3、处理 6、处理 7 差异达到极显著水平，处理 5 与处理 2 和处理 4 差异没有达到极显著水平（表 3）。

表 3　不同处理辣椒产量方差分析

变异原因	自由度 DF	平方和 SS	均方 MS	F 值	$F_{0.05}$	$F_{0.01}$
区组	2	7.886667	3.943333	0.438175	3.885294	6.926608
处理	6	4 601.107	766.8511	85.21094	2.99612	4.820573
误差	12	107.9933	8.999444			
总变异	20	4 716.987				

三、小结

综合分析不同处理辣椒的生长、单果重、产量等相关测试指标，得出牛粪+秸秆、牛粪、羊粪+秸秆、羊粪 4 个处理增产潜力大，应进一步试验示范。

参考文献

葛晓光 . 1995. 蔬菜育苗大全 ［M］. 北京：中国农业出版社.

刘品贤 . 2010. 温室大棚蔬菜病虫害的产生与防治技术 ［M］. 北京：中国社会出版社 .

商鸿生，王凤葵 . 2009. 新编辣椒病虫害防治 ［M］. 北京：金盾出版社 .

吴国兴 . 1997. 日光温室蔬菜栽培技术大全 ［M］. 北京：中国农业出版社 .

吴志行 . 1997. 蔬菜生产手册 ［M］. 北京：金盾出版社 .

姚明华，夏晓发，何建军 . 2009. 辣椒高产栽培与加工技术 ［M］. 武汉：湖北科学技术出版社 .

张晓明，李新江 . 2009. 辣椒标准化生产技术 ［M］. 北京：金盾出版社 .

朱国仁，李宝栋，赵建周 . 1999. 新版蔬菜病虫害防治手册 ［M］. 北京：金盾出版社 .